FLUGZEUGE DES ZWEITEN WELTKRIEGES

EUROPA 1930–1945

Coverfotos: De Havilland DH. 98 Mosquito und Messerschmitt Me 109.
Dreiseitenrisse: © schreiberVIS, Joachim Schreiber, Seeheim.
Alle Fotos wurden in dankenswerter Weise von Museen, Sammlern und Fotografen zur Verfügung gestellt oder stammen aus allgemein zugänglichen Internetquellen. Ein exakter Quellennachweis findet sich im Anhang.

ISBN 978-3-613-04357-2
www.motorbuchverlag.de
Druck und Bindung: Graspo CZ, 76302 Zlin
Printed in Czech Republic

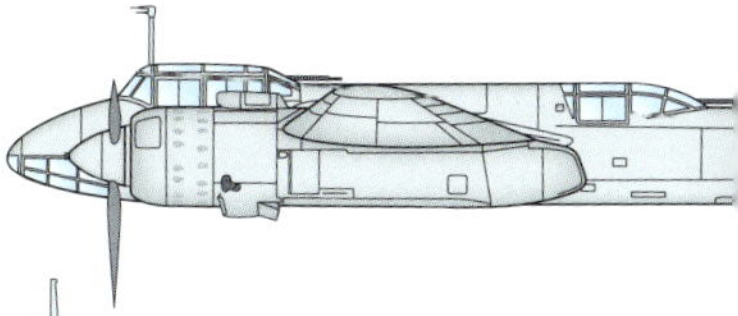

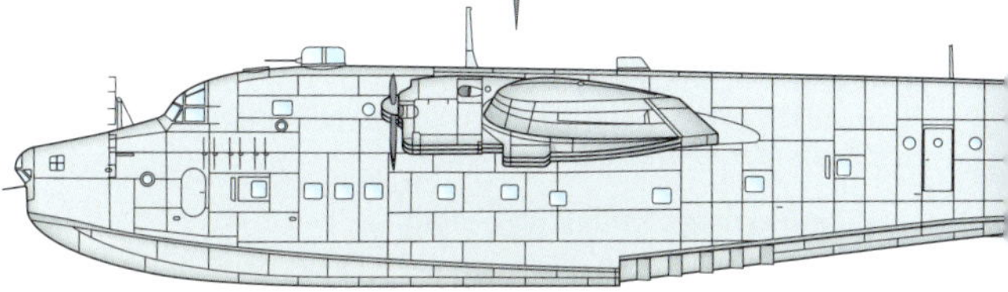

FLUGZEUGE DES ZWEITEN WELTKRIEGES

EUROPA 1930–1945

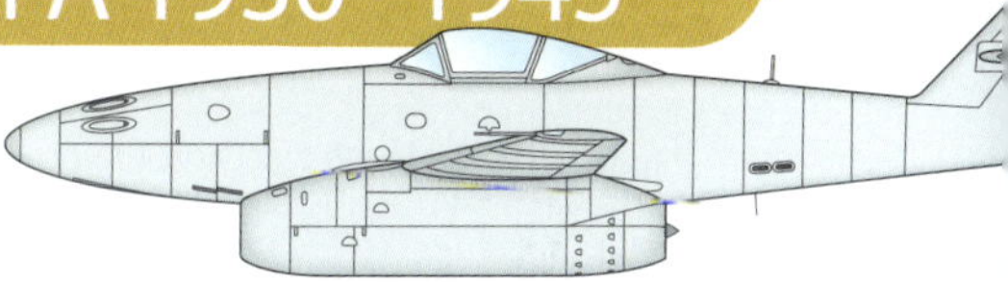

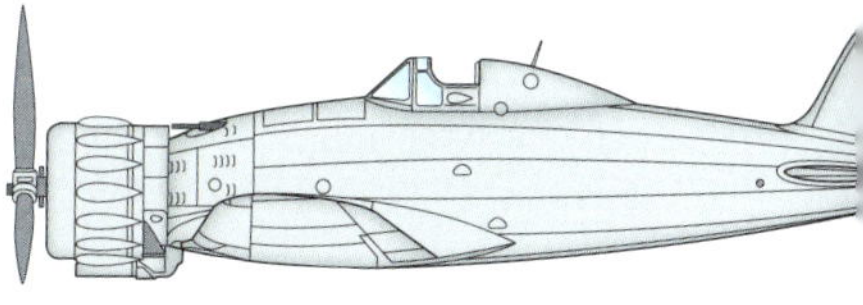

Joachim Schreiber

Motor buch Verlag

Vorwort

Seit 60 Jahren erscheint jährlich das Taschenbuch „Flugzeuge der Welt". Bisher in dieser Art der Dokumentation unberücksichtigt blieb die Zeit vor 1960, mit ihren extrem dynamischen Technologiesprüngen, vor allem vor und in der Zeit der beiden Weltkriege. Beginnend mit diesem Band, *Militärflugzeuge in Europa, 1930–1945*, entsteht eine neue Reihe, die weltweit produzierte zivile und militärische Flugzeuge bis zum Kalten Krieg dokumentieren wird.

Militärflugzeuge Europa 1930–1945

In den 1930er-Jahren endete allmählich die Zeit der Doppeldecker. Die Kampftaktik des 1.Weltkriegs, der enge akrobatische Kurvenkampf mit relativ langsamen Maschinen änderte sich hin zum taktischen Vorteil einer guten Steigleistung, der Möglichkeit sich auf den Gegner aus höherer Position zu stürzen und einer hohen Geschwindigkeit zum Angriff oder zum Entkommen. Einhergehend damit entstand eine neue Generation leistungsfähiger Motoren, die aber bei Doppeldeckern mit ihrem hohen Luftwiderstand wie zum Beispiel der Heinkel He 51 oder der Gloster Gladiator keinen Vorteil mehr brachte.

Die Reduktion des Luftwiderstands war also das Ziel und damit die Abkehr von offenen Doppeldeckern aus bespannten Rohrgerüsten – hin zu aerodynamisch hochwertigen Eindeckern in selbsttragender Ganzmetallbauweise. Einziehfahrwerk, geschlossenes Cockpit, modernes Flügelprofil, starke Motorisierung und hohe Feuerkraft stand nun in den Pflichtenheften der Militärs. Und man dachte an eine kostengünstige Serienproduktion und schnell zu erreichende hohe Stückzahlen. Die Me 109 verkörperte dieses neue Konstruktionsprinzip in deutlicher Weise und gehörte mit ihrem Erscheinen Mitte der 1930er-Jahre zu den bahnbrechenden Konstruktionen im Jagdflugzeugbau.

Im Spanischen Bürgerkrieg (1936–1939) wurden etliche neue Flugzeugmuster von flugzeugproduzierenden Ländern Europas erprobt. Hier zeigte sich deutlich die Überlegenheit der modernen Konstruktionen. Es wurde der Sturzkampf entwickelt und eine Reihe von Taktiken der Erdkampfunterstützung, des Truppen- und Materialtransportes. Nicht berücksichtigt wurde vor allem von deutscher und sowjetischer Seite der Aufbau einer schweren Bomberflotte, wie dies zum Beispiel in Großbritannien und den USA geschah. Deutschland setzte mehr auf präzise Angriffe und vor allem auf eine kurze Kriegszeit. Ebenso vernachlässigt wurde, wie sich später zeigte, das Transportproblem zu den weit entfernten Fronten in der Sowjetunion oder in Nordafrika.

Trotz der Übermacht zu Beginn des 2.Weltkrieges in den Polen- und Frankreichfeldzügen führten die deutschen Einsatztaktiken schon in der so genannten Luftschlacht um England zu relativ hohen Verlusten. Rasche Entwicklungserfolge auf britischer und sowjetischer Seite im Flugzeug- und Motorenbau wendeten das Blatt in der Luftüberlegenheit. Der Eingriff der USA auf Europas Kriegsschauplätzen mit schweren Bombern und Jagdflugzeugen, aber auch materielle Unterstützung der alliierten Verbündeten veränderte die Kriegslage entscheidend. Großflächige Bombardierungen und die Erlangung der absoluten alliierten Lufthoheit beeinträchtigten einerseits die deutsche Flugzeugproduktion erheblich, spornte aber andererseits die deutschen Konstrukteure zu immer neuen, außergewöhnlichen Flugzeugprojekten an.

Mitte der 1940er-Jahre erreichten auch Kolbenmotoren so langsam ihre Leistungsgrenzen. Mit der Erfindung des Strahltriebwerks durch von Ohain und Whittle kam die Entwicklung der ersten Jets in Deutschland und Großbritannien in Gang. Ihre Serienfertigung hatte jedoch keinen Einfluss mehr auf den Kriegsverlauf. Dass die Me 262, oder die He 162 unter diesen Umständen bis zur Serienreife gelangten, ist in Anbetracht der Kriegslage trotzdem beeindruckend.

Am Ende des Krieges standen damit zwar modernste Flugzeuge in oft geringer Anzahl auf den Vorfeldern, aber die erdrückende Überlegenheit der Alliierten, der Mangel an (erfahrenen) Piloten, Rohstoff- und Treibstoffknappheit und das allgemeine Chaos der letzten Kriegsjahre verhinderten einen effektiven Einsatz. Dass sich die technische Entwicklung nach dem Krieg unvermindert fortsetzte, oft auf Basis deutscher Entwicklungen, zeigt die rasante Entwicklung der zivilen wie militärischen Jets in der Nachkriegszeit.

Zum Buch

Angesichts der Entwicklung in dieser Epoche fällt es schwer, eine Auswahl der Flugzeuge zu treffen. Auf alle Typen und Varianten einzugehen ist unmöglich. Wenn man bedenkt, dass rund 54.000 Jagdflugzeuge alleine in Deutschland produziert wurden, ist die Stückzahl ein Kriterium. Ein anderes Merkmal ist die Bedeutung für die Entwicklung der Luftfahrt in dieser relativ kurzen Zeitspanne. Dazu zählen so revolutionäre Strahlflugzeuge wie die Me 262 oder Großflugzeuge wie die russische PE 8, auch wenn oft nur wenige gebaut wurden. Erwähnenswert ist aber auch, dass zum Beispiel Polen, Rumänien oder Schweden schon früh eigene kleine Flugzeugproduktionen auf die Beine stellten.

Und noch interessanter ist es, dass viele Konstruktionen, vor allem in den 1930er-Jahren zwar bis zur Serienproduktion gebracht wurden, die Flugzeuge selber aber schon bei ihrer Auslieferung hoffnungslos veraltet waren. So rasant verlief die Entwicklung in dieser Zeit!

Nicht zu vergessen die Randbereiche der damaligen Luftfahrt. Hier können wegen der Vielfalt nur beispielhaft einige Maschinen gezeigt werden. Darunter ein Hubschrauber von Focke-Achgelis, einige Flugboote oder Lastensegler und eine Auswahl an Kleinflugzeugen.

Schwierig war die Auswahl der Text- und Zeichnungsquellen, die sich öfters erheblich unterscheiden und das leider nicht nur bei technischen Angaben, sondern auch in grundlegenden Dingen.

Bei der Auswahl der Fotos habe ich teilweise die allgemein zugängliche Internetquellen genutzt. Bedanken möchte ich mich aber ausdrücklich bei den vielen Luftfahrtenthusiasten, Archiven und Museen und den dahinter stehenden Personen, die mich freundlicherweise mit Bildmaterial unterstützten.

Joachim Schreiber

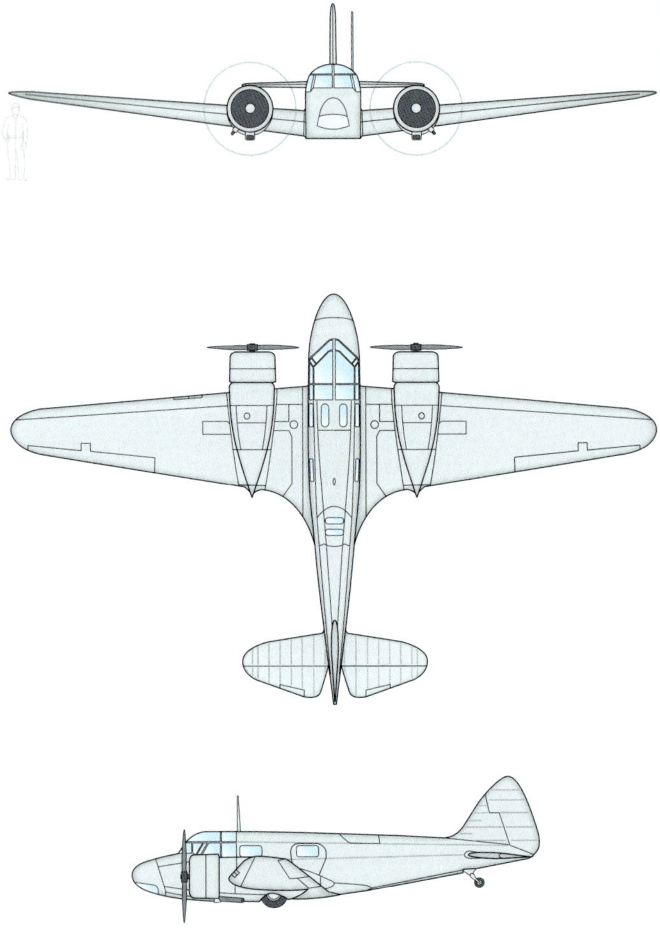

Abmessungen:
Spannweite: 16,25 m
Länge: 10,50 m
Höhe: 3,30 m
Flügelfläche: 32,3 m^2

Airspeed AS 10 Oxford Mk. II

Airspeed AS 10 Oxford

Ursprungsland: Großbritannien
Kategorie: Mehrzweck-, Schulflugzeug
Besatzung: 3
Triebwerke: (Mk. I und 2) Zwei luftgekühlte 7-Zylinder-Sternmotoren Armstrong Siddeley Cheetah X mit je 265 kW (355 PS) Startleistung.
Leistungen: (Mk. I und 2) Höchstgeschwindigkeit 301 km/h in 2500 m Höhe), Steiggeschwindigkeit auf 3050 m 12 min, 30 sec, Dienstgipfelhöhe 5945 m, Reichweite 1500 km.
Gewichte: (Mk. I und II) Leergewicht 2440 kg, maximales Abfluggewicht 3450 kg.
Bewaffnung: Je nach Verwendungszweck: Ein MG-Drehturm auf dem Rumpfrücken und bis zu 16 5 kg-Bomben zu Übungszwecken.
Entwicklung: Eine Weiterentwicklung der zivilen AS. 6 Envoy ist die zweimotorige AS 10 Oxford, die im Juni 1937 ihren Erstflug absolvierte. Der zweimotorige Tiefdecker mit Einziehfahrwerk hatte einen beplankten Holzrumpf und beplankte Holzflügel. Die Mk. I (5965 Stück) diente als Mehrzweckflugzeug mit einem MG-Turm auf dem Rücken zur Bomben- und MG-Schützenschulung. Mit der Mk. II (2414 Stück) wurden Navigatoren und Funker ausgebildet. Die Mk. V (202 Stück) zeichnete sich durch den Einbau von Pratt & Whitney-Sternmotoren R-985 aus. Von den Mk. I und 2-Versionen wurden nachträglich etliche noch auf den Mk. V-Standard gebracht. Die Produktion endete im Juli 1945. Nach Kriegsende wurden bis 1948 noch rund 150 Flugzeuge in sechssitzige AS 65 Consul für den aufkommenden zivilen Markt umgerüstet.

Nach insgesamt 8581, andere Quellen spechen von 8751, in fünf britischen Werken gebauten Oxfords lief die Produktion aus.
Bemerkungen: Die Oxford, von den Besatzungen auch Ox-Box genannt, war das Standardschulflugzeug der Royal Air Force für die gleichzeitige Ausbildung von kompletten Besatzungen für mehrmotorige Flugzeuge. Das äußerst vielseitige Flugzeug, das erst 1956 aus dem Dienst genommen wurde, diente zudem als Sanitäts- und Verbindungsflugzeug und zur Kalibrierung von Radaranlagen. Neben Großbritannien wurde die robuste Oxford weltweit von vielen Staaten eingesetzt. In größerer Zahl von Australien (391), Kanada (25), Neuseeland (299), Südafrika (700) und den USA (137).

Von vier erhaltenen Oxfords ist je eine in Museen in Kanada und Südafrika sowie im britischen Imperial War Museum in Duxford und im belgischen Musée Royal de l'Armee in Brüssel zu finden.

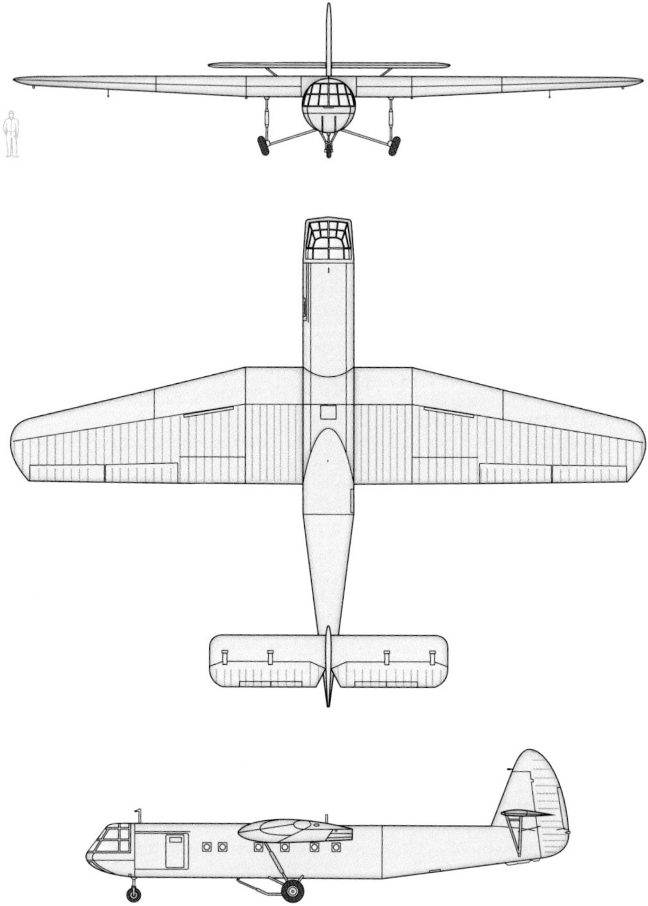

Abmessungen:
Spannweite: 26,80 m
Länge: 20,40 m
Höhe: 6,40 m
Flügelfläche: 106,7 m^2

Airspeed AS 51 Horsa

Airspeed AS 51 Horsa

Ursprungsland: Großbritannien
Kategorie: Lastensegler
Besatzung: 2
Leistungen: Schlepp-Geschwindigkeit 204 km/h, im Gleitflug 160 km/h.
Gewichte: Leergewicht 3400 kg, Startgewicht 6920 kg.
Entwicklung: Als Reaktion auf den Einsatz der deutschen DFS 230 begann Großbritannien um 1940 mit der Entwicklung der AS 51. Der Erstflug fand im Schlepp einer zweimotorigen Armstrong Whitworth Whitley im September 1941 statt. Es wurden sieben Prototypen gebaut, die zu unterschiedlichen Erprobungszwecken benötigt wurden.

Als so genanntes „Verlustflugzeug" war die Horsa komplett aus Holz gebaut. Mit zwei Piloten und Platz für maximal 25 vollausgerüstete Soldaten war sie auch wesentlich größer als der deutsche Lastensegler DFS 230. Nach dem Start konnte das Hauptfahrwerk abgeworfen werden, während die Landung auf einer Kufe erfolgte. Landeklappen und Bremsklappen ermöglichten kurze, punktgenaue Landungen. Um den Gleiter nach der Landung schnell verlassen zu können war das komplette Heck abtrennbar. Die Mk. II, mit einem Startgewicht von 7140 kg, hatte einen aufklappbaren Bug, einen verstärkten Boden und zwei Bugräder.

Aus kriegstaktischen Gründen lief die Produktion der einzelnen Baugruppen in verschiedenen Werken, unter anderem auch in einer Möbelfabrik. Je nach Quelle wurden circa 3800 bis 5000 AS 51 gebaut.
Bemerkungen: Der als robust und gut manövrierbar geltende Lastensegler war groß genug, um außer Soldaten auch eine Panzerabwehrkanone oder einen Jeep zu transportieren. Geschleppt wurde hauptsächlich mit aus dem Fronteinsatz zurückgezogenen zwei- und viermotorigen Flugzeugen, wie beispielsweise der Douglas C 47 oder der Handley Page Halifax.

Nach einem angelsächsischen Krieger benannt, wurde die Horsa zum ersten Mal im November 1942 in Norwegen eingesetzt und bei der Landung der Alliierten in Sizilien genutzt. In sehr großer Zahl schließlich bei den vielen Luftlandeoperationen in Frankreich und in den Niederlanden, wie zum Beispiel während der groß angelegten Luftlandeoperation „Market Garden" mit cirka 1200 Lastenseglern.

Ein Flugzeug steht im Museum of Army Flying, Middle Wallop, Hampshire/Großbritannien, eines im Kriegsmuseum in Overloon/Niederlande und eine Attrappe in der Nähe der Pegasusbrücke bei Caen/Frankreich.

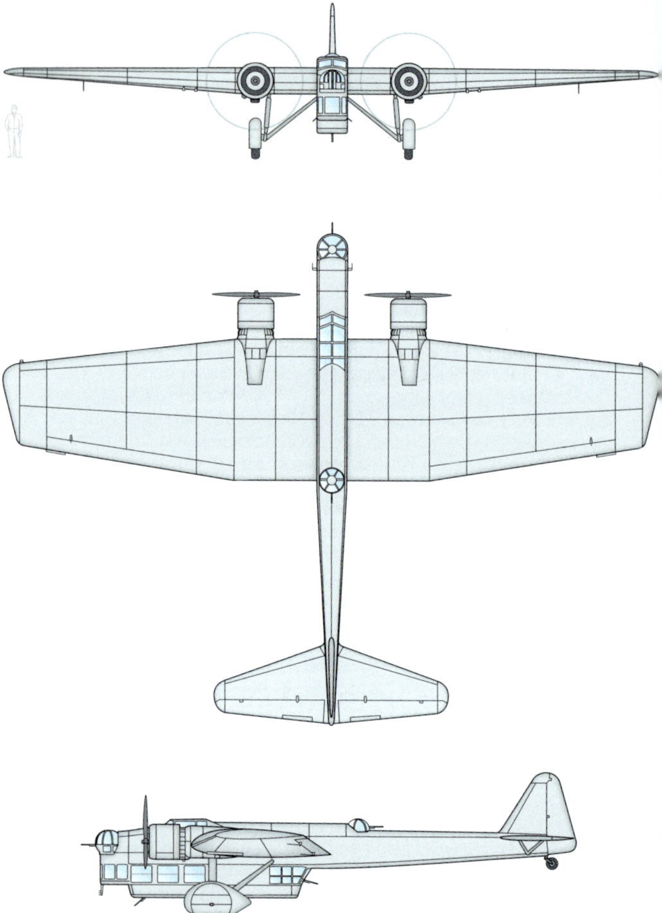

Abmessungen:
Spannweite: 24,53 m
Länge: 18,24 m
Höhe: 5,68 m
Flügelfläche: 100 m²

Amiot 143 M

Amiot 143

Ursprungsland: Frankreich
Kategorie: Mittelschwerer Bomber
Besatzung: 5
Triebwerke: Zwei luftgekühlte 14-Zylinder-Doppelsternmotoren Gnome-Rhône 14 Kirs von je 858 PS (631 kW) Leistung.
Leistungen: Höchstgeschwindigkeit 295 km/h, Steigzeit auf 2000 m 6 min 48 sec, Dienstgipfelhöhe 7500 m, Reichweite 1300 km.
Gewichte: Leergewicht 5455 kg, maximales Abfluggewicht 10.360 kg
Bewaffnung: Je ein MG im Bugdrehturm, in der Gondel nach vorne und hinten und auf dem Rücken im Drehturm. Bombenzuladung 1600 kg.
Entwicklung: Die Ursprünge der Amiot 140er-Reihe gehen auf eine Ausschreibung der französischen Regierung im Jahr 1928 zurück. Der Prototyp Amiot 140 hob im April 1931 erstmals ab, woraufhin eine Bestellung über 40 Flugzeuge einging. Nach einer Änderung der Anforderung wurden zwei weitere Prototypen mit unterschiedlichen Motorisierungen gebaut. Entschieden hat man sich für die Amiot 143 mit Gnome-Rhône 14-Motoren. Der in Ganzmetallbauweise hergestellte Schulterdecker mit seinem kastenförmigen Rumpf und geschlossenem Cockpit verfügte über einen Kriechgang in den dicken Flügeln zur Wartung der Motoren. In der „untergehängten Gondel" war neben den Schützen auch der Bombenschacht untergebracht. Nach der vierzigsten Maschine hatte man den Bug verlängert, die Kraftstoffversorgung überarbeitet und die Bewaffnung geändert. Insgesamt wurden bis März 1937 138 Flugzeuge ausgeliefert. Eine Amiot 144 mit einziehbarem Fahrwerk und reduzierter Flügelfläche flog zwar im Januar 1936, blieb aber ein Einzelstück. Die Baureihen 145 bis 147 wurden mit unterschiedlichen Antrieben konzipiert, aber nicht gebaut und von der Amiot 150 wurde nur ein Prototyp als Aufklärer/Torpedobomber auf auswechselbaren Schwimmern bzw. Rädern hergestellt.
Bemerkungen: Mit der Auslieferung der letzten Flugzeuge im Jahr 1937 war das kantige und langsame Flugzeug praktisch schon veraltet. Angeblich sind sechs Amiots an Spanien geliefert und auch im Bürgerkrieg eingesetzt worden. Vor dem Angriff Deutschlands auf Frankreich wurde das Flugzeug zum Abwurf von Flugblättern eingesetzt. Mit Kriegsbeginn auch auf regulären Tag- und Nachteinsätzen gegen die Deutschen, jedoch mit sehr hohen Verlustzahlen. Einige wenige übriggebliebene Amiots flogen noch als Transportflugzeug unter der französischen Vichy-Regierung und den deutschen Besatzern.

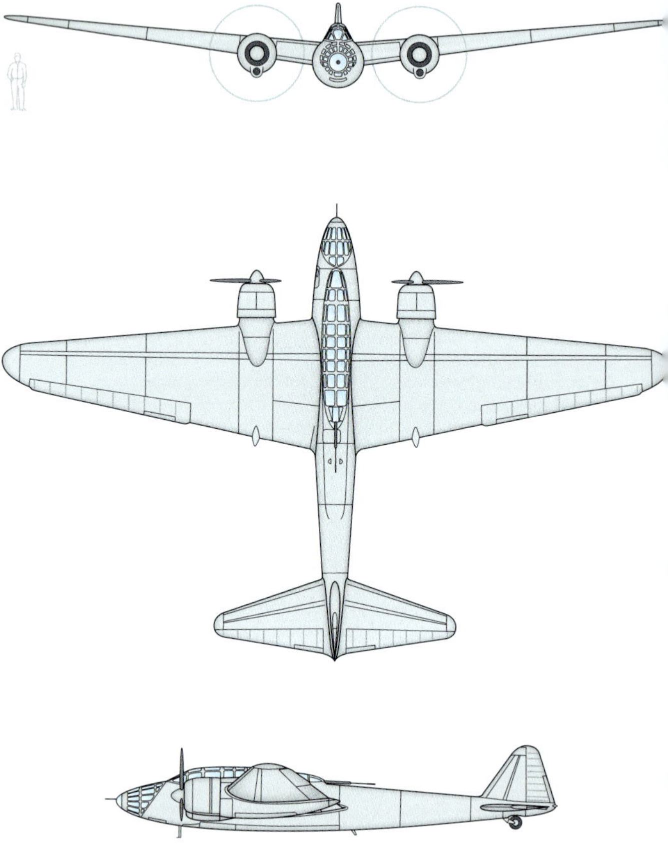

Abmessungen:
Spannweite: 22,83 m
Länge: 14,50 m
Höhe: 4,08 m
Flügelfläche: 67 m^2

Amiot 354

Amiot 354

Ursprungsland: Frankreich
Kategorie: Zweimotoriger mittelschwerer Bomber
Besatzung: 4
Triebwerke: Zwei luftgekühlte 14-Zylinder-Doppelsternmotoren Gnome-Rhône 14N48/49 von je 1030 PS (758 kW) Leistung.
Leistungen: Höchstgeschwindigkeit 475 km/h in 5000 m, Reisegeschwindigkeit 349 km/h, Steigzeit auf 4000 m 8 min 42 sec, Dienstgipfelhöhe 10.000 m, Reichweite 3500 km.
Gewichte: Leergewicht 4725 kg, maximales Abfluggewicht 11.285 kg.
Bewaffnung: Ein MG im Bug, eines im unteren Rumpf und eine Maschinenkanone im Geschützturm im hinteren Teil des Cockpits. Bombenzuladung intern 1200 kg.
Entwicklung: Als Langstrecken-Postflugzeug Amiot 340 ursprünglich 1934 entwickelt, entstand daraus der Bomber Amiot 350 und als erste Serienversion davon die Amiot 351, die 1939 in Erprobung ging. Daraus wurde schließlich die Amiot 354 weiterentwickelt. Dieser Ganzmetall-Mitteldecker in Schalenbauweise bekam anstatt des Doppelseitenleitwerks ein einfaches Leitwerk, stärkere Motoren und wurde um 50 cm verlängert. Erstmals im Januar 1940 flog der Prototyp. Die französische Luftwaffe bestellte insgesamt 830 Stück der Typen 351 und 354. Im Mai 1940 befanden sich etwa 200 Maschinen Amiot 351/354 in der Montageendphase. Es wurden aber wegen des Einmarsches der Deutschen nur 38 Amiot 354 und 42 Amiot 351 an die Armee de l'Air ausgeliefert.

Zu den Weiterentwicklungen, von denen nur Prototypen gebaut wurden, gehörte die Amiot 355, mit zwei stärkeren Gnome-Rhône-Motoren mit je 1200 PS (896 kW), die 356 mit zwei britischen Rolls-Royce-Merlin-X-Motoren zu je 1030 PS (769 kW) und der Höhenbomber Amiot 357, der mit einer Druckkabine ausgestattet war.
Bemerkungen: Wie viele andere französische Flugzeugmuster, kame auch die Amiot 354 zu spät, um noch Einfluss auf den Kriegsverlauf zu nehmen. Die wenigen Flugzeuge wurden in vier Staffeln eingesetzt und flogen Nachteinsätze in Nordfrankreich und Aufklärungsflüge in der Maastrichter Region. Nach dem Angriff Deutschlands im Juni 1940 gelang einem Teil der Bomberbesatzungen die Flucht mit ihren Maschinen nach Nordafrika, mit der Absicht von dort Ziele in Süditalien anzugreifen. Der Waffenstillstand verhinderte dies jedoch und die Maschinen wurden im August 1940 nach Südfrankreich zurückverlegt. Fünf Flugzeuge übernahm die französische Post, der Rest wurde als Transporter von den deutschen Besatzern in einer Spezialstaffel eingesetzt.

Soweit bekannt ist kein Flugzeug erhalten geblieben.

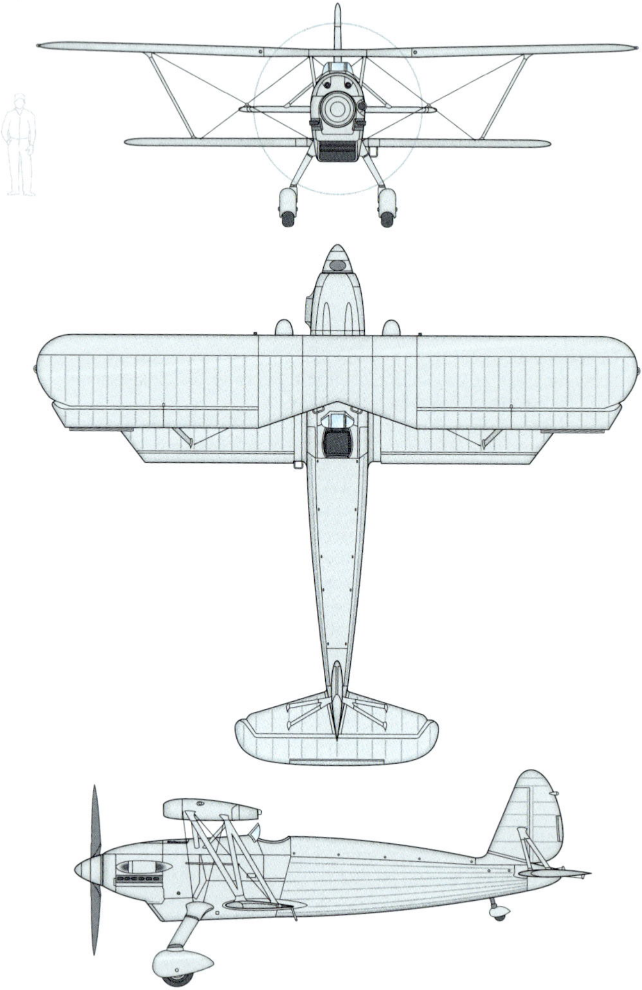

Abmessungen:
Spannweite: 11,58 m
Länge: 9,40 m
Höhe: 3,30 m
Flügelfläche: 27,30 m²

Arado Ar 68 E

Arado Ar 68

Ursprungsland: Deutschland
Kategorie: Jagdflugzeug
Besatzung: 1
Triebwerk: (E-1) Ein hängender, flüssigkeitsgekühlter V12-Zylinder-Motor Junkers Jumo 210 Ea mit 550 kW (750 PS).
Leistungen: (E-1) Höchstgeschwindigkeit 335 km/h, Dienstgipfelhöhe 7400 m, Reichweite 500 km.
Gewichte: (E-1) Leergewicht 1840 kg, Abfluggewicht 2475 kg.
Bewaffnung: (E-1) Zwei starre MGs über dem Motor.
Entwicklung: Als letzter Doppeldecker der deutschen Luftwaffe, der 1931 entwickelt wurde, war die Arado das Konkurrenzmuster zur Heinkel He 51. Das in damals üblicher Gemischtbauweise hergestellte Flugzeug hatte einen geschweißten Stahlrohrrumpf, war vorne blechbeplankt und am Heck stoffbespannt. Die abgestrebten Flügel waren eine klassische bespannte Holzkonstruktion. Anfang 1934 flog der erste von drei Prototypen. Zu Beginn der Produktion waren die ersten 150 Ar 68 F mit einem V12-Zylinder BMW VId ausgestattet (Bild). Alle anderen rund 360 Flugzeuge wurden als Ar 68 E, mit dem zuverlässigeren, hängenden V12-Zylinder Jumo 210 und einer Zweiblatt-Starrluftschraube produziert (Zeichnung). Die letzte (H-)Version flog nur als Prototyp mit einem BMW 132-Sternmotor, hatte ein geschlossenes Cockpit und zwei zusätzliche MGs auf der oberen Fläche. Diese Variante war die Grundlage für die Ar 197, ein Jagd-Doppeldecker für den geplanten ersten deutschen Flugzeugträger Graf Zeppelin.

In mehreren Werken wurden 514 Flugzeuge aller Varianten gebaut.
Bemerkungen: Die ersten Jagdverbände der deutschen Luftwaffe waren ab 1936 mit He 51 und Arado Ar 68 ausgestattet. Zum ersten Mal eingesetzt wurden die Maschinen im Spanischen Bürgerkrieg. Dort stellte sich schnell heraus, dass die Doppeldecker gegen die russische Polikarpow I-16 unterlegen, und bezüglich Flugleistungen und Bauweise, veraltet waren. Mit Indienststellung des wesentlich moderneren Tiefdeckers Me 109 wurden schon ab Mitte 1938 die ersten Flugzeuge ersetzt. Ein Teil wurde zu Beginn des Krieges noch als Nachtjäger mit Tarnanstrich und Auspuff-Flammendämpfern gegen britische Bomber herangezogen, aber auch schon 1940 wieder ausgemustert und als Fortgeschrittenen-Trainer in Jagdfliegerschulen bis Ende 1944 eingesetzt.

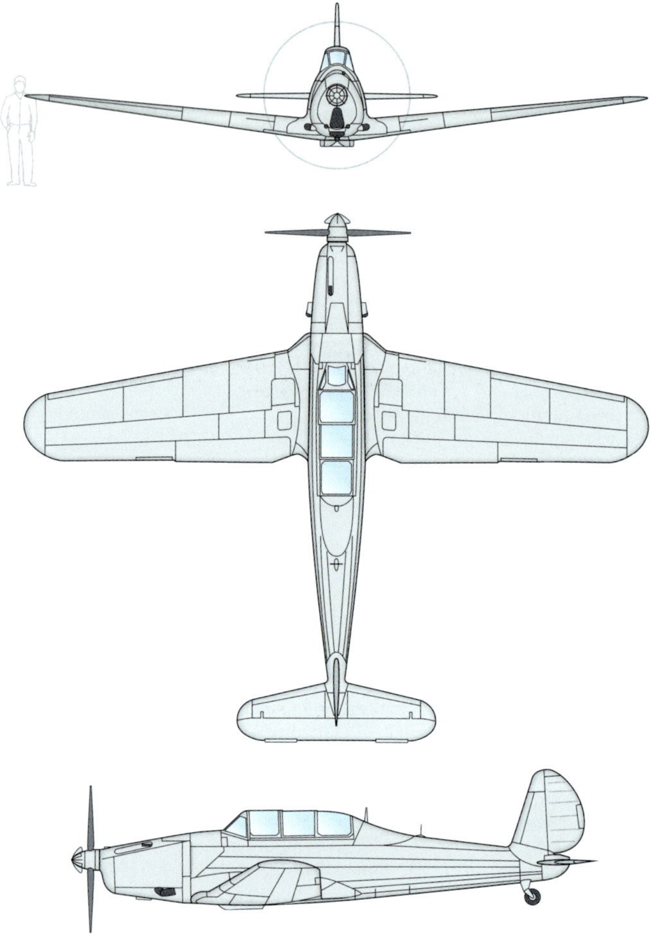

Abmessungen:
Spannweite: 11,00 m
Länge: 9,10 m
Höhe: 2,60 m
Flügelfläche: 17,1 m^2

Arado Ar 96 B

Arado Ar 96

Ursprungsland: Deutschland
Kategorie: Schul- und Übungsflugzeug
Besatzung: 2
Triebwerk: (Ar 96 B) Ein luftgekühlter V12-Zylinder-Motor Argus As 410 A-1 mit 342 kW (465 PS) Startleistung und 280 kW (380 PS) Dauerleistung.
Leistungen: (Ar 96 B) Höchstgeschwindigkeit 330 km/h, Reisegeschwindigkeit 295 km/h, Steigzeit auf 3000 m 6 min, 30 sec, Dienstgipfelhöhe 7100 m, Reichweite 990 km.
Gewichte: (Ar 96 B) Leergewicht 1295 kg, max. Abfluggewicht 1700 kg
Bewaffnung: (Ar 96 B) Ein starres MG oder ein Foto-MG.
Entwicklung: Auf Grund einer Ausschreibung des RLM begann die Entwicklung 1936. Der Erstflug des Ganzmetallflugzeuges in Schalenbauweise fand 1938 statt und nach dem Bau einiger Prototypen und Vorserienflugzeuge begann die Fertigung 1939 mit der A-Serie, die mit einem Argus AS 10 mit 176 kW (240 PS) ausgestattet war. Nach 92 Flugzeugen wurde auf die B-Serie mit dem wesentlich stärkeren Argus AS 410 umgestellt. Bulgarien erhielt eine Version mit einem MG-Stand im hinteren offenen Cockpit und Bombenaufhängungen unter den Tragflächen. Eine Version für den Einsatz auf dem Flugzeugträger Graf Zeppelin mit Beschlägen für den Katapultstart und Fanghaken kam nicht über die Erprobung hinaus.

Bis März 1945 wurden insgesamt 2891 Ar 96 produziert, davon ein großer Teil bei Avia in Prag. Avia und Letov stellten nach dem Krieg unter der Bezeichnung C-2 weitere 409 Flugzeuge her.

Geplante Weiterentwicklungen Ar 296 und Ar 396, wegen Rohstoffmangel aus Holz gebaut, kamen nur bis zum Prototypenstadium. 200 Flugzeuge wurden von der französischen SIPA nach Kriegsende produziert.

Bemerkungen: Die Arado 96 war ab 1940 das Standard-Übungsflugzeug der Luftwaffe für Fortgeschrittene und in ihrer Auslegung als Ganzmetall-Tiefdecker mit Einziehfahrwerk und Verstellpropeller ein deutlicher Fortschritt zu den bis dahin üblichen Schulungsdoppeldeckern. Der Tiefdecker wurde hauptsächlich zur Jagdflieger-, Zerstörer und Nachtjagdschulung eingesetzt.

Eine AR 96 B steht im Flyhistorisk Museum Sola, Norwegen und eine mit Originalteilen rekonstruierte Arado im Technikmuseum Berlin.

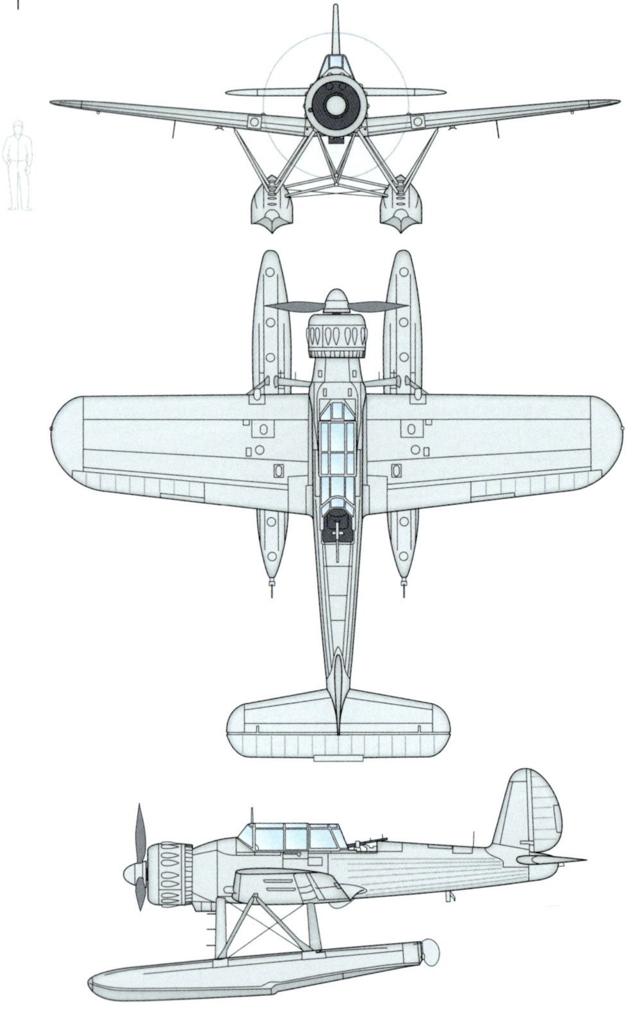

Abmessungen:
Spannweite: 12,40 m
Länge: 11,00 m
Höhe: 4,45 m
Flügelfläche: 28,4 m²

Arado 196 A 3

Arado 196

Ursprungsland: Deutschland
Kategorie: See-Mehrzweckflugzeug
Besatzung: 2
Triebwerk: (A 3) Ein luftgekühlter 9-Zylinder-Sternmotor BMW 132 K mit 706 kW (960 PS) Start- und 525 kW (715 PS) Dauerleistung.
Leistungen: (A 3) Höchstgeschwindigkeit 320 km/h, Reisegeschwindigkeit 255 km/h, Steigzeit auf 1000 m 2 min, 30 sec, Dienstgipfelhöhe 7000 m, Reichweite 1070 km.
Gewichte: (A 3) Leergewicht 2214 kg, max. Abfluggewicht 3415 kg.
Bewaffnung: Ab der A 2 zwei MGs in den Tragflächen und ein synchronisiertes MG neben dem Motor. Ein MG für den Funker im hinteren Cockpit. Maximal je eine 50 kg-Bombe unter den beiden Tragflächen.
Entwicklung: Die Ar 196 wurde aufgrund einer Ausschreibung des RLMs im Frühjahr 1936 entworfen. Die Ganzmetallkonstruktion besteht aus einem beplankten Rumpf-Stahlrohrgerüst und ist lediglich am Rumpfheck bespannt. Im Juni 1937 fand der Erstflug der A-Version mit Doppelschwimmern statt. Die Zentralschwimmerversion (B) flog im September 1937. Nach der Erprobung mit einigen Prototypen wurde bis April 1939 zehn Vorserienflugzeuge gefertigt. Die Serienproduktion begann im Juni 1939 und endete im März 1944.

Die A-Versionen unterschieden sich durch ihren Einsatzzweck in der Ausrüstung und geringfügigen Modifikationen: Als stabiler gebautes, bordgestütztes Flugzeug für den Katapultstart, als See-Aufklärer, zur Küstenpatrouille, als Zielschlepper und U-Boot-Jäger.

Von den fünf A-Versionen wurden 528, manche Quellen sagen 530 Stück gebaut. Von der B-Version mit Zentralschwimmer drei Stück.

Bemerkungen: Das kleine wendige Flugzeug diente nicht nur bei den Küstenstaffeln in Nord- und Ostsee, sondern wurde auf fast allen großen deutschen Flotteneinheiten wie z. B. den Schlachtschiffen Bismarck und Tirpitz im Katapultstart eingesetzt. Auch auf Handelsschiffen im Südatlantik, Pazifik und Indischen Ozean war das Flugzeug stationiert, um gegnerische Kriegsschiffe aufzuspüren.

Eine komplette AR 196 steht im bulgarischen Luftfahrtmuseum bei Plowdiw. Im Deutschen Luftschiff- und Marinefliegermuseum Aeronauticum in Nordholz wird derzeit eine AR 196 restauriert.

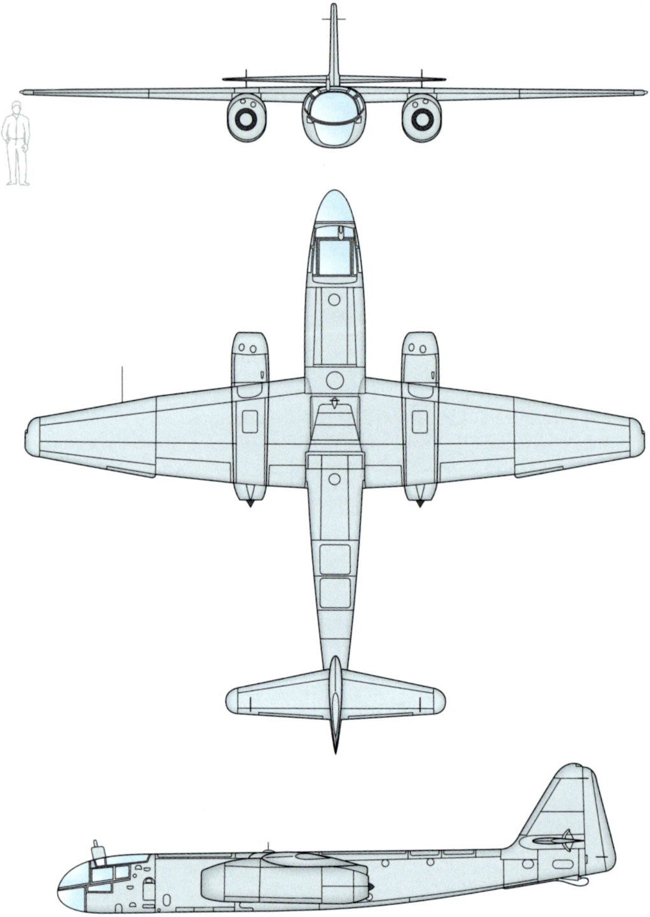

Abmessungen:
Spannweite: 14,41 m
Länge: 12,64 m
Höhe: 4,30 m
Flügelfläche: 28,6 m^2

Arado 234 B1

Arado 234

Ursprungsland: Deutschland
Kategorie: Zweistrahliger Bomber und Aufklärer
Besatzung: 1
Triebwerke: Zwei Axial-Strahltriebwerke Junkers Jumo 004 B von je 8,72 kN Leistung.
Leistungen: Höchstgeschwindigkeit 780 km/h in 6000 m, Steigrate 1320 m/min, Dienstgipfelhöhe 12.000 m, Reichweite 1400 km, mit Außenlasten 1100 km.
Gewichte: Leergewicht 4650 kg, max. Abfluggewicht 9408 kg (9968 kg mit Startraketen)
Bewaffnung: Bis zu 1500 kg Bomben an Flügelstationen.
Entwicklung: Ende 1940 gab das RLM einen Auftrag für die Entwicklung eines schnellen strahlgetriebenen Aufklärers/Bombers heraus, auf den lediglich Arado mit der 234 antwortete. Erstflug des in Ganzmetallbauweise hergestellten Hochdeckers war im Juli 1943. Die ersten Flugzeuge (B 0) benutzten einen dreirädrigen Startwagen und landeten auf einer Kufe. Im März 1944 flog die B 1 zum ersten Mal eine weiterentwickelte, seriennahe Version mit Einziehfahrwerk. Schon mit den Prototypen wurden im Juli 1944 Aufklärungseinsätze über Südengland geflogen. Die B 2-Bomberversion „Blitz“ wurde Anfang 1945 eingesetzt, war jedoch wegen der extern mitgeführten Bomben erheblich langsamer. Drei Flugzeuge wurden zum Nachtjäger mit Radar umgebaut. Von der wesentlich leistungsfähigeren vierstrahligen C 3, wurden zwar einige ausgeliefert, die aber nicht mehr zum Einsatz kamen.

Es wurden vermutlich nicht mehr als 214 Arado 234 gebaut.

Bemerkungen: Mit der AR 234 nahm zum ersten Mal ein düsengetriebener Bomber und Aufklärer gegen Ende des 2. Weltkrieges an den Kampfhandlungen teil. Dank Strahlturbinen und Autopilot gehörte das Flugzeug bei Kriegsende zum letzten Stand der Technik. Mit einer Höchstgeschwindigkeit von ca. 780 km/h war das Flugzeug für alliierte, kolbengetriebene Jagdflugzeuge unerreichbar. Als Bomber spielte die Arado allerdings in den letzten Kriegstagen keine große Rolle mehr und es kam vor allem wegen des allgemeinen Treibstoffmangels nur zu relativ wenigen Einsätzen.

Drei AR 234 wurden nach Kriegsende zu Testzwecken in die USA gebracht. Soweit bekannt, ist allerdings nur eine Arado 234 erhalten geblieben. Sie steht im Steven F. Udvar-Hazy Center (National Air and Space Museum) bei Washington, D.C., USA.

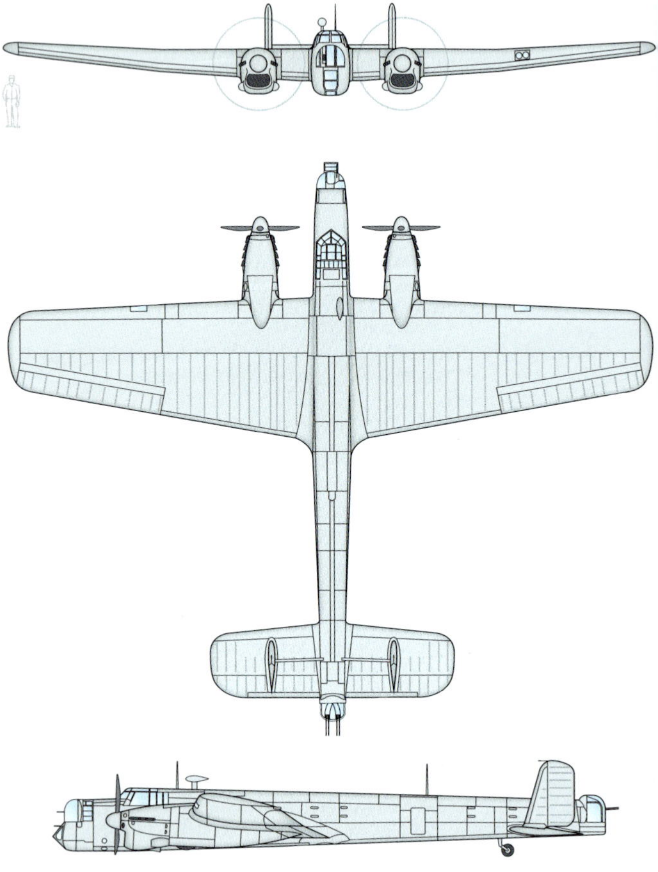

Abmessungen:
Spannweite: 25,60 m
Länge: 21,49 m
Höhe: 4,57 m
Flügelfläche: 105,6 m^2

Armstrong Whitworth AW. 38 Whitley Mk. V

Armstrong Whitworth AW. 38 Whitley

Ursprungsland: Großbritannien
Kategorie: Mittelschwerer Bomber
Besatzung: 5
Triebwerke: (Mk. V) Zwei flüssigkeitsgekühlte V12-Zylinder-Motoren Rolls-Royce Merlin X mit je 853 kW (1145 PS).
Leistungen: (Mk. V) Höchstgeschwindigkeit 370 km/h in 5000 m Höhe, Dienstgipfelhöhe 7900 m, Reichweite 2660 km, Überführungsreichweite 3900 km.
Gewichte: (Mk. V) Leergewicht 8754 kg, max. Abfluggewicht 15.195 kg.
Bewaffnung: Ein MG im Bug, vier MGs im Heckstand. Bis zu 3175 kg Bomben im Rumpf und unter den inneren Flügeln.
Entwicklung: Nach einer Ausschreibung im Juli 1934 und einer Entwicklungszeit von fast zwei Jahren startete der erste Prototyp im März 1936. Das Ganzmetallflugzeug, mit zum Teil bespannten Tragflächen und Rudern wurde in den Baureihen Mk. I bis 3 mit einem 14-Zylinder-Doppelsternmotor Armstrong Siddeley Tiger, der bis zu 930 PS leistete, produziert. Ab der Mk. IV kamen die leistungsfähigeren V12-Merlins zum Einsatz, einhergehend mit weiteren technischen Modifikationen. Im Dezember 1938 flog die erste Mk. V, die mit 1466 Stück am meisten gebaute Whitley. Die Mk. VII, mit zusätzlichen Tanks für Langstreckenflüge, Radar und 6 Besatzungsmitgliedern, wurde zur U-Boot-Bekämpfung eingesetzt, ist aber so schwer geraten, dass sie einmotorig die Höhe nicht mehr halten konnte.

Eine „zivile" Version mit zusätzlichen Tanks wurde kurzzeitig von der britischen BOAC von Mai bis August 1942 überwiegend nachts als Frachter auf Versorgungsflügen eingesetzt.

Insgesamt sind bei Armstrong Whitworth bis Juni 1943 1814 Flugzeuge aller Versionen gefertigt worden.
Bemerkungen: Zu Beginn des 2. Weltkriegs zählte die Whitley zu den wichtigsten Bombern der Royal Air Force. Am Anfang zum Abwurf von Propagandamaterial über Deutschland eingesetzt, wurde sie auch für Nachtbombenangriffe herangezogen. Ende 1942 wurde der Bomber aus der Frontlinie abberufen, um weiter für Spezialeinsätze hinter den feindlichen Linien, für Versorgungsflüge, als Fallschirmabsetzer und U-Boot-Jäger eingesetzt zu werden.

Kein Flugzeug ist erhalten geblieben. Nur eine Rumpf-Sektion ist im Midland Air Museum in Bagington, Großbritannien zu besichtigen.

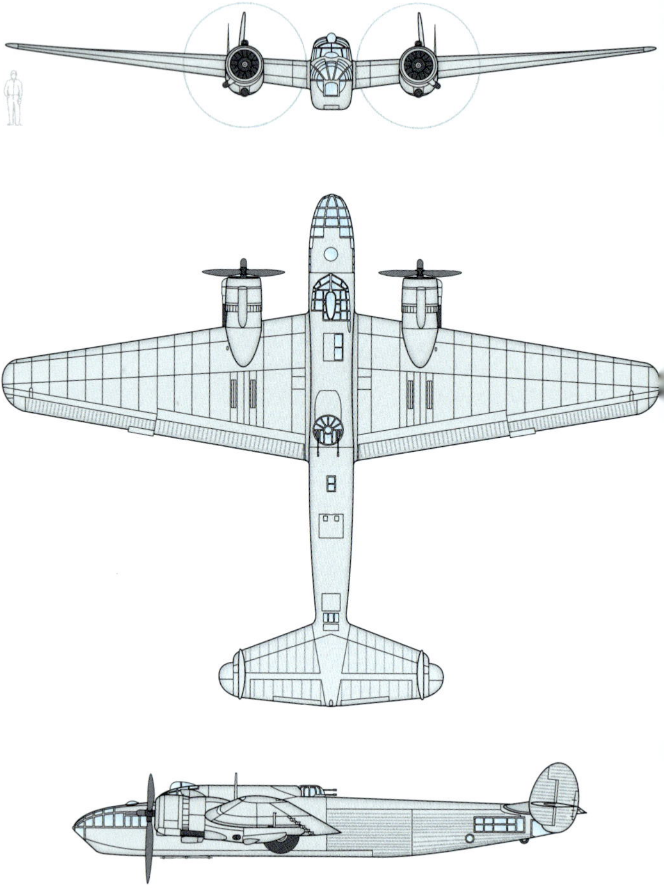

Abmessungen:
Spannweite: 23,47 m
Länge: 18,26 m
Höhe: 4,75 m
Flügelfläche: 74,65 m²

Armstrong Whitworth AW.41 Albemarle Mk. I

Armstrong Whitworth AW. 41 Albemarle

Ursprungsland: Großbritannien
Kategorie: Transport- und Schleppflugzeug
Besatzung: Bomber 6, sonst 4
Triebwerke: Zwei luftgekühlte 14-Zylinder-Doppelsternmotoren Bristol Hercules XI mit 1190 kW (1590 PS).
Leistungen: Höchstgeschwindigkeit ca. 425 km/h in 3200 m Höhe, Reisegeschwindigkeit 270 km/h, Dienstgipfelhöhe 5500 m, Reichweite 2170 km.
Gewichte: Leergewicht 11.497 kg, Abfluggewicht 16.556 kg.
Bewaffnung: Vier MGs im Drehturm auf dem Rumpf, maximal 2000 kg Bomben im Bombenschacht.
Entwicklung: Eine Forderung nach einem einfach aufgebauten zweimotorigen Bomber in Holz-Metall-Gemischtbauweise, der von nicht luftfahrtaffinen Firmen produziert werden konnte, folgte Armstrong Whitworth mit einem Mock-up im Juni 1938. Das erste britische Militärflugzeug mit Bugfahrwerk hob im März 1940 erstmals ab. Schon früh zeigte sich, dass die AW. 41 für die ihr zugedachten Bomber-Missionen nicht geeignet war. Nach 32 gebauten Mk. I-Bombern wurde das Flugzeug nur noch als Transporter und Schleppflugzeug gebaut (199 Stück). Als Absetzmaschine konnte die Mk. II (99 Stück) zehn voll ausgerüstete Fallschirmjäger transportieren. Die Mk. III mit Rolls-Royce Merlin III wurde nicht gebaut, und die Mk. IV mit Wright Double Cyclone R-2600 blieb ein Prototyp. Während sich die Mk. V (48 Stück) lediglich durch eine zusätzliche Vorrichtung zum Treibstoffablass unterschied, hatte die Mk. VI (251 Stück) eine Frachttür auf der Rumpfseite, eine andere Funkausrüstung und keine Bewaffnung.

Insgesamt wurden von allen Varianten 598 Flugzeuge gebaut. Davon wurden 14 Albemarle im Jahr 1943 an die Sowjetunion geliefert.
Bemerkungen: Nach einem glücklosen Start als mittelschwerer Bomber wurde die Albemarle bis zum Kriegsende hauptsächlich als Transportflugzeug, als Absetzmaschine für Fallschirmjäger und zum Lastenabwurf, zum Beispiel für die Résistance in Frankreich und bei der Invasion der Alliierten im Juli 1943 in Sizilien eingesetzt. Als Schleppflugzeug für die schweren Airspeed Horsa-Lastensegler bei der Invasion in der Normandie im Juni 1944 nutzte man sie ebenso, wie bei der großen alliierten Luftlande-Operation Market Garden in den Niederlanden im September 1944.

Soweit bekannt gibt es keine erhalten gebliebene Flugzeuge.

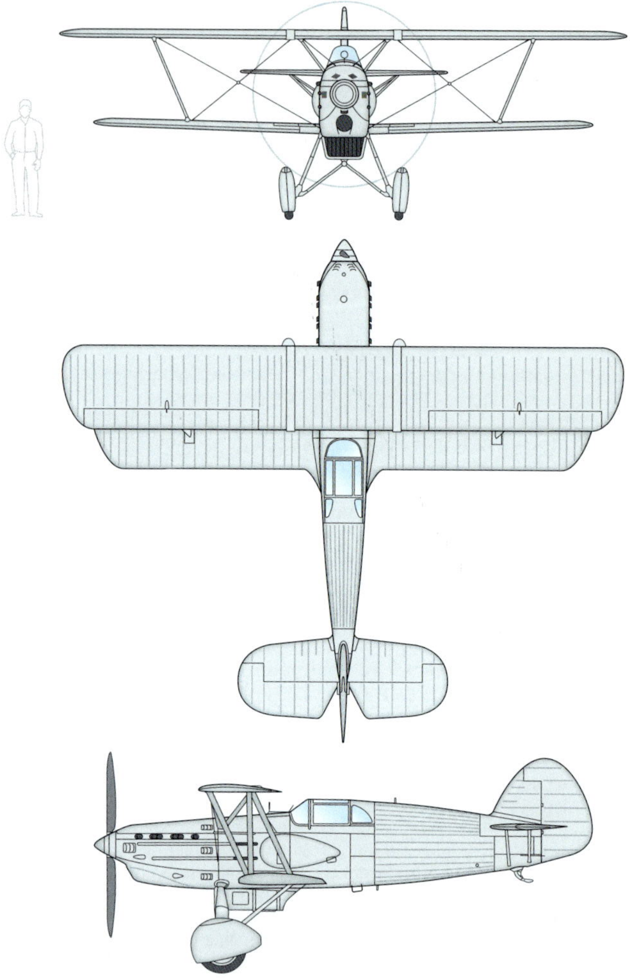

Abmessungen:
Spannweite: 9,40 m
Länge: 8,10 m
Höhe: 3,15 m
Flügelfläche: 23,56 m²

Avia B-534 Serie 4

Avia B-534

Ursprungsland: Tschechoslowakei
Kategorie: Jagdflugzeug
Besatzung: 1
Triebwerk: (Serie 4) Ein flüssigkeitsgekühlter V12-Zylinder-Motor Avia 12 Ydrs (Lizenzbau von Hispano-Suiza) mit 623 kW (836 PS) Startleistung.
Leistungen: (Serie 4) Höchstgeschwindigkeit 405 km/h in 4400 m Höhe, Reisegeschwindigkeit 345 km/h, Dienstgipfelhöhe 10.600 m, Reichweite 600 km.
Gewichte: (Serie 4) Leergewicht 1460 kg, Abfluggewicht 2120 kg.
Bewaffnung: (Serie 4) Je zwei starre MGs an den Rumpfseiten. Sechs 20 kg-Bomben an Flügelstationen.
Entwicklung: Das Flugzeug war der Nachfolger der B-34, das durch den Einbau eines Hispano-Suiza-Motors zur B-534 wurde. Die Stahlrohrkonstruktion des Rumpfes war blechverkleidet und am Heck stoffbespannt, während der Flügel aus stoffbespanntem Stahlrohr konstruiert war. Der Erstflug war im Mai 1933, die ersten Maschinen wurden im Herbst 1935 ausgeliefert. Von der B-534 Serie 1 mit offenem Cockpit, die je zwei MGs im Rumpf und in den Tragflächen hatte, wurden 100 Stück produziert. Die Serie 2 (46 Stück) bekam in Rumpfbeulen integrierte MGs und Flügelstationen für leichte Bomben. Serie 3 hatte Radverkleidungen und den Lufteinlass unter dem Rumpf. Erst Serie 4, mit 271 Flugzeuge die Hauptserie, bekam ein geschlossenes Cockpit. Die Bn-Version wurde als Nachtjäger gebaut und die Bk-Version hatte einen 625 kW (860 PS) Avia 12-Ycrs-Motor und eine Maschinenkanone über dem Motor. Insgesamt wurden 566 B-534 gebaut.
Bemerkungen: In den 1930er-Jahren war die B-534 das Standardjagdflugzeug der Tschechoslowakei. Der zu seiner Zeit konkurrenzfähige, wendige Doppeldecker war einer der letzten seiner Art bevor leistungsfähigere Tiefdecker auf den Markt kamen. Nach der Besetzung der Tschechoslowakei im März 1939 wurde das Flugzeug gegen Ungarn und beim Einmarsch in die Sowjetunion 1941 bei Bodenangriffen eingesetzt . Mitte 1942 sind die B-534 von der Front zurückgezogen worden. Sie wurden zu Schulflugzeugen, Fortgeschrittenentrainern, Schleppflugzeugen und Zielschleppern der deutschen Luftwaffe umgerüstet.

Ein Flugzeug, das aus Fragmenten zusammengebaut wurde, steht im Museum Prag-Kbely/Tschechien.

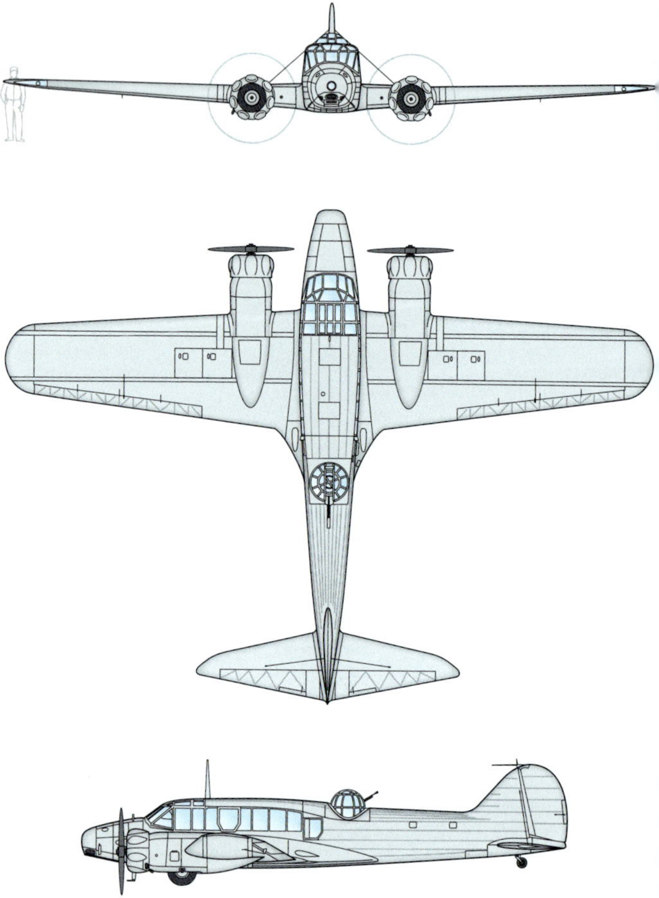

Abmessungen:
Spannweite: 17,22 m
Länge: 12,88 m
Höhe: 3,99 m
Flügelfläche: 43,01 m^2

Avro 652 Anson Mk. I

Avro 652 Anson

Ursprungsland: Großbritannien
Kategorie: Mehrzweckflugzeug
Besatzung: 2–6 je nach Einsatzzweck
Triebwerke: (Mk. I) Zwei luftgekühlte 7-Zylinder-Sternmotoren Armstrong Siddeley Cheetah IX mit je 261 kW (350 PS).
Leistungen: (Mk. I) Höchstgeschwindigkeit 302 km/h in 2100 m Höhe, Reisegeschwindigkeit ca. 190 km/h, Dienstgipfelhöhe 5000 m, Reichweite 800 km.
Gewichte: (Mk. I) Leergewicht 2500 kg, Abfluggewicht 3608 kg, max. Abfluggewicht 3900 kg.
Bewaffnung: Je nach Einsatzzweck und Version ein MG im vorderen Rumpf und ein MG im Drehturm. Bis zu 163 kg Bomben.
Entwicklung: Ursprünglich als leichtes Passagier- und Postflugzeug in den frühen 1930er-Jahren entworfen, absolvierte die militärische Version ihren Erstflug im März 1935. Das Stahlrohr-Rumpfgerüst des Tiefdeckers war teilweise beplankt und bespannt, die Flügel aus Holz. In Kanada wurden 1050 Mk. V, auch mit Holzrumpf und zwei 450 PS-starken 9-Zylinder-Sternmotoren Pratt & Whitney R-985 gebaut. Nach Problemen mit den Holzverklebungen wurde ein Teil der letzten Baureihen mit Metallflügeln und -leitwerken ausgestattet. Zahlreiche Varianten bis zur Mk. XII wurden hergestellt. Allein die Mk. I als Basisflugzeug 6688 mal. Es gab Versionen als Trainer-, Navigations-, Funkschul-, Verbindungs- und Transportflugzeug. Als Anson 18 und 19 sind 69 Flugzeuge für zivile Zwecke gebaut worden.

Im Mai 1952 endete die Produktion nach 11.020 Flugzeugen. Davon wurden 2882 in Kanada hergestellt.
Bemerkungen: Die Anson war das zahlenmäßig erfolgreichste Flugzeug von Avro und wurde hauptsächlich von Großbritannien, Kanada und Australien und von weiteren 26 Staaten weltweit eingesetzt. Die letzten der RAF wurden erst 1968 ausgemustert.

Vor allem in Großbritannien, Kanada, Australien und Neuseeland sind zahlreiche Ansons, zum Teil flugfähig, erhalten geblieben oder restauriert worden.

Abmessungen:
Spannweite: 31,09 m
Länge: 21,18 m
Höhe: 5,97 m
Flügelfläche: 120,80 m2

Avro 683 Lancaster Mk. III

Avro 683 Lancaster

Ursprungsland: Großbritannien
Kategorie: Schwerer Bomber
Besatzung: 7
Triebwerke: (Mk. I) Vier flüssigkeitsgekühlte V12-Zylinder-Motoren Rolls-Royce Merlin XX mit 950 kW (1280 PS).
Leistungen: (Mk. I) Höchstgeschwindigkeit ca. 450 km/h, Reisegeschwindigkeit 320 km/h, Dienstgipfelhöhe 6500 m, Reichweite 4070 km.
Gewichte: (Mk. I) Leergewicht 16.738 kg, Abfluggewicht 24.948 kg, max. Abfluggewicht 30.844 kg.
Bewaffnung: (Mk. I) Je ein Zwillings-MGs im vorderen und oberen Turm, und ein Vierlings-MG im Heckstand. Maximal 6400 kg Bomben.
Entwicklung: Die Lancaster ist eine Weiterentwicklung der zweimotorigen Avro Manchester. Der Prototyp flog im Januar 1941 und im Oktober 1941 bereits die erste Serienmaschine von 1070 bestellten Mk. I-Lancaster. Die Mk. II wurde mit Bristol Hercules 14-Zylinder-Doppelsternmotoren ausgestattet, während die Mk. III wiederum mit in den USA produzierten V12-Merlin gebaut wurde. Der in Ganzmetall hergestellte Bomber wurde in fünf Werken in zahlreichen Varianten produziert, die sich hauptsächlich in der Motorisierung und je nach Einsatzzweck in der Bewaffnung unterschieden. Die Weiterentwicklung Avro 694 Lincoln, von der 604 Stück gebaut wurden, flog erstmals im Juni 1944 und war der letzte schwere Bomber mit Kolbenmotoren der RAF.

Eine kanadische Firma begann 1942 Lancasters in Transporter umzurüsten. Ebenso A.V. Roe, die 30 Exemplare in Avro 691 Lancastrian für 9–13 Passagiere für BOAC-Langstrecken ümrüstete.

Insgesamt sind bis Februar 1946 7377 Lancaster aller Versionen gebaut worden, davon 430 in Kanada in Lizenz.

Bemerkungen: Die Lancaster war der bedeutendste schwere viermotorige Bomber Großbritanniens und bildete das Rückgrat der Tag- und hauptsächlich Nachteinsätze ab März 1942 gegen Deutschland. Es wurden insgesamt rund 156.000 Einsätze über Europa geflogen. Dabei gingen ca. 3200 Lancaster verloren. Berühmt wurde die Lancaster allerdings durch Spezialoperationen mit überschweren Bomben, wie die Versenkung des deutschen Schlachtschiffes Tirpitz in Norwegen oder die Bombardierung wichtiger militärischer Ziele, z. B. Eisenbahnviadukte. Vor allem aber mit den spektakulären nächtlichen Rollbomben-Angriffe auf die Eder- und Möhnetalsperren im Mai 1943.

Insgesamt sollen 17 Avro Lancaster erhalten geblieben sein. Davon zwei flugfähig in Großbritannien und Kanada.

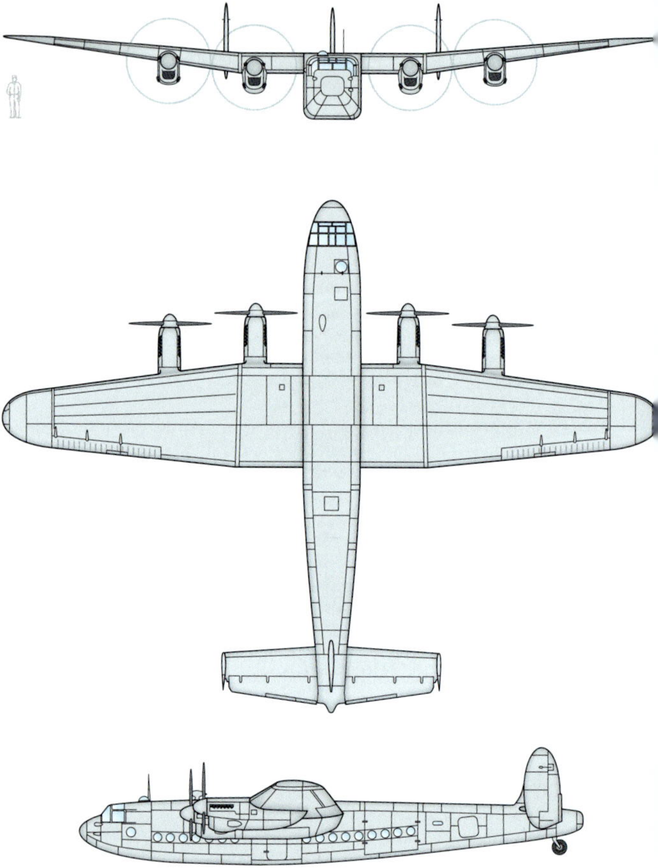

Abmessungen:
Spannweite: 31,09 m
Länge: 23,93 m
Höhe: 5,03 m
Flügelfläche: 120,50 m^2

Avro 685 York C Mk. I

Avro 685 York

Ursprungsland: Großbritannien
Kategorie: Passagier- und Transportflugzeug
Besatzung: 5
Triebwerke: Vier flüssigkeitsgekühlte V12-Zylinder-Motoren Rolls-Royce Merlin XX mit 950 kW (1280 PS).
Leistungen: Höchstgeschwindigkeit ca. 480 km/h in 4600 m Höhe, Dienstgipfelhöhe 7000 m, Reichweite 4800 km.
Gewichte: Leergewicht 15.060 kg, Abfluggewicht 29.484 kg.
Entwicklung: Um den Bedarf an militärischen und zivilen Langstreckentransportflugzeugen für britische Übersee-Destinationen zu befriedigen, entwickelte Avro die York. Das Ganzmetallflugzeug flog im Juli 1942 zum ersten Mal. Dessen Tragflächen und Leitwerk stammen von der Lancaster und der breite kastige Rumpf bekam ein zusätzliches mittleres Leitwerk. Eine typische Konfiguration bestand aus 21 Sitzen in zwei getrennten Kabinen oder als Passagier/Fracht-Kombination. Einige Flugzeuge wurden zu exklusiven VIP-Flugzeugen für höhere britische Regierungsmitglieder umgebaut. Der Bau einer York C Mk. II die von britischen Bristol Hercules-Sternmotoren mit 1650 PS angetrieben wurde, blieb ein Einzelstück.

Nach fünf Prototypen wurden 45 zivile York C Mk. I und 208 militärische York C Mk. II produziert. Victory Aircraft in Kanada baute eine Maschine, blieb aber mit dem Verkauf erfolglos.

Bemerkungen: Nach der Gründung des RAF Transport Command 1943 wurde die York das erste in größerer Anzahl genutzte Transportflugzeug. Die RAF nutzte das Muster unter anderem für Transportflüge nach Indien und während der Blockade von Berlin 1948/49, bei der Yorks über 58.000 Einsätze zur Versorgung der eingeschlossenen Berliner flogen. Nach der Ausmusterung wurden ca. 40 RAF-Maschinen an zivile Gesellschaften verkauft, umgebaut und weiter verwendet.

Die zivile York wurde beispielsweise von British South American Airways nach Südamerika und British Overseas Airways Corporation auf Flügen nach Südafrika (mit 12 Schlafkojen) eingesetzt. Weitere Nutzer in Großbritannien waren kleinere Fluggesellschaften. Die York wurde zudem von Fluggesellschaften im Mittelmeerraum und im Nahen Osten, in Argentinien und in Kanada genutzt. Die letzten zivilen Maschinen sind 1964 außer Dienst gestellt worden.

Lediglich zwei nicht flugfähige Flugzeuge werden im Imperial War Museum in Duxford und im Royal Air Force Museum in Cosford/Großbritannien präsentiert.

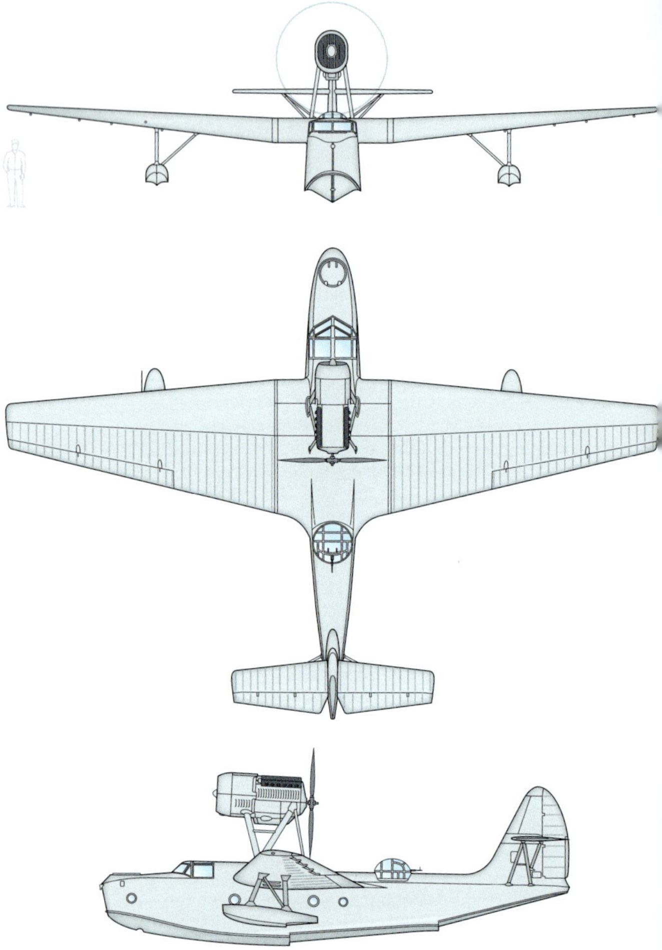

Abmessungen:
Spannweite: 18,90 m
Länge: 13,50 m
Höhe: 4,50 m
Flügelfläche: 26,85 m^2

Berijew MBR-2

Berijew MBR-2

Ursprungsland: Sowjetunion
Kategorie: Mehrzweck-Flugboot
Besatzung: 3–4
Triebwerk: (MBR-2bis) Ein flüssigkeitsgekühlter V12-Zylinder-Motor Mikulin AM-34 N mit 559 kW (750 PS).
Leistungen: Höchstgeschwindigkeit ca. 285 km/h in 2000 m Höhe, Reisegeschwindigkeit 225 km/h in 2000 m Höhe, Dienstgipfelhöhe 6600 m, Reichweite 1450 km, maximal 2200 km.
Gewichte: Leergewicht 2718 kg, Abfluggewicht 4245 kg.
Bewaffnung: Je ein MG im offenen Bugstand und im Drehturm auf dem Rumpfrücken. Maximal 300 kg Bomben an Flügelstationen.
Entwicklung: 1931 begann die Entwicklungsphase des Flugbootes mit beplanktem Holzrumpf und teilweise bespannten Metallflügeln, die im Mai 1932 mit dem Erstflug abgeschlossen wurde. Nach der Erprobung startete Ende 1933 gleichzeitig die Serienproduktion der militärischen MBR-2 und der zivilen Variante MP-1 für sechs Passagiere. Beide hatten einen V12-Reihenmotor Mikulin M-17 mit 508 kW (680 PS), der in Lizenz von BMW gebaut wurde. Die Transporterversion MP-1T wurde ab 1935 ausgeliefert. Mit leistungsstärkerem Motor, geschlossener Kabine und anderem Seitenleitwerk wurde die MBR-2bis und MP-1bis ab 1936/37 produziert. Die auch unter schwierigen Bedingungen leicht zu wartende MBR-2 und die Möglichkeit ein festes Fahrwerk, Schnee- oder Eiskufen anbauen zu können, bewies deren Vielseitigkeit.

Bis 1941 verließen insgesamt 1365 Flugboote die Werkshallen.
Bemerkungen: Das einfache, robuste Flugboot, von den Piloten auch scherzhaft „Kuh" oder „Scheune" genannt, wurde während des Krieges überwiegend in den Binnen- und Küstengewässern der Sowjetunion als Nahaufklärer, leichter Bomber und Transporter eingesetzt. Allerdings war das Flugzeug wegen seiner Langsamkeit und ungenügender Bewaffnung ein leichtes Ziel. Die Aeroflot nutzte die Passagierversion mit beheizbarer Kabine auf den Küstenrouten am Schwarzen Meer. Die finnische Luftwaffe flog fünf Berijews, die sie 1941 erbeutet hatte. Auch einige Höhenweltrekorde für Frauen wurden im Mai 1937 in einer MP-1bis erflogen. Nach dem Krieg wurden zahlreiche MBR-2-Flugboote in der Fischereiüberwachung und der Seenotrettung eingesetzt.

Ein Flugzeug steht im Museum für militärische Ausrüstung in Jekaterinburg/Russland.

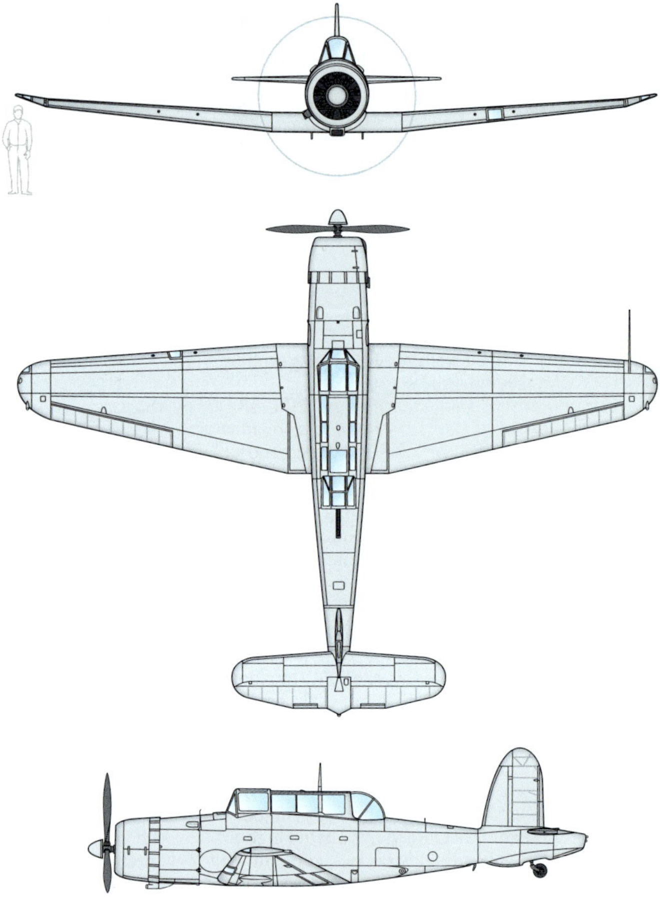

Abmessungen:
Spannweite: 14,07 m
Länge: 10,85 m
Höhe: 3,81 m
Flügelfläche: 29,6 m^2

Blackburn B.24 Skua Mk. II

Blackburn B. 24 Skua

Ursprungsland: Großbritannien
Kategorie: Jagdflugzeug, Sturzkampfbomber
Besatzung: 2
Triebwerk: (Mk. II) Ein luftgekühlter 9-Zylinder-Sternmotor Bristol Perseus XII mit 664 kW (903 PS) Startleistung.
Leistungen: Höchstgeschwindigkeit 362 km/h in 2000 m Höhe, Reisegeschwindigkeit 301 km/h, Dienstgipfelhöhe 6200 m, Reichweite 1220 km.
Gewichte: Leergewicht 2493 kg, Abfluggewicht 3732 kg.
Bewaffnung: Je zwei MGs in den Flügeln, ein MG im hinteren Cockpit. Eine 230 kg-Bombe unter dem Rumpf oder acht 14 kg-Übungsbomben an Flügelstationen.
Entwicklung: Eine radikale Abkehr von den zuvor üblichen Doppeldeckern der britischen Navy war das ab 1935 entwickelte trägergestützte Jagdflugzeug Skua. Der erste der beiden Prototypen des Ganzmetall-Tiefdeckers (Mk. I) flog im Februar 1937 noch mit einem 820 PS-Bristol Mercury-Sternmotor, während die Serie (Mk. II) mit dem stärkeren Bristol Perseus ausgerüstet wurde. Die erste Serienmaschine erreichte die Navy Ende 1938. Eine einzelne Bombe unter dem Rumpf war an einer ausfahrbaren Gabel aufgehängt, um beim Abwurf nicht den Propeller zu treffen. Große Landeklappen und ein Fanghaken machten die Skua flugzeugträgertauglich. Eine Parallelentwicklung war die fast identische Blackburn Roc (Erstflug Dezember 1938), die mit einem Vierlings-MG-Drehturm hinter dem Cockpit ausgestattet war und von der 166 Stück vom Band liefen.

Es wurden insgesamt nur 192 Blackburn Skua gebaut.
Bemerkungen: Als trägergestütztes Jagdflugzeug konnte die langsame Skua noch annähernd mit den vergleichbaren Marinejagdflugzeugen mithalten, gegen Landflugzeuge wie zum Beispiel die Me 109 war sie jedoch chancenlos und erlitt große Verluste. Aber für Angriffe auf Seeziele war sie als Sturzkampfflugzeug noch zu Beginn des 2. Weltkrieges durchaus brauchbar. Unter anderem bei den Attacken auf deutsche Schlachtschiffe in Norwegen und im Mittelmeerraum. Aber bereits 1941 wurde die Skua durch Fairey Fulmars und Sea Hurricanes ersetzt. Einige wurden noch als Zielschleppflugzeuge und als Fortgeschrittenentrainer bis Ende 1945 bei der Marine verwendet.

Soweit bekannt ist kein komplettes Flugzeug erhalten geblieben. Es gibt aber Restaurationsprojekte geborgener Wracks.

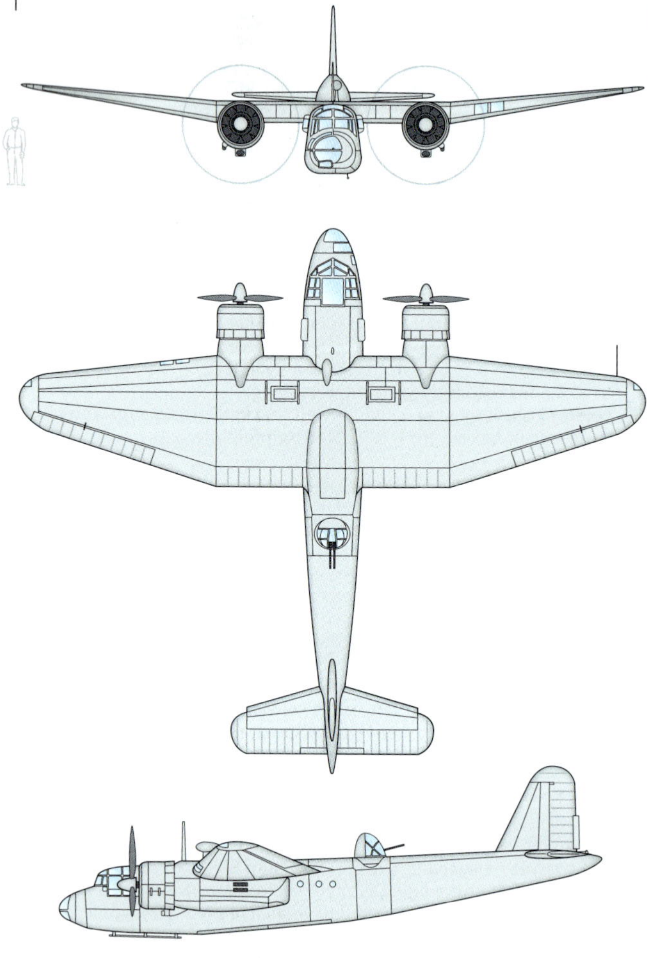

Abmessungen:
Spannweite: 17,98 m
Länge: 15,58 m
Höhe: 4,46 m
Flügelfläche: 48,12 m^2

Blackburn B. 26 Botha Mk. I

Blackburn B. 26 Botha

Ursprungsland: Großbritannien
Kategorie: Torpedobomber, Aufklärer
Besatzung: 4
Triebwerke: Zwei luftgekühlte 9-Zylinder-Sternmotoren Bristol Perseus XA mit 694 kW (930 PS) Startleistung.
Leistungen: Höchstgeschwindigkeit 401 km/h, Reisegeschwindigkeit 341 km/h, Dienstgipfelhöhe 5335 m, Reichweite 2044 km.
Gewichte: Leergewicht 5366 kg, Abfluggewicht 8369 kg.
Bewaffnung: Ein starres MGs nach vorn, ein Zwillings-MG im Drehturm. Im Bombenschacht ein Torpedo oder bis zu 907 kg Bomben.
Entwicklung: Die Botha und die Bristol Beaufort wurden nach einer Ausschreibung des britischen Luftfahrtministeriums Ende 1935 entwickelt. Schon 1936 wurden neben der Beaufort auch 442 Bothas bestellt. Der Erstflug erfolgte allerdings erst im Dezember 1938. Obwohl das Gewicht des in Ganzmetallbauweise hergestellten Flugzeuges durch eine zwischenzeitlich geforderte 4-Mann-Besatzung stieg, waren stärkere Triebwerke, wie z. B. der Bristol Taurus mit 840 kW (1130 PS) wegen der geringen Produktionszahlen nur für die konkurrierende Bristol Beaufort verfügbar. Trotz weiterer Leistungssteigerungen des Bristol Perseus blieb der zweimotorige Hochdecker aber für den Fronteinsatz untermotorisiert. Auch als Schul- und Trainingsflugzeug war die Botha wenig geeignet. Einige Flugzeuge wurden schließlich zu Zielschleppflugzeugen (TT Mk. I) umgerüstet. Schon im Jahr 1943 wurden die ersten Bothas verschrottet und die letzten im September 1944 aus dem Dienst genommen.

Insgesamt wurden 578 Botha Mk. I bei Blackburn gebaut.
Bemerkungen: Im Grunde genommen war die Blackburn Botha nie ein konkurrenzfähiges Flugzeug und wirklich einsatzfähig. Die einzigen bewaffneten Einsätze begannen im Juni 1940 mit relativ sicheren Schiffskonvoi-Eskorten über der Nordsee, die gerade mal 3 Monate andauerten. Auch bei den Trainingseinheiten der Royal Air Force wurden die übernommenen Bothas sehr schnell ersetzt, die letzte im Dezember 1942. Dazu war das Flugzeug bei Piloten wegen seiner geringen Motorleistung, vor allem in beladenem Zustand, der schlechten Sicht und seinem wenig stabilen Flugverhalten unbeliebt. Eine ungewöhnlich hohe Unfallrate bestätigten diese Einstellung, denn von den 578 Flugzeugen gingen allein 169 durch Unfälle verloren.

Es blieb kein Flugzeug erhalten.

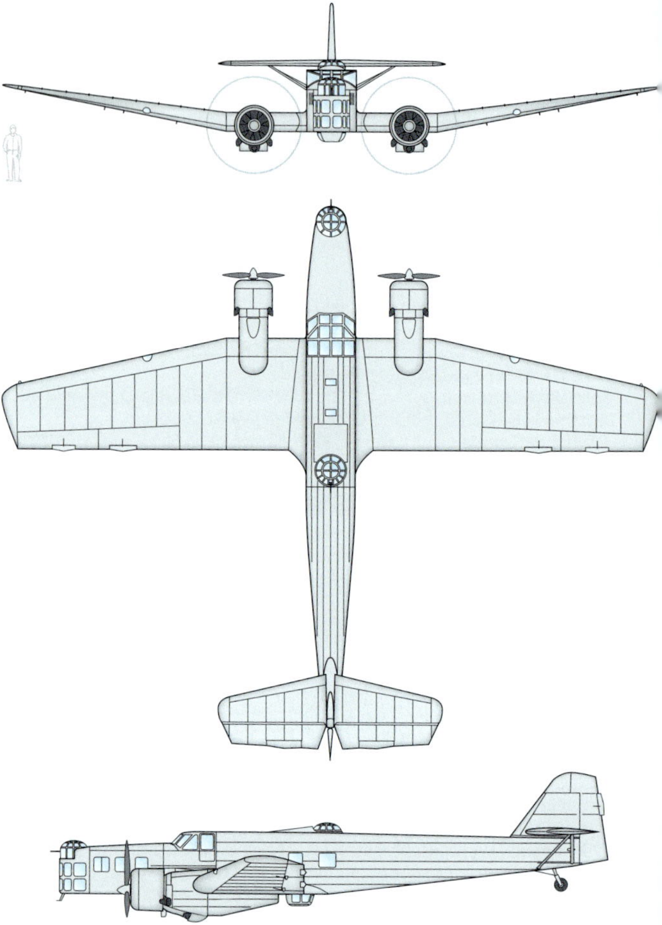

Abmessungen:
Spannweite: 22,82 m
Länge: 18,83 m
Höhe: 6,7 m
Flügelfläche: 62,5 m²

Bloch MB. 210

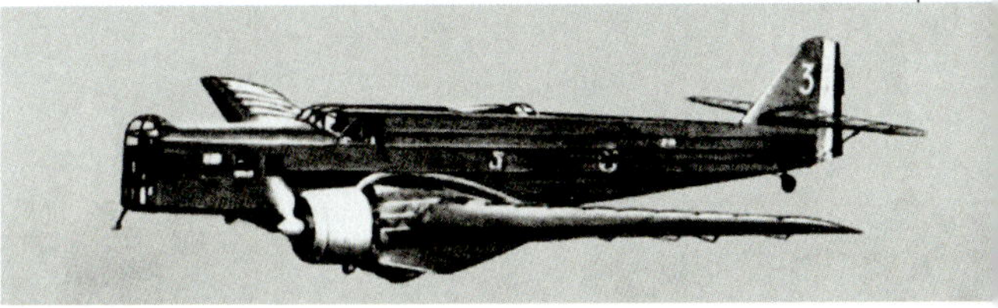

Bloch MB. 210

Ursprungsland: Frankreich
Kategorie: Bomber
Besatzung: 4–5
Triebwerke: (MB. 210 Bn. 5) Zwei luftgekühlte 14-Zylinder-Doppelsternmotoren Gnome-Rhône 14N-10 mit je 709 kW (951 PS) Startleistung.
Leistungen: (MB.210Bn.5) Höchstgeschwindigkeit 322 km/h in 3500 m Höhe, Reisegeschwindigkeit 240 km/h, Dienstgipfelhöhe 9900 m, Reichweite 1000 km mit 1000 kg Zuladung, max. Reichweite 1700 km.
Gewichte: (MB. 210 Bn. 5) Leergewicht 6413 kg, Abfluggewicht 9720 kg, maximales Abfluggewicht 10.221 kg.
Bewaffnung: Je ein MG im Bug, über und unter dem Rumpf in Drehtürmen. Maximal 1600 kg Bomben intern.
Entwicklung: Die MD. 210 war die Antwort von Bloch auf die Ausschreibung der französischen Marine des Jahres 1932 für einen schweren Torpedobomber. Die Marine akzeptierte jedoch nur ein Wasserflugzeug, woraufhin die nun MB. 218 genannte Maschine mit Doppelschwimmern ausgestattet wurde und damit erstmals im Januar 1936 flog. Sie konnte die Marine jedoch leistungsmäßig nicht überzeugen. Die französische Luftwaffe interessierte sich mittlerweile für die in Ganzmetall hergestellte und erneut modifizierte MB. 210, die im Dezember 1935 zum ersten Mal flog. Es wurden 270 Stück bestellt. Um die Produktion zu beschleunigen wurden mehrere Unternehmen beteiligt. Hanriot z. B. baute die fünfsitzige Version MB. 210 Bn. 5. Eine Weiterentwicklung war die mit 860 PS starken Hispano-Suiza-Motoren ausgestattete MB. 211, die keine Leistungsverbesserung brachte, genau so wenig wie die MB. 212 mit 940 PS-Motoren. Beide Projekte wurden eingestellt.

Von den 298 gebauten Maschinen wurden 24 Stück nach Rumänien und 4 nach Spanien exportiert.

Bemerkungen: Die Einführung der MB. 210 mit den damals neuartigen Verstellpropellern und einem Einziehfahrwerk war anfangs für die Piloten problematisch. Es zeigte sich auch schnell, dass die MB. 210 nicht mehr dem Stand der Technik entsprach, es mangels Leistung und Anfälligkeit der Motoren zu Unfällen kam und sie deshalb bei Piloten unbeliebt war. Zu Kriegsbeginn 1939 wurden die vorhandenen 238 Bomber für Tag- und Nachtbombardements eingesetzt. Im Juni 1940 waren noch 120 MB. 210 im unbesetzten Teil Frankreichs und 20 weitere in Nordafrika einsatzfähig. Bei der deutschen Besetzung Restfrankreichs 1942 wurden 42 MB. 210 erbeutet, davon gingen 6 an Bulgarien.

Soweit bekannt, ist kein Flugzeug erhalten geblieben.

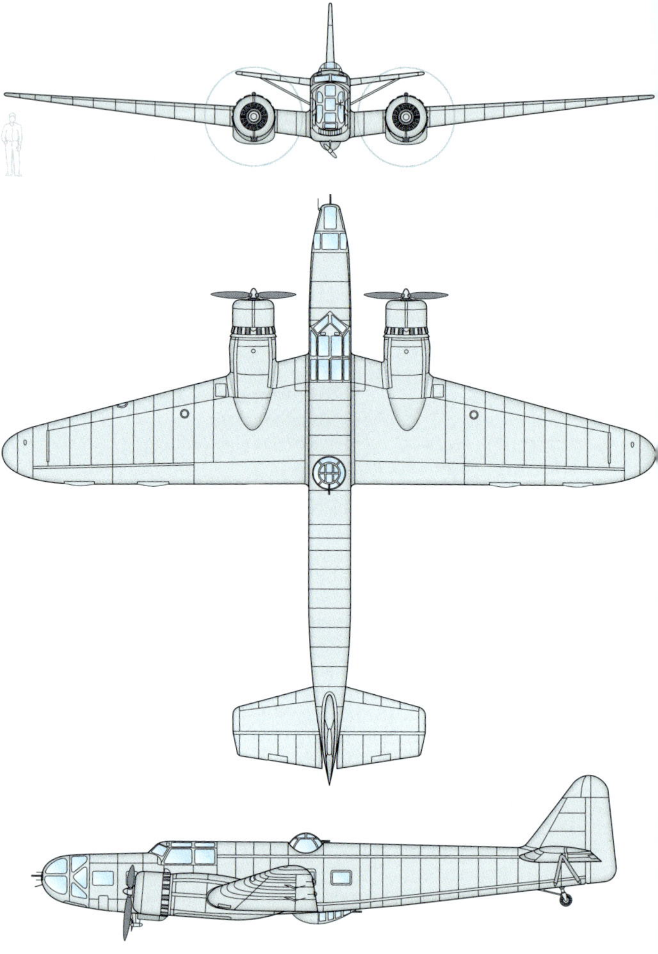

Abmessungen:
Spannweite: 20,30 m
Länge: 17,85 m
Höhe: 4,09 m
Flügelfläche: 52,10 m^2

Bloch MB. 131

Bloch MB.131

Ursprungsland: Frankreich
Kategorie: Bomber
Besatzung: 4–5
Triebwerke: Zwei luftgekühlte 14-Zylinder-Doppelsternmotoren Gnome-Rhône 14N-10 mit je 708 kW (950 PS) Startleistung.
Leistungen: Höchstgeschwindigkeit 385 km/h, Reisegeschwindigkeit 270 km/h, Dienstgipfelhöhe 7100 m, Reichweite 1200 km.
Gewichte: Leergewicht 6050 kg, Abfluggewicht 8526 kg.
Bewaffnung: Je ein MG im Bug, über und unter dem Rumpf. Maximal 800 kg Bomben intern.
Entwicklung: Im August 1933 veröffentlichte die französische Regierung eine Ausschreibung für ein Mehrzweckflugzeug als Bomber, Kampf- und Aufklärungsflugzeug. Neben acht weiteren Bewerbern entwickelte Bloch die MB.130 mit einem kastenförmigen Rumpf, ähnlich der MB.210. Sie flog im Juni 1934 erstmals, entsprach aber bei weitem nicht den erwarteteten Leistungen. Ungeachtet dessen wurden 40 Exemplare bestellt, jedoch nicht produziert. Die daraufhin komplett überarbeitete und wesentlich modernere und aerodynamisch optimierte MB.131 in Ganzmetallbauweise flog erstmals im August 1936. Nach mehreren Prototypen mit umfangreichen Änderungen begann schließlich 1938 die Serienproduktion mit den ersten 14 reinen Aufklärern MB 131 R4. Fünf MB 131 Ins wurden als Trainer und 121 MB.131 RB4 als Bomber/Aufklärer produziert. Bei der überarbeiteten MB.132 und MB.133 mit Doppelleitwerk und stärkeren, aber problematischen Hispano-Suiza-Motoren blieb es bei den Prototypen. Mit der MB.135, ein aus der MB.131 weiterentwickelter viermotoriger, mittelschwerer Bomber, der im Januar 1937 erstmals abhob, aber nicht in Serie ging, endete die 130er-Baureihe von Bloch.

Insgesamt wurden 145 MB.131 inklusive der Prototypen gebaut.

Bemerkungen: Die MB.131 begann 1938 ihren Dienst bei der französischen Luftwaffe. Erste Aufklärungmissionen an der Ostgrenze Frankreichs wurden im September 1939 geflogen. Ohne Jagdeskorte war das träge Flugzeug gegen deutsche Jagdflugzeug jedoch chancenlos, woraufhin nur noch Nachteinsätze geflogen wurden. Nach hohen Verlusten wurde das Flugzeug bis Mai 1940 komplett aus dem Fronteinsatz abgezogen und nur noch als Schleppflugzeug zur Zieldarstellung sowie als Trainer für angehende Besatzungen verwendet. Einige erbeutete Exemplare wurden von den Deutschen nach der Kapitulation Frankreichs weiter als Schleppflugzeug und als Trainer benutzt.

Soweit bekannt ist kein Flugzeug erhalten geblieben.

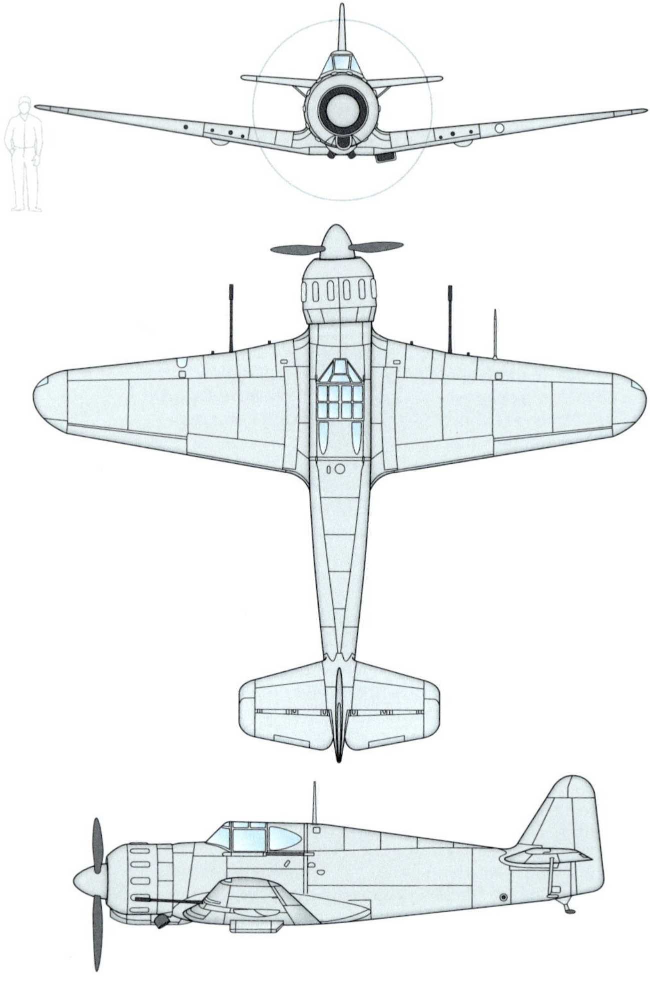

Abmessungen:
Spannweite: 10,54 m
Länge: 9,10 m
Höhe: 3,95 m
Flügelfläche: 17,32 m^2

Bloch MB.152 C1

Bloch MB.152

Ursprungsland: Frankreich
Kategorie: Jagdflugzeug
Besatzung: 1
Triebwerk: Ein luftgekühlter 14-Zylinder-Doppelsternmotor Gnome-Rhône 14N/25 mit 772 kW (1050 PS) Startleistung.
Leistungen: Höchstgeschwindigkeit 515 km/h in 4000 m Höhe, Steigzeit auf 4000 m 6 min, 12 sec, Dienstgipfelhöhe 10.000 m, Reichweite 600 km.
Gewichte: Leergewicht 2020 kg, Abfluggewicht 2750 kg.
Bewaffnung: Zwei MGs und zwei Maschinenkanonen in den Flügeln.
Entwicklung: Die MB.150, ein Tiefdecker in selbsttragender Ganzmetallbauweise, war die Konstruktion Marcel Blochs für eine Ausschreibung der französischen Luftwaffe aus dem Jahr 1934. Der Prototyp flog im Mai 1937. Wegen der drohenden Kriegslage 1938 wurden 15 Vorserienflugzeuge bestellt, die allerdings wegen der zu komplexen Bauweise nicht serienmäßig hergestellt werden konnten. Eine Umkonstruktion führte zur MB.151, von der 144 Stück produziert wurden. Parallel dazu wurde an der weiterentwickelten MB.152 gearbeitet, die mit 488 Exemplaren das meistproduzierte Muster wurde. Die MB.153 mit einem amerikanischen P&W R-1830 Twin Wasp-Doppelsternmotor blieb ein Prototyp und die geplante MB.154 mit einem Wright Cyclone R-1820 wurde nie gebaut. Lediglich 29 Flugzeuge wurden von der geringfügig veränderten MB.155hergestellt. Eine erneut verbesserte MB.157 mit einem 1580 PS-starken Gnome-Rhône Meteor-Doppelsternmotor, die im März 1942 flog, erreichte bei Testflügen eine Höchstgeschwindigkeit von 715 km/h, blieb aber ein Einzelstück.

Von den Baureihen MB.150 bis MB.157 wurden insgesamt 663 produziert. Andere Quellen sprechen von 750 Flugzeugen.

Bemerkungen: Zu einem respektierten Gegner zu Beginn der deutschen Westoffensive entwickelte sich die robuste MB.152. Mit dem Ende der Kämpfe 1941 wurden die noch 173 vorhandenen MB.152 als Schulflugzeuge von der deutschen Luftwaffe eingesetzt und ein Teil an Rumänien exportiert. Schon 1939 erhielt Griechenland 9 von 25 bestellten MB.151. Da ja Leistung bei Jagdflugzeugen nie genug vorhanden sein kann, wurde die unter deutscher Aufsicht weiterentwickelte MB.157 mit einem 1580 PS starken Gnome-Rhône „Météore"-Doppelsternmotor ausgerüstet. Die Testflüge waren so vielversprechend, dass der Motor demontiert wurde, um ihn in Deutschland zu testen.

Soweit bekannt ist keine MB.152 erhalten geblieben.

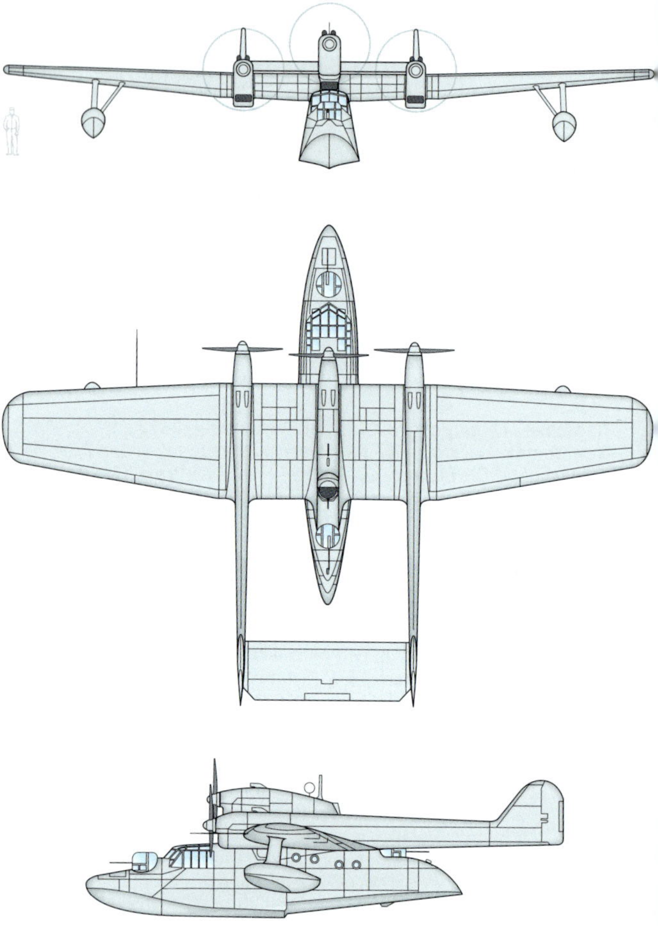

Abmessungen:
Spannweite: 26,94 m
Länge: 19,85 m
Höhe: 5,90 m
Flügelfläche: 112 m²

Blohm & Voss BV 138

Blohm & Voss BV 138

Ursprungsland: Deutschland
Kategorie: Fernaufklärer
Besatzung: 6
Triebwerke: (C-1) Drei flüssigkeitsgekühlte 6-Zylinder-Gegenkolben-Dieselmotoren Jumo 205D mit je 648 kW (880 PS) Startleistung.
Leistungen: (C-1) Höchstgeschwindigkeit 285 km/h, Reisegeschwindigkeit 235 km/h, Dienstgipfelhöhe 4200 m, Reichweite 3880 km.
Gewichte: (C-1) Leergewicht 8100 kg, 17.650 kg bei Katapultstart, max. Abfluggewicht 18.150 kg mit Startraketen.
Bewaffnung: (C-1) Je ein MG im Bugstand, Heckstand und Gondelstand. Sechs 50 kg-Bomben oder 4 Wasserbomben á 150 kg oder 2 Zielmarkierungssender.
Entwicklung: Blohm & Voss gewann die im August 1934 erfolgte Ausschreibung für einen See-Fernaufklärer. Im Juli 1936 blieb es bei einem versuchten, aber misslungenen Erstflug. Erhebliche Umkonstruktionen des Knickflügels und des zu kurzen Rumpfes an dem katapultstartfähigen Ganzmetallflugzeug waren die Folge. Erst im Juli 1939 flog der Prototyp, jetzt mit geraden Flügeln, dessen Rohrholm gleichzeitig ein Tank war. Nach vier Vorserienflugzeugen begann im Januar 1940 die Serienfertigung von 25 A-1 mit 605 PS-Jumos. Von der strukturell verstärkten B-1 mit leistungsfähigeren Motoren und höherem Abfluggewicht wurden 20 Flugzeuge gebaut und 228 Stück von der nochmals überarbeiteten C-1. Mit einem Magnetring, der rund um das Flugzeug führte, wurde die BV 138 MS zur Minenräumung eingesetzt.

In der Produktionszeit von 1940 bis Ende 1943 wurden insgesamt 297 BV 138 hergestellt.
Bemerkungen: Nach anfänglichen Problemen mit der Grundkonstruktion bewährte sich der „Fliegende Holzschuh". Die ersten Einsätze flog die BV 138 allerdings als Transporter nach Norwegen. Erfolgreich wurde das Flugzeuge über der Nord- und Ostsee, im Eismeer und im Ärmelkanal als Aufklärer eingesetzt. Zur U-Bootbekämpfung wurden die Flugzeuge mit dem Radargerät Hohentwiel ausgestattet. Mit den äußerst sparsamen Dieselmotoren war es möglich, auf Fernaufklärungsflügen, die bis zu 18 Stunden dauern konnten, von U-Booten Diesel zu übernehmen. Für die Seenotrettung aber war das Flugzeug, wie sich herausstellte, untauglich. Dafür war die Do 24 besser geeignet.

Keine BV 138 ist erhalten geblieben. Wrackteile sind z. B. im Danmarks Tekniske Museum in Elsinore/Dänemark zu besichtigen.

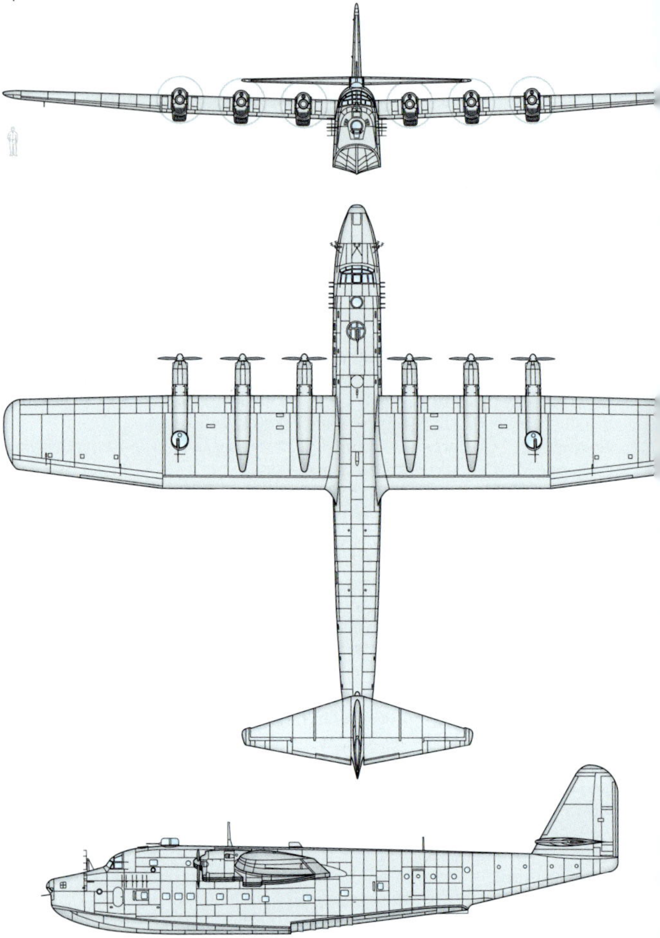

Abmessungen:
Spannweite: 46,00 m
Länge: 37,00 m
Höhe: 10,90 m
Flügelfläche: 255 m²

Blohm & Voss BV 222 C

Blohm & Voss BV 222

Ursprungsland: Deutschland
Kategorie: Transport- und Fernaufklärungsflugzeug
Besatzung: 6–13
Triebwerke: Baureihe A sechs luftgekühlte 9-Zylinder-Sternmotoren BMW Bramo 323 R mit je 736 kW (1000 PS), Baureihe C sechs flüssigkeitsgekühlte 6-Zylinder-Gegenkolben-Dieselmotoren Jumo 207 C mit je 736 kW (1000 PS).
Leistungen: (A) Höchstgeschwindigkeit 385 km/h, Reisegeschwindigkeit 320 km/h, Dienstgipfelhöhe 6500 m, Reichweite 7450 km.
Gewichte: (A) Leergewicht 27.000 kg, max. Abfluggewicht 45.000 kg.
Bewaffnung: (A) Je ein MG im Bugstand und im Turm auf der Oberseite, vier MGs seitlich, zwei MGs in den Drehtürmen auf den Tragflächen.
Entwicklung: Schon 1936 war die Lufthansa Initiator für die Entwicklung eines atlantiktauglichen Flugboots. Heinkel, Dornier und Blohm & Voss reichten Vorschläge ein, aus der die BV 222 als Siegerin hervorging. Im September 1940 flog das sechsmotorige Flugboot erstmals. Das in Ganzmetallbauweise hergestellte Flugzeug hatte einen Rumpf mit drei Ebenen: das Unterwasserschiff, das Unterdeck für bis zu 24 Passagiere bzw. 92 Soldaten oder Fracht. und das Oberdeck für die 6–13köpfige Besatzung. Der Ausbruch des 2. Weltkriegs vereitelte jedoch früh den zivilen Einsatz. Die Prototypen der A-Baureihe bis zur V8 wurden bewaffnet und mit großen Ladeluken ausgestattet. Mit der C-Baureihe (ab dem 9. Flugzeug) wurden Jumo 207-Dieselmotoren eingebaut, anstatt des geplanten, aber noch nicht verfügbaren sparsameren 1500 PS-Jumo 208-Diesels. Einige Fernaufklärer erhielten Schiffssuchgeräte (Zeichnung). Geplant war auch eine Version mit Fahrwerk.
Insgesamt verließen bis 1944 nur 13 Flugzeuge die Werkshallen.
Bemerkungen: Nicht nur wegen ihrer Größe war die BV 222 Wiking zu ihrer Zeit ein beeindruckendes Flugzeug, das sich auch durch etliche technische Neuerungen auszeichnete. Darunter der Flügelrohrholm, der bis zu 20.700 l Kraftstoff aufnehmen konnte. Ab 1941 flogen die Wikings Transporteinsätze nach, und Verwundetentransporte von Norwegen. Sie waren im Polarkreis unterwegs und flogen über das Mittelmeer nach Nordafrika oder Fernaufklärungseinsätze von der französischen Küste aus. Fast alle BV 222 wurden abgeschossen oder am Boden zerstört. Über den Verbleib dreier Wikings nach Kriegsende gibt es widersprüchliche Angaben. Ein Flugzeuge soll von der RAF nach England überführt, getestet und schließlich verschrottet worden sein, ein anderes wurde auf Anordnung der Briten vor Trondheim versenkt.

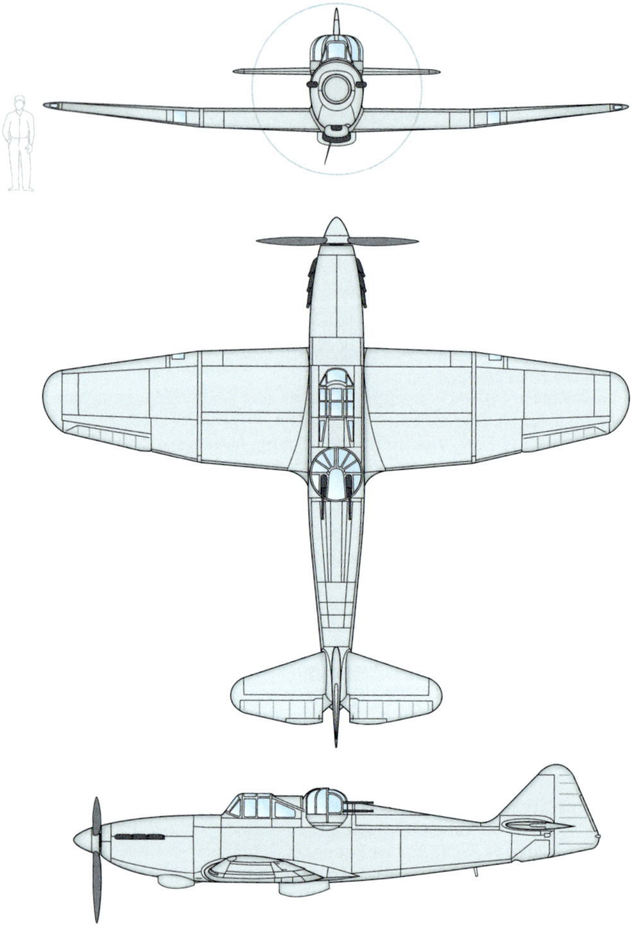

Abmessungen:
Spannweite: 11,99 m
Länge: 10,77 m
Höhe: 3,45 m
Flügelfläche: 23,23 m^2

Boulton Paul Defiant Mk. I

Boulton Paul Defiant

Ursprungsland: Großbritannien
Kategorie: Jagdflugzeug
Besatzung: 2
Triebwerk: (Mk. I) Ein flüssigkeitsgekühlter V12-Zylinder-Motor Rolls-Royce Merlin III mit 770 kW (1030 PS).
Leistungen: (Mk. I) Reisegeschwindigkeit 282 km/h, Höchstgeschwindigkeit 489 km/h, Steigzeit auf 4600 m 8,5 min, Dienstgipfelhöhe 9400 m, Reichweite 750 km.
Gewichte: (Mk. I) Leergewicht 2757 kg, Abfluggewicht 3773 kg, maximales Abfluggewicht 3901 kg.
Bewaffnung: Vier MGs in einem Drehturm hinter dem Cockpit.
Entwicklung: Nach einer Ausschreibung aus dem Jahr 1933 und einem Atrappenbau rollte der erste Prototyp der Defiant im August 1937 aus der Halle. Im Juli 1939 flog die erste Serienversion Mk. I und im Dezember 1939 kam das erste Flugzeug zur Truppe. Im August 1941 wurde die verbesserte Mk. II, jetzt mit einem 1260 PS-V 12-Merlin ausgestattet, eingeführt. Wegen immer noch mangelnder Leistung als Jagdflugzeug wurden die Flugzeuge zur Nachtjagd umgerüstet und vereinzelt zum Test mit einem Radargerät ausgestattet. Die Defiant T.T. Mk. I wurde schließlich 1941 noch als Zielschlepper produziert. Nur auf ein halbes Jahr Einsatzdauer brachten es die 76 Maschinen der Seenotrettung, die mit einer Dinghy-Aufhängung unter der Tragfläche ausgerüstet waren. Von August 1942 bis Juli 1943 kam noch eine Version zur elektronischen Kampfführung zum Einsatz.

Bis 1943 wurden von allen Versionen 1060 Flugzeuge produziert.

Bemerkungen: Wegen mangelnder Leistung und der Bewaffnung mit einem Drehturm anstatt nach vorn gerichteter MGs, war die Defiant eigentlich schon zur Zeit ihrer Einführung veraltet und hatte nur wenig Chancen gegen modernere Jagdflugzeuge. Als Tagjäger war die Defiant deshalb nicht haltbar. So wurde sie Ende 1940 als Nachtjäger gegen die zunehmenden Nacht-Bombardements der deutschen Luftwaffe eingesetzt. Trotz anfänglicher Erfolge war jedoch im Sommer 1942 mit Erscheinen leistungsfähigerer Typen die Zeit für die Defiant abgelaufen und das Flugzeug wurde noch zum Training, als Störflugzeug gegen deutsche Radaranlagen und zur Seenotrettung benutzt.

Die einzige komplette Defiant steht im Royal Air Force Museum Cosford, Großbritannien.

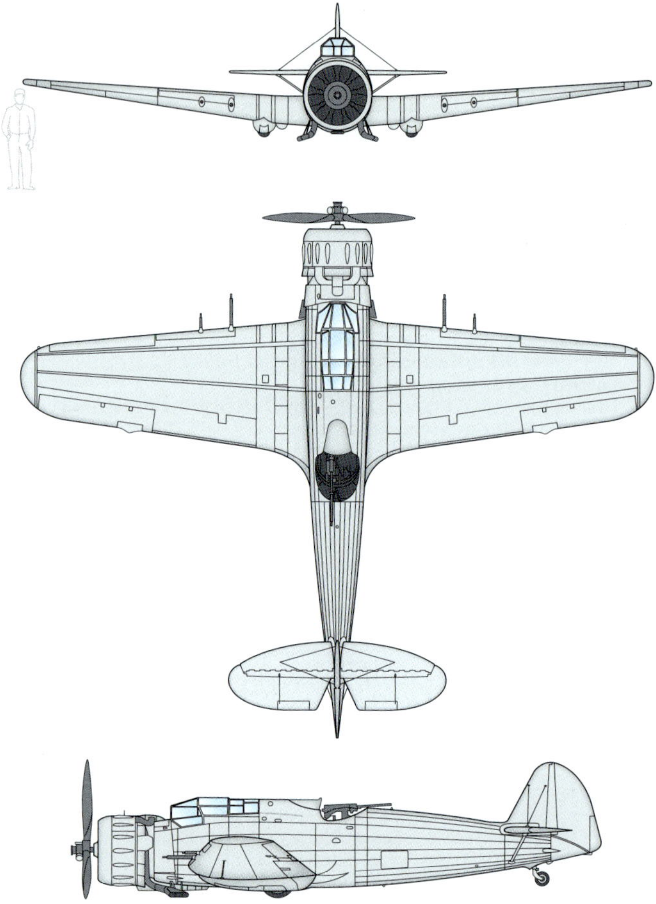

Abmessungen:
Spannweite: 12,10 m
Länge: 9,30 m
Höhe: 3,20 m
Flügelfläche: 23,5 m^2

Breda Ba.65 A80

Breda Ba.65

Ursprungsland: Italien
Kategorie: Erdkampfflugzeug
Besatzung: 1 bis 2
Triebwerk: Ein luftgekühlter 18-Zylinder-Doppelsternmotor Fiat A.80 RC.41 mit je 746 kW (1000 PS).
Leistungen: Höchstgeschwindigkeit 430 km/h, Dienstgipfelhöhe 6300 m, Reichweite ca. 550 km.
Gewichte: Leergewicht 2400 kg, Abfluggewicht 2950 kg.
Bewaffnung: Je zwei MGs unterschiedlichen Kalibers im Flügel, 200–400 kg Bomben im Schacht, und 200 kg an Außenträgern. Zweisitzer mit zusätzlichem MG im hinteren Waffenstand oder Drehturm.
Entwicklung: Zu Beginn ihrer Entwicklung war die Ba. 65 ein eigentlich modernes Konzept eines Schlacht- und Erdkampfflugzeugs mit starker Bewaffnung und leichten Bomben. Der Erstflug des in Ganzmetallbauweise hergestellten Tiefdeckers mit Einziehfahrwerk war im September 1935. Die ersten 82 Serienflugzeuge wurden noch mit dem von Isotto Fraschini in Lizenz gebauten Gnome-Rhône K-14 Doppelsternmotor mit 700 PS ausgerüstet. Danach kam der Fiat A.80 mit 1000 PS zum Zug. Mit voller Beladung ließ sich die untermotorisierte Maschine allerdings kaum abheben. Auch mit geringerer Last war sie immer noch schwierig zu fliegen. Um das Gewicht zu reduzieren wurde der Geschützturm hinter dem Cockpit entfernt und durch einen offenen MG-Stand ersetzt. Als Jagdflugzeug wurden die Ba. 65 in Spanien einsitzig und ohne Bombenschacht geflogen.

Produktionsende war im Juli 1939 nach 218 Flugzeuge. Davon wurden 55 in den Irak, nach Chile und Portugal exportiert.
Bemerkungen: Als Erdkampfflugzeug wäre die Ba. 65 Nibbio (Habicht) eine geeignete Maschine gewesen, konnte jedoch mangels leistungsfähiger italienischer Motoren ihr Potential nicht zur Geltung bringen. Im Spanischen Bürgerkrieg wurde die Nibbo von den Nationalisten als einsitziges Jagdflugzeug gegen sowjetische Bomber, als leichter Sturzkampfbomber und Erdampfflugzeug eingesetzt. Ursprünglich vorgesehen als Übergangsmuster zur Breda Ba. 88, die eine Fehlkonstruktion war, wurde die Ba.65 in den ersten Jahren des 2. Weltkrieges deshalb noch in Nordafrika als durchaus geeignetes Tiefangriffsflugzeug gegen britische Truppen verwendet. Dies allerdings unter hohen Verlusten durch gegnerische Jagdflugzeuge und Flak.

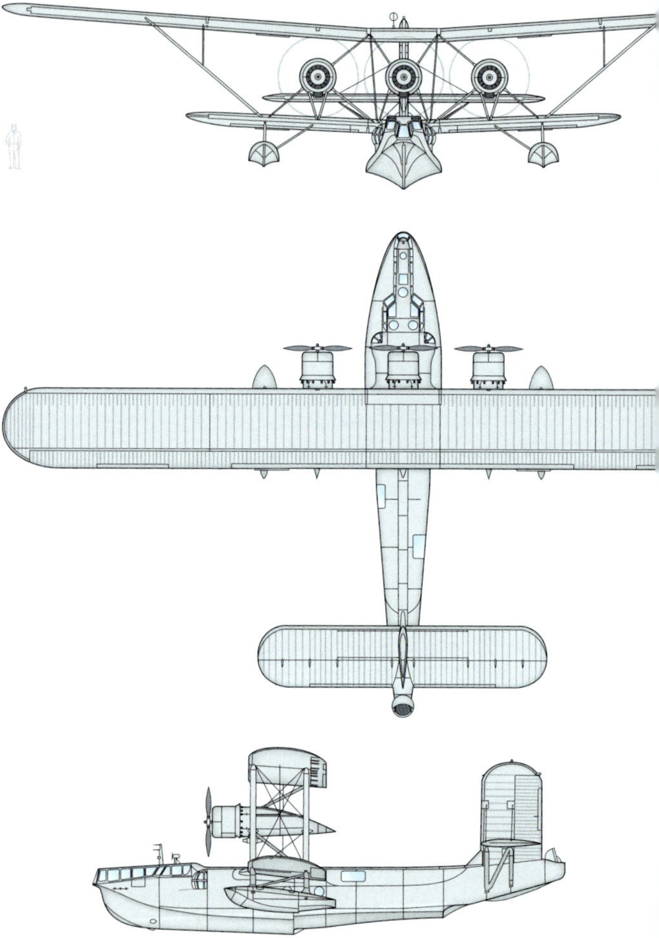

Abmessungen:
Spannweite: 35,15 m
Länge: 20,50 m
Höhe: 7,45 m
Flügelfläche: 162,60 m²

Breguet Br. 521

Breguet Br. 521/522/530

Ursprungsland: Frankreich
Kategorie: Flugboot
Besatzung: 6–8, je nach Einsatz
Triebwerke: Drei luftgekühlte Vierzehnzylinder-Doppelsternmotoren Gnome-Rhône 14 Kdrs oder 14N-11 mit je 671 kW (910 PS)
Leistungen: Höchstgeschwindigkeit 243 km/h in 1000 m Höhe, Reisegeschwindigkeit 165 km/h, Steigzeit auf 3000 m 15 min, 45 sec, Dienstgipfelhöhe 6000 m, Reichweite ca. 2100 km, maximal 3000 km.
Gewichte: Leergewicht 9470 kg, Abfluggewicht 15.091 kg, max. 16.600 kg.
Bewaffnung: Fünf bis sechs MGs an verschiedenen Positionen, vier 75 kg-Bomben unter dem Flügel.
Entwicklung: Aufgrund einer Ausschreibung der französischen Marine entwickelte Breguet dieses Langstreckenflugboot im Jahr 1932. Basierend auf den Lizenzrechten für die britische Shorts Calcutta, wurde der modifizierte Rumpf übernommen. Der Prototyp flog erstmals im September 1933. Die Ganzmetallkonstruktion des abgestrebten Anderthalbdeckers war mit einen Stahlblechbeplankten Bootsrumpf ausgestattet. Die Flügel waren bis zum Holm beplankt, sonst stoffbespannt.

Es wurden insgesamt bis Ende 1938 36 Flugzeuge gebaut, davon 33 militärische Fernaufklärer Br. 521 Bizerte, eine Br. 522 mit Hispano-Suiza-Sternmotoren und die Br. 530 Saigon, als zweimal gebaute zivile Version für 19 bis 20 Passagiere mit flüssigkeitsgekühlten V12-Zylinder Hispano-Suiza-Motoren.
Bemerkungen: Nach einigen Änderungen am Prototyp, wie z. B. die Verlängerung des verglasten Cockpits zum Bug und die Ergänzung von MG-Ständen seitlich hinter dem Cockpit, kam die Br. 521 vor allem auf Überwachungsmissionen entlang den französischen Küsten zum Einsatz. Bei der Besetzung Frankreichs durch die Deutschen im Jahr 1940 waren noch 20 Bizertes der französischen Marine einsatzfähig. Nach dem Einmarsch der Deutschen in das restliche Frankreich im November 1942 wurden die noch in Betrieb befindlichen Bizertes an die deutsche Luftwaffe übergeben und hauptsächlich entlang der französischen Atlantikküste auf SAR-Einsätzen geflogen.

Die beiden an Air France Anfang 1935 ausgelieferten zivilen Br. 530 bedienten die Strecke Marseille–Ajaccio–Tunis.

Die letzte Breguet Br. 521 wurde im Mai 1946 verschrottet.

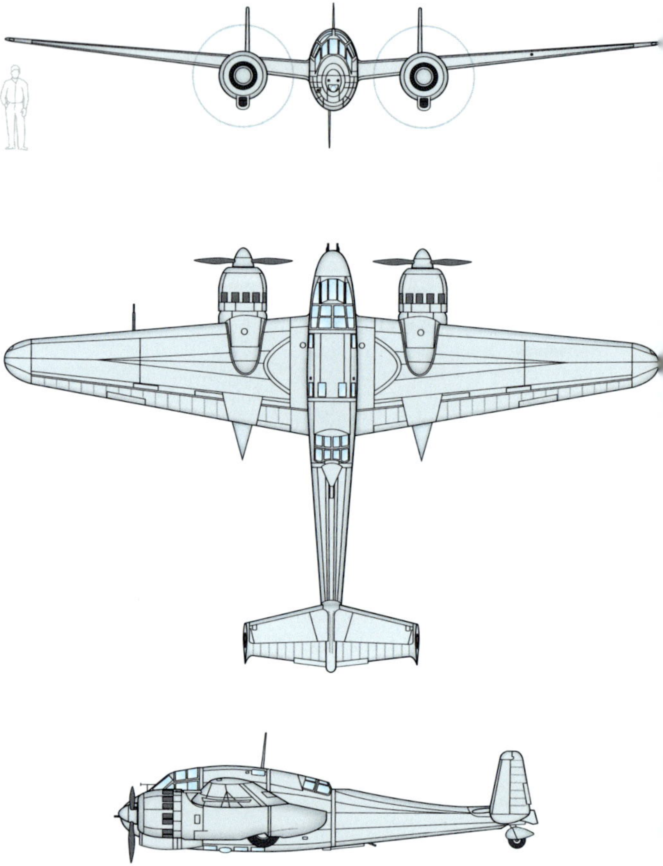

Abmessungen:
Spannweite: 15,37 m
Länge: 9,67 m
Höhe: 3,19 m
Flügelfläche: 29,2 m²

Breguet Br. 693

Breguet Br. 693

Ursprungsland: Frankreich
Kategorie: Kampfflugzeug
Besatzung: 2
Triebwerke: Zwei luftgekühlte Vierzehnzylinder-Doppelsternmotoren Gnome-Rhône 14M6/7 mit je 522 kW (710 PS).
Leistungen: Höchstgeschwindigkeit 490 km/h in 5000 m Höhe, Steigzeit auf 4000 m 7 min 12 sec, Dienstgipfelhöhe 8500 m, max. Reichweite ca. 1350 km.
Gewichte: Leergewicht 3010 kg, Abfluggewicht 4500 kg, max. 4900 kg.
Bewaffnung: Eine Maschinenkanone und zwei MGs im Bug, ein MG im hinteren Cockpit, ein MG nach unten, maximal 400 kg Bomben.
Entwicklung: Nach der Ausschreibung 1934 für ein schweres Jagdflugzeug begann die Entwicklung der in Ganzmetallbauweise hergestellten Br. 690. Obwohl die Potez 630 die Ausschreibung gewann, wurde 1938 ein Auftrag über 100 Br. 691 als Bomber (Erstflug im März 1938) vergeben. Erste Flugzeuge wurden bereits 1939 ausgeliefert. Die unzuverlässigen Hispano-Suiza-Motoren führten rasch zum Entwicklungsprojekt Br. 692 mit 980 PS-Gnome-Rhône Sternmotoren, das aber nicht in Serie ging. Erst von der BR. 693 mit 710 PS-Gnome-Rhône Motoren wurden inklusive der 75 fertiggestellten, aber umgebauten Br. 691, 224 Flugzeuge ausgeliefert. Von einer BR. 693 mit amerikanischen 825 PS-Pratt & Whitney Twin Wasp Junior-Sternmotoren sind 50 Stück produziert und davon 33 ausgeliefert worden. Zur Aufklärer-Exportversion Br. 694 gab es von Schweden eine Bestellung und Belgien erwarb eine Lizenz. Beides konnte aber wegen der Kapitulation Frankreichs und Belgiens nicht ausgeführt werden. Weitere Versionen, wie die BR. 696 als Bomber, die Br. 697 mit stärkeren Motoren, eine Br. 698 als Sturzkampfbomber und die Br. 700 als schweres Jagdflugzeug kamen nicht über das Planungsstadium hinaus.

Vermutlich wurden insgesamt weniger als 350 Flugzeuge aller Varianten produziert.
Bemerkungen: Die rund 100 bis dahin produzierten Maschinen kamen bei der deutschen Besetzung Frankreichs zum Einsatz, erlitten aber schwere Verluste und hatten wenig Chancen gegen deutsche Jagdflugzeuge. Versuche, die Maschinen nach Nordafrika zu evakuieren, scheiterten an mangelnder Reichweite. Ein paar Br. 693 blieben der Vichy-Regierung und nach der Besetzung Restfrankreichs Ende 1942 wurden die Breguets von der deutschen und italienischen Luftwaffe noch zur Pilotenschulung verwendet.

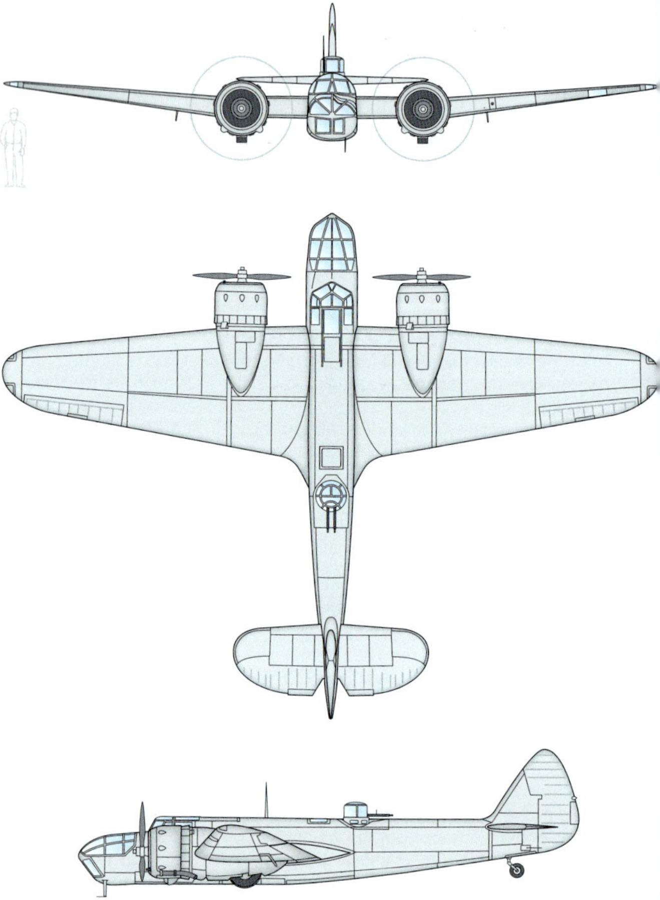

Abmessungen:
Spannweite: 17,17 m
Länge: 12,98 m
Höhe: 3,91 m
Flügelfläche: 43,6 m^2

Bristol 142 Blenheim Mk. IV

Bristol 142 Blenheim

Ursprungsland: Großbritannien
Kategorie: Leichter Bomber
Besatzung: 3
Triebwerke: Zwei luftgekühlte 9-Zylinder-Sternmotoren Bristol Mercury XV mit je 675 kW (917 PS).
Leistungen: (Mk. IV) Reisegeschwindigkeit 319 km/h, Höchstgeschwindigkeit 428 km/h in 3600 m Höhe, Dienstgipfelhöhe 8310 m, Steigzeit auf 2000 m 4 min 10 sec, Reichweite 2350 km.
Gewichte: (Mk. IV) Leergewicht 4441 kg, maximales Abfluggewicht 6532 kg.
Bewaffnung: (Mk. IV) Ein MG im Flügel, zwei MGs im Drehturm, wahlweise ein oder zwei MGs in einer Wanne unter dem Rumpf. Vier 113 kg-Bomben intern oder zwei 227 kg-Bomben intern und acht 18 kg-Bomben an Flügelstationen.
Entwicklung: Die zivile Bristol 142 war 1935 schneller als der damalige Standardjäger der RAF und so wurde beschlossen daraus den leichten Bomber Blenheim zu entwickeln. Das in Ganzmetall-Schalenbauweise hergestellte Flugzeug hob im Juni 1936 zum ersten Mal ab, und die erste Mk. I-Serienmaschine wurde schon im November 1936 ausgeliefert. Die Mk. II und Mk. III kamen nicht über das Entwicklungsstadium hinaus. Die Mk. IV mit verlängertem, asymetrischem Bug, einem Drehturm, zusätzlichen Tanks, erhöhter Zuladung und stärkeren Mercury-Motoren war mit 3280 produzierten Flugzeugen jedoch ein Erfolg. Von der Mk. V wurden ca. 945 Stück gebaut, die als wenig erfolgreicher Höhenbomber und danach als Trainer eingesetzt wurden.

Insgesamt sind, je nach Quelle, 6185 (4422) Blenheims gebaut worden. Sie wurden in viele Länder exportiert und in Finnland und Jugoslawien in Lizenz gefertigt. Auch Kanada baute unter dem Namen Bolingbroke 676 Exemplare.
Bemerkungen: Blenheims wurden bei jedem Dienstzweig der Royal Air Force und weltweit auf allen Kriegsschauplätzen als Langstrecken-Jagdflugzeuge, leichte Bomber, zur Schiffsbegleitung und zur Nachtjagd eingesetzt. Nach Abzug aus den Fronteinheiten setzte man die robusten Maschinen bis zum Kriegsende noch als Schul-, Trainings- und Zielschleppflugzeuge ein.

Einige Blenheims blieben erhalten, wurden geborgen und restauriert und sind in Museen unter anderen in Großbritannien und Finnland, sowie auf Flugshows zu sehen.

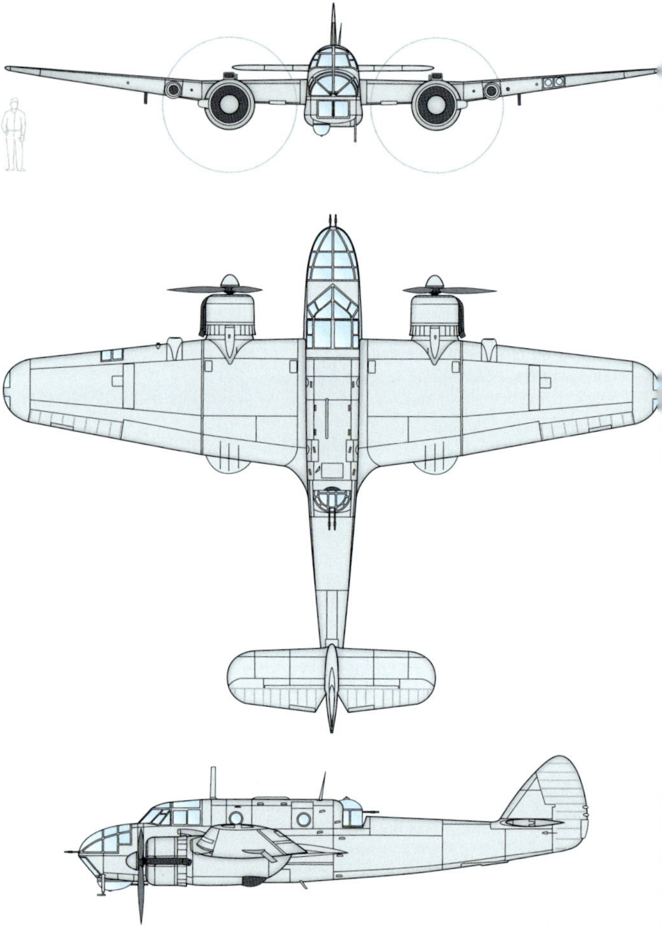

Abmessungen:
Spannweite: 17,63 m
Länge: 13,46 m
Höhe: 4,34 m
Flügelfläche: 46,7 m²

Bristol 152 Beaufort Mk. I

Bristol 152 Beaufort

Ursprungsland: Großbritannien
Kategorie: Torpedobomber
Besatzung: 4
Triebwerke: (Mk. I) Zwei luftgekühlte 14-Zylinder-Doppelsternmotoren Bristol Taurus XII mit 831 kW (1130 PS) Startleistung.
Leistungen: (Mk. I) Höchstgeschwindigkeit 436 km/h in 2000 m Höhe, Reisegschwindigkeit 410 km/h in 2000 m Höhe, Dienstgipfelhöhe 5000 m, Reichweite maximal 2600 km.
Gewichte: Leergewicht 5945 kg, maximales Abfluggewicht 9629 kg.
Bewaffnung: Je nach Variante zwei MGs im Drehturm, ein MG in der Tragfläche oder zwei MGs im Bug. Plus ein Torpedo oder 907 kg Bomben oder Minen.
Entwicklung: Der aus der Blenheim abgeleitete Prototyp der Bristol Beaufort hob erstmals im Oktober 1938 ab. Wegen Motorproblemen, die noch über die ersten Einsatzjahre fortdauerten, begann die Auslieferung des in Ganzmetallbauweise produzierten Mitteldeckers erst im Januar 1940. Zwischenzeitlich wurden deshalb Pratt & Whitney Twin Wasps eingebaut, bis der verbesserte schiebergesteuerte Bristol Taurus-Motor zuverlässig lief. Gebaut wurden 1013 Mk. I und 167 Mk. II als Torpedobomber und Aufklärer. Die Beaufort T Mk. II waren 249 zum Trainer umgebaute Mk. II, während die Mk. III und Mk. IV Einzelstücke mit Rolls-Royce Merlin XX- und Bristol Taurus XX-Antrieben blieben.

Die Produktion der in zwei britischen Werken gebauten Maschinen endete im November 1944 nach 1180 Flugzeugen.

In Australien wurden 700 Beauforts in verschiedenen Versionen, davon 46 als unbewaffnete Transportflugzeuge, ausschließlich mit 1200 PS-starken Doppelsternmotoren R 1830 Twin Wasps von Pratt & Whitney, in Lizenz gebaut.
Bemerkungen: Obwohl als Torpedobomber konstruiert, wurde die Beaufort auch als mittelschwerer Bomber, Aufklärer und Transporter eingesetzt. Bis 1943 flog sie als Minenleger und Torpedobomber erfolgreich gegen deutsche Kriegsschiffe, die in der Nordsee und im Atlantik operierten, um schließlich selbst von moderneren Bristol Beaufighters abgelöst zu werden. In Malta stationierte Beauforts bekämpften die deutschen Versorgungskonvois die nach Nordafrika unterwegs waren. Im Pazifikraum flogen australische Beauforts Angriffe auf japanische Schiffe bis zum Ende des Krieges.

Einige Beauforts sind erhalten geblieben und können in Museen in Großbritannien, Australien und den USA besichtigt werden.

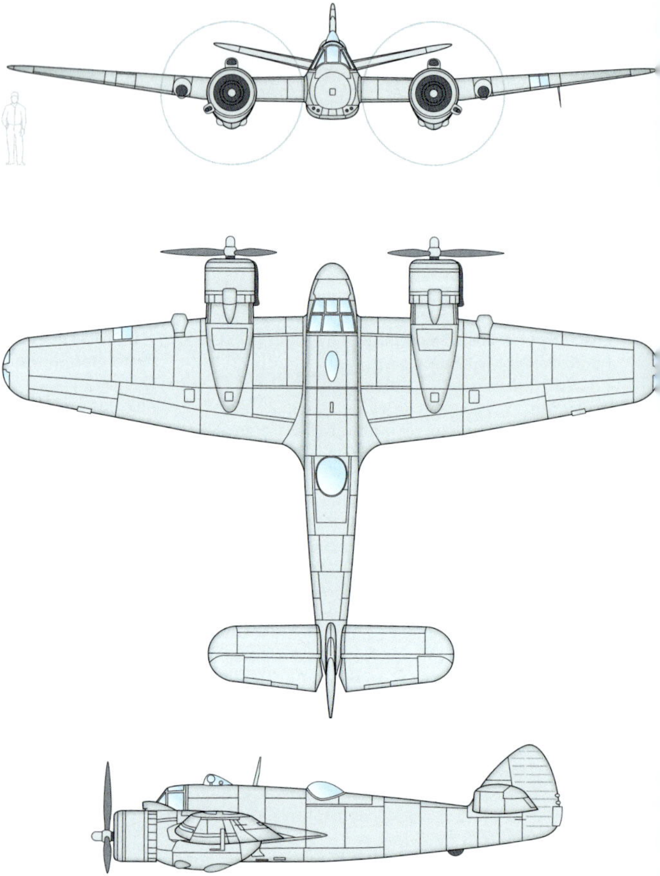

Abmessungen:
Spannweite: 17,63 m
Länge: 12,70 m
Höhe: 4,83 m
Flügelfläche: 46,7 m^2

Bristol 156 Beaufighter Mk. VI c

Bristol 156 Beaufighter

Ursprungsland: Großbritannien
Kategorie: Jagdbomber, Jagdflugzeug
Besatzung: 2
Triebwerke: (Mk. X) Zwei luftgekühlte 14-Zylinder-Doppelsternmotoren Bristol Hercules XVII mit je 1294 kW (1735 PS).
Leistungen: (Mk. X) Höchstgeschwindigkeit 512 km/h in 3000 m Höhe, Dienstgipfelhöhe 5790 m, Reichweite 2350 km, mit Zusatztanks ca. 2800 km.
Gewichte: (Mk. X) Leergewicht 7080 kg, maximales Abfluggewicht 11.520 kg.
Bewaffnung: Je nach Variante vier bis sechs MGs in den Flügeln, vier Maschinenkanonen unter dem Rumpf, ein Torpedo, acht Raketen an Flügelstationen oder vier 200 kg-Bomben.
Entwicklung: Als Weiterentwicklung der Beaufort entstand der Beaufighter, dessen erster unbewaffneter und in Ganzmetallbauweise konstruierter Prototyp im Juli 1939 erstmals abhob. Nach einer Reihe von Prototypen und Vorserienflugzeugen wurde die Mk. I als Nachtjäger mit Radar und zur Schiffsbekämpfung hergestellt, anschließend die Mk. II, eine Nachtjägerversion mit dem V12 Reihenmotor Rolls-Royce Merlin XX. Mit 2253 Stück war die Mk. X die meistproduzierte und vielseitigste Variante mit einem verbesserten Doppelsternmotor Bristol Hercules XVII. Sie konnte neben einem Torpedo auch Bomben und Raketen tragen. Davon wurden 34 zum Zielschlepper nach dem Krieg umgebaut. Einige Beaufighters mit anderen Motorisierungen, wie z. B. RR-Merlin-Motoren und Bewaffnungen blieben Einzelstücke.

Es wurden in mehreren Werken bis September 1945 insgesamt 5552 Flugzeuge aller Varianten gebaut. Australien baute 364 Mk. XXI, eine Variante der Mk. X in Lizenz von 1943 bis 1946.
Bemerkungen: Der schwerbewaffnete Beaufighter war auf der Seite Großbritanniens eines der zahlreichsten und wichtigsten Kampfflugzeuge des 2. Weltkriegs. Das äußerst vielseitige Flugzeug wurde weltweit erfolgreich als Nachtjäger, Tiefangriffsflugzeug, zur Schiffsbekämpfung und als Torpedobomber eingesetzt. Es war zudem einer der ersten (oft schwarz gestrichenen) Nachtjäger mit Bordradar. Sogar die USAAF nutzte ab Sommer 1943 mangels eigener Flugzeuge im Rahmen des „Reverse Lend-Lease"-Abkommens Beaufighters im Mittelmeer, bis sie Ende 1944 durch die Northrop P-61 Black Widow ersetzt wurden.

Soweit bekannt stehen in Museen in Großbritannien, Australien, USA und Kanada noch 7 Exemplare.

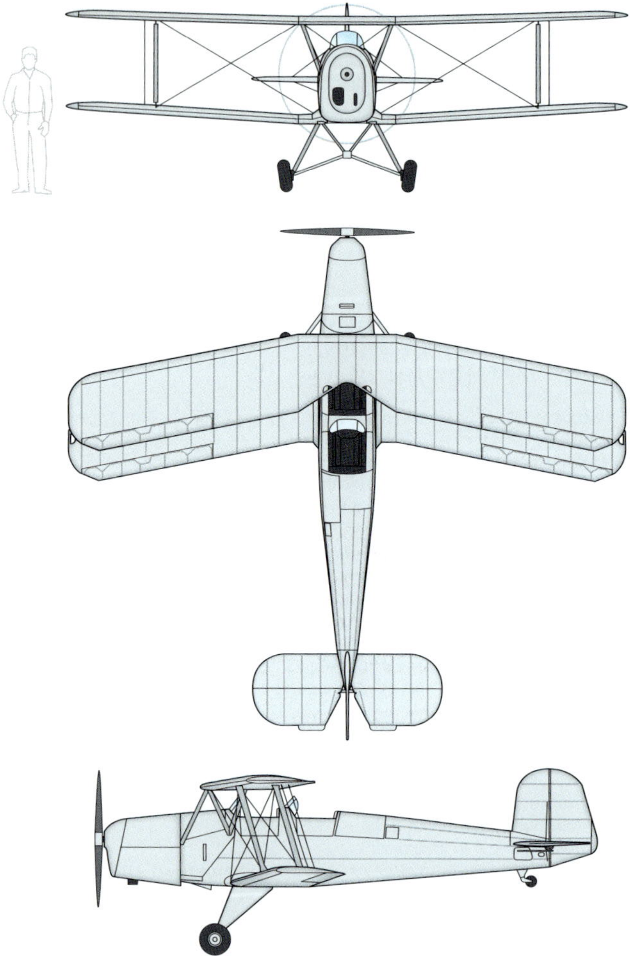

Abmessungen:
Spannweite: 7,40 m
Länge: 6,62 m
Höhe: 2,25 m
Flügelfläche: 13,5 m²

Bücker Bü 131 B

Bücker 131 Jungmann

Ursprungsland: Deutschland
Kategorie: Sport,- Schul- und Übungsflugzeug
Besatzung: 2
Triebwerk: (Bü 131 B) Ein luftgekühlter, hängender 4-Zylinder-Reihenmotor Hirth HM 504 mit 77 kW (105 PS).
Leistungen: (Bü 131 B) Höchstgeschwindigkeit 183 km/h, Reisegeschwindigkeit 170 km/h, Dienstgipfelhöhe 3000 m, Reichweite 650 km.
Gewichte: (Bü 131 B) Leergewicht 380 kg, max. Abfluggewicht 680 kg.
Entwicklung: Der Erstflug des Prototyps mit einem 80 PS-Hirth-Motor fand im April 1931 statt. Der Rumpf des kunstflugtauglichen Doppeldeckers ist vorn metallbeplankt, ansonsten eine stoffbespannte Stahlrohrkonstruktion. Der Rumpfrücken besteht aus Holz, der abgestrebte Holzflügel ist bespannt. Die Jungmann wurde sowohl für zivile als auch für militärische Flugschulen produziert. Die B-Version Bü 131 B, Erstflug April 1934, wurde mit dem stärkeren Hirth-Reihenmotor (105 PS) ausgestattet und somit das erfolgreichste Modell.

Geschätzte Produktionszahl in Deutschland: 3000 Stück. Es gab Lizenzproduktionen in der Tschechoslowakei und in der Schweiz. Ebenso in Japan (1376 Stück). Auch bei CASA in Spanien wurden noch 1131 Jungmann bis 1951 in Lizenz gefertigt. Es wird vermutet, dass weltweit insgesamt weit über 5500 Bü 131 produziert wurden.
Bemerkungen: Die Konstruktion der Jungmann geht auf den Schweden A. J. Anderson zurück. Sie wurde in Johannisthal bei Berlin produziert und wurde schnell ein internationaler Erfolg. Die Schweiz nutzte das Flugzeug zur fliegerischen Grundausbildung. Nach anfänglichen Problemen, das Flugzeug bei der Luftwaffe abzusetzen, wurde die stärkere B-Version, auch unter dem Eindruck der internationalen Anerkennung, erst 1937 in größerer Stückzahl als Standard-Grundschulflugzeug von der deutschen Luftwaffe übernommen. Nach einem Brand im Jahr 1939, der das Bücker-Werk Rangsdorf stark beschädigte, konnte die Produktionsrate nur durch eine zusätzliche Fertigung des Doppeldeckers bei Aero in Prag gesteigert werden.

Der Erfolg des Flugzeugs setzt sich bis heute fort. Die Doppeldecker sind heute weit verbreitete Oldtimer. Nachbauten mit modernen Werkstoffen in Polen und Deutschland in Kleinserien zeugen vom frühen gelungenen Konzept.

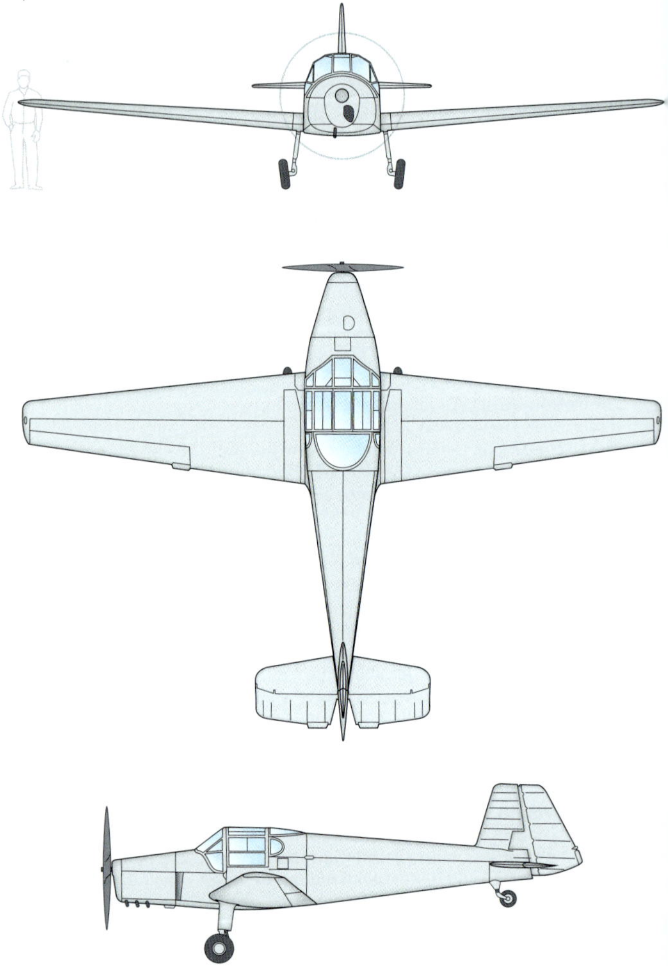

Abmessungen:
Spannweite: 10,60 m
Länge: 7,85 m
Höhe: 2,05 m
Flügelfläche: 13,50 m^2

Bücker Bü 131 B

Bücker 181 Bestmann

Ursprungsland: Deutschland
Kategorie: Sport,- Schul- und Übungsflugzeug
Besatzung: 2
Triebwerk: (Bü 181 B) Ein luftgekühlter 4-Zylinder-Reihenmotor Hirth HM 500 mit 77 kW (105 PS).
Leistungen: (Bü 181 A) Höchstgeschwindigkeit ca. 215 km/h, Reisegeschwindigkeit ca. 190 km/h, Dienstgipfelhöhe 5000 m, Reichweite 800 km.
Gewichte: (Bü 181 A) Leergewicht 480 kg, max. Abfluggewicht 750 kg.
Entwicklung: Auf eigenes Risiko entwickelte Bücker den zweisitzigen Tiefdecker, dessen Flugerprobung Ende Februar 1939 begann. Nach einigen Versuchsflugzeugen mit entsprechenden Änderungen begann Mitte 1940 der Serienbau der mit dem Hirth HM 504-Motor ausgerüsteten und in Gemischtbauweise (Metall/Sperrholz/Stoff) hergestellten Bestmann. Nach 80 produzierten Flugzeugen wurde Ende 1941 auf die B-Version mit dem verbesserten Hirth HM 500-Motor umgestellt. Hohe Bestellzahlen seitens der Luftwaffe zwangen dazu, eine zweite Produktionsstätte 1942 bei Fokker in den Niederlanden einzurichten, der ab Mai 1942 eine weitere in den tschechischen Zlin-Werken folgte.

Bis Ende des Krieges 1945 wurden ca. 2750 Bestmann gebaut, andere Quellen sprechen von ca. 3400, bzw. 5000 Stück.

Nach dem Krieg produzierte Zlin weitere 465 Maschinen, teilweise mit tschechischen Motoren. Schweden kaufte 1942 eine Nachbaulizenz und produzierte 120 Flugzeuge (Sk 25), die bis 1954 genutzt wurden. In den 1950er-Jahren erwarb Ägypten eine Lizenz und fertigte ca. 300 Gomhouria mit einem amerikanischen 147 PS-Continental-Boxermotor.
Bemerkungen: Mit der Bestmann änderte sich das Ausbildungsprinzip von hintereinandersitzenden Piloten in den offenen Doppeldeckern, die sich nur schwer verständigen konnten, zu nebeneinander sitzenden Piloten in einer geschlossenen Kabine – für die Pilotenschulung eine ideale Auslegung. Das mit sehr guten Flugeigenschaften versehene Flugzeug eignete sich für Kunstflug und konnte als Verbindungsflugzeug und Schlepper für Segelflugzeuge eingesetzt werden. Zum Kriegsende wurden noch überschüssige Bestmanns aus deutschen Flugschulen mit Panzerfäusten an den Flügeln bewaffnet.

Die große Zahl gebauter Flugzeuge ließ etliche Bestmann bis in die heutige Zeit überleben und einige wenige, wenn auch überwiegend aus Lizenzproduktionen, fliegen noch heute.

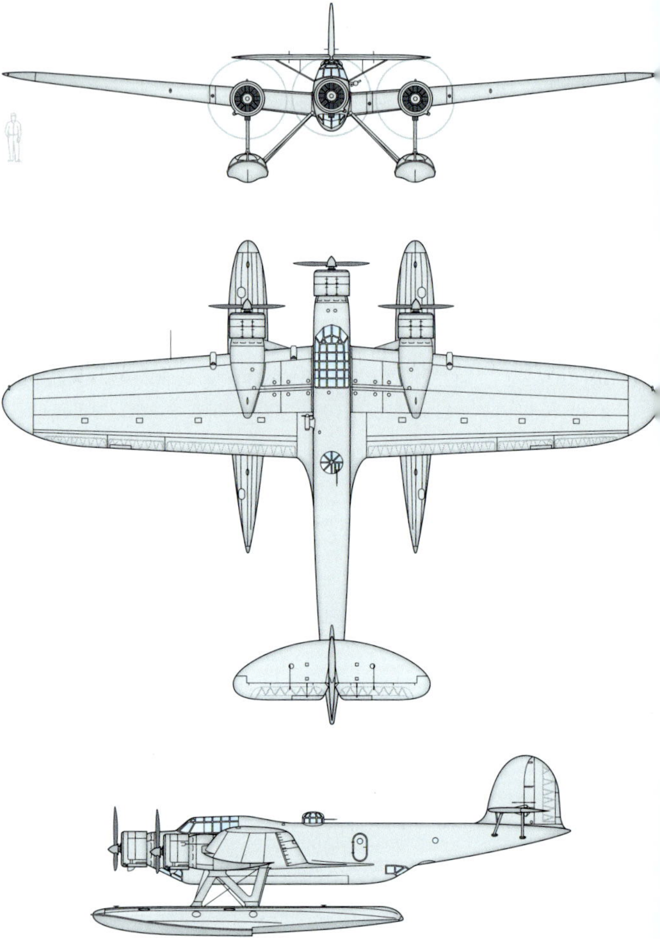

Abmessungen:
Spannweite: 26,50 m
Länge: 19,24 m
Höhe: 7,45 m
Flügelfläche: 86,26 m²

CANT Z. 506

CANT Z. 506

Ursprungsland: Italien
Kategorie: Mehrzweck-Wasserflugzeug
Besatzung: 5
Triebwerke: Drei luftgekühlte 9-Zylinder-Sternmotoren Alfa Romeo 126 R.C.34 mit 560 kW (750 PS).
Leistungen: Höchstgeschwindigkeit 350 km/h, Reisegeschwindigkeit 299 km/h, Dienstgipfelhöhe 7000 m, Reichweite 2000 km.
Gewichte: Leergewicht 8750 kg, max. Abfluggewicht 12.705 kg.
Bewaffnung: Ein MG hinter dem Cockpit im Drehturm, 3 MGs in der Bodenwanne nach vorne und hinten – und nach Bedarf seitlich. Maximal 1200 kg Bomben oder ein Torpedo intern.
Entwicklung: Ursprünglich als dreimotoriges Passagierflugzeug für 12 bis 14 Passagiere geplant, wurde das Wasserflugzeug aus der Z. 505 entwickelt. Der Prototyp hob im August 1935 erstmals ab. Mit Ausnahme der Alu-Schwimmer wurde die Z. 506 komplett aus Holz gebaut und in zivilen (Z. 506 A und C) und militärischen Versionen ab 1939 (Z. 506 B und S) produziert. Ein einzelnes Flugzeug wurde versuchsweise, anstatt mit Schwimmern mit einem Fahrwerk ausgestattet.

Bis Januar 1943 produzierte CANT 363, andere Quellen sprechen von 314, Z. 506.

Bemerkungen: Mit der CANT Z. 506 Airone (Reiher) wurden bereits 1936 und 1937 eine Reihe von Geschwindigkeits-, Reichweiten- und Höhen-Weltrekorden für Wasserflugzeuge aufgestellt. Im ganzen Mittelmeerraum bediente die staatliche Luftfahrtgesellschaft Ala Littoria mit den Passagierflugzeugen ihre Ziele. Mit dem Kriegseintritt Italiens beschlagnahmte das Militär einen Teil der zivilen Flotte. Im Oktober 1943 beanspruchte wiederum die Deutsche Lufthansa zehn Flugzeuge und setzte sie auf Strecken in der Adria ein. Erstmals im Spanischen Bürgerkrieg ist die Bomberversion zum Einsatz gekommen. Später, im 2.Weltkrieg flog die Z. 506 als Bomber auf See, als Patrouillienflugzeug und zur Seenotrettung (SAR) überwiegend im Mittelmeerraum. Trotz seiner Holzbauweise war das dreimotorige Schwimmerflugzeug in der Lage auch bei rauer See zu operieren, weshalb eine Anzahl Flugzeuge bis 1959 in der Seenotrettung im Einsatz blieben.

Das einzige erhaltene Flugzeug steht im Italian Airforce Museum in Vigna di Valle, Bracciano/Italien.

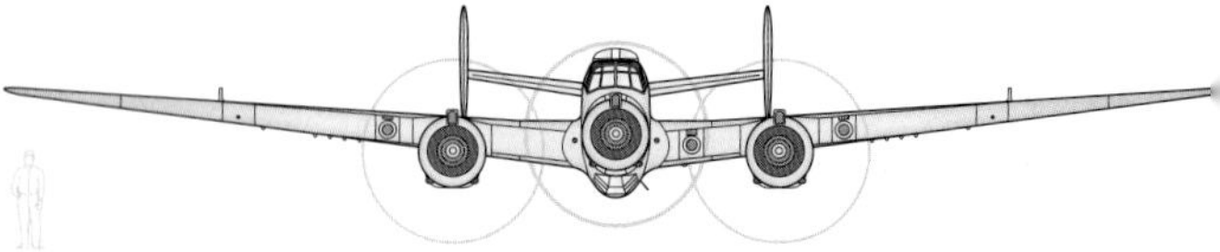

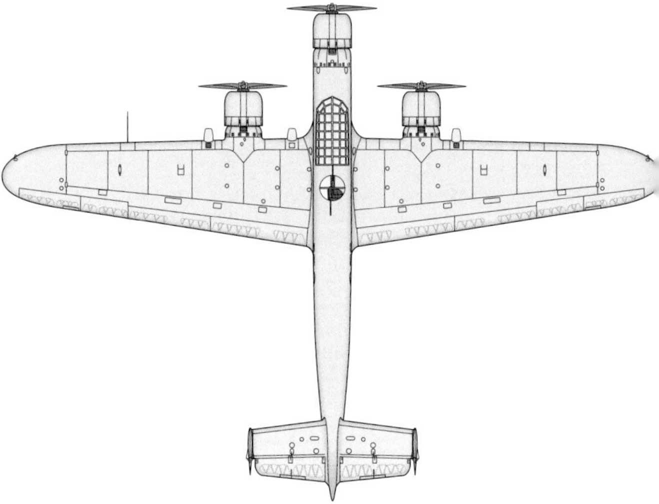

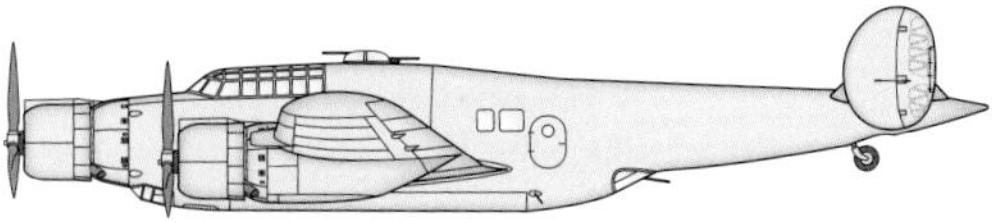

Abmessungen:
Spannweite: 24,72 m
Länge: 18,35 m
Höhe: 5,22 m
Flügelfläche: 75,3 m^2

CANT Z. 1007bis

CANT Z. 1007

Ursprungsland: Italien
Kategorie: Mittelschwerer Bomber
Besatzung: 5
Triebwerke: (Z. 1007bis) Drei luftgekühlte 14-Zylinder-Doppelsternmotoren Piaggio P.XI R.C.40 mit 745 kW (1000 PS) Startleistung.
Leistungen: (Z. 1007bis) Höchstgeschwindigkeit 465 km/h in 4000 m Höhe, Reisegeschwindigkeit 338 km/h, Dienstgipfelhöhe 7500 m, Reichweite 1795 km.
Gewichte: (Z. 1007bis) Leergewicht 9396 kg, Abfluggewicht 13.621 kg.
Bewaffnung: (Z. 1007bis) Je zwei MGs hinter dem Cockpit, in der Bodenwanne und nach Bedarf seitlich. Maximal 1200 kg Bomben oder zwei Torpedos intern und 1000 kg an Flügelstationen.
Entwicklung: Die CANT Z 1007 wurde aus dem Wasserflugzeug Z. 506 entwickelt und flog im März 1937 zum ersten Mal. Die Produktion der reinen Holzkonstruktion begann im Februar 1939 mit Isotta Fraschini Asso XI V12-Zylinder-Reihenmotoren, die aber wegen ihrer Unzuverlässigkeit schon in der ersten Baureihe durch Piaggio-Sternmotoren ersetzt wurden. Die überarbeitete Z. 1007 bis, deren Erstflug im Juli 1939 erfolgte, war schwerer und der Bau wurde während der laufenden Serie von 450 Flugzeugen noch auf ein Doppelleitwerk (Zeichnung) umgestellt. Die mit stärkeren Piaggio P. XIX-Sternmotoren (1150 PS) motorisierte Z. 1007ter (160 Stück produziert), war etwas schneller und hatte eine größere Reichweite. Die Z. 1007s wurde als Bomber für Nachteinsätze und als Langstreckenaufklärer auch mit Zusatztanks geflogen.

1943 endete die Produktion nach 660 Stück (alle Varianten).

Bemerkungen: Die Z. 1007 Alcione (Eisvogel) war ein klassisches italienisches Flugzeug, das wegen nicht vorhandener stärkerer Motoren als dreimotorige Konstruktion in Serie ging. Die Holzbauweise war komplex, wartungsintensiv und unter schwierigen Klimaverhältnissen problematisch. Mit dem Eintritt Italiens in den 2.Weltkrieg begannen im November 1940 die ersten Einsätze von Belgien aus gegen Großbritannien. Später im Mittelmeerraum in Jugoslawien, Griechenland, Malta und in Nordafrika. Nach der Kapitulation Italiens im September 1943 wurden die von den Deutschen beschlagnahmten Z. 1007 auf dem Balkan gegen die Rote Armee eingesetzt. Die in Italien verbliebenen Flugzeuge wiederum von den Italienern gegen die Deutschen. Allerdings unter so hohen Verlusten, dass sie nur noch nachts flogen.

Soweit bekannt ist kein Flugzeug erhalten geblieben.

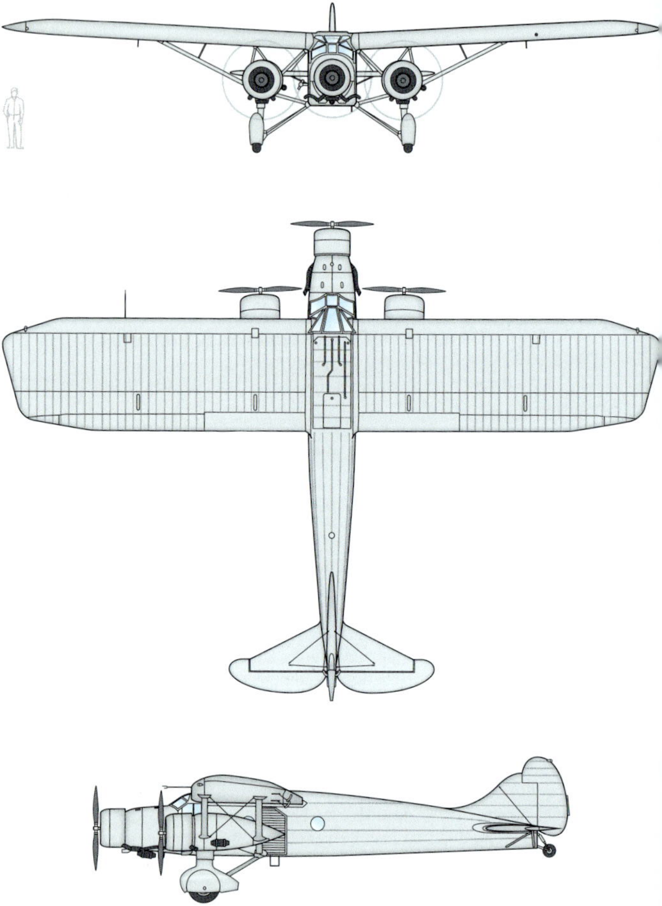

Abmessungen:
Spannweite: 21,24 m
Länge: 15,36 m
Höhe: 4,00 m
Flügelfläche: 65,00 m^2

Caproni Ca. 133

Caproni Ca. 133

Ursprungsland: Italien
Kategorie: Transportflugzeug, Bomber
Besatzung: Bomber 5, Transporter 2
Triebwerke: Drei luftgekühlte 7-Zylinder-Sternmotoren Piaggio Stella P.VII C.16 mit je 343kW (460 PS) Startleistung.
Leistungen: Höchstgeschwindigkeit 280 km/h in 3800 m Höhe, Reisegeschwindigkeit 230 km/h, Steigzeit auf 3000 m 14 min, Dienstgipfelhöhe 6500 m, Reichweite maximal 1350 km.
Gewichte: Leergewicht 4190 kg, Abfluggewicht 6700 kg.
Bewaffnung: Zwei MGs in den Seitenfenstern, ein MG auf dem Rücken, ein MG durch den Rumpfboden nach hinten unten und im Bombenschacht maximal 1200 kg Bomben.
Entwicklung: Ursprünglich wurde die Ca. 133 als Passagierflugzeug, basierend auf dem Vorgängermodell Ca. 101 im Jahr 1933 entworfen. Nach einem Attrappenbau fand im Dezember 1934 der Erstflug statt, im Februar 1935 begann die Serienfertigung. Die in Gemischtbauweise hergestellte Maschine hatte einen verkleideten Stahlrohrrumpf, das Heck war bespannt und die abgestrebten Tragflächen bestanden aus einer mit Holz beplankten Metallkonstruktion. Produziert wurde das Flugzeug in einer zivilen Passagierversion für maximal 16 Passagiere (12 St.), als Truppentransporter Ca. 133 T für 18 Soldaten (313 Stück), als Mehrzweckflugzeug/Bomber/Transporter (97 Stück) und als Sanitätsflugzeug Ca. 133 S (9 neu gebaut, 21 umgebaut). Bis Ende 1942 waren 419 Flugzeuge ausgeliefert.
Bemerkungen: Die militärische Version des robusten Flugzeug wurde schon 1935 im Italienisch-Äthiopischen Krieg eingesetzt, ebenso im Spanischen Bürgerkrieg auf Seiten der Nationalisten. Mit den 12 gelieferten Passagiermaschinen bediente die Air Littoral ihre Strecken nach Frankreich und Griechenland. Mit Ausbruch des 2. Weltkrieges flog die italienische Luftwaffe die Ca. 133 vor allem auf den nord- und ostafrikanischen Kriegsschauplätzen als Bomber. Erhebliche Verluste zwangen jedoch dazu, das langsame und schwerfällige Flugzeug nur noch als Transport- und Sanitätsflugzeug einzusetzen. Nach der Kapitulation Italiens 1943 wurden die übrig gebliebenen erbeuteten Flugzeuge von den Deutschen und Briten bis zum Kriegsende geflogen. Italien stellte die letzte Ca. 133 1947 außer Dienst.

Soweit bekannt ist kein Flugzeug erhalten geblieben.

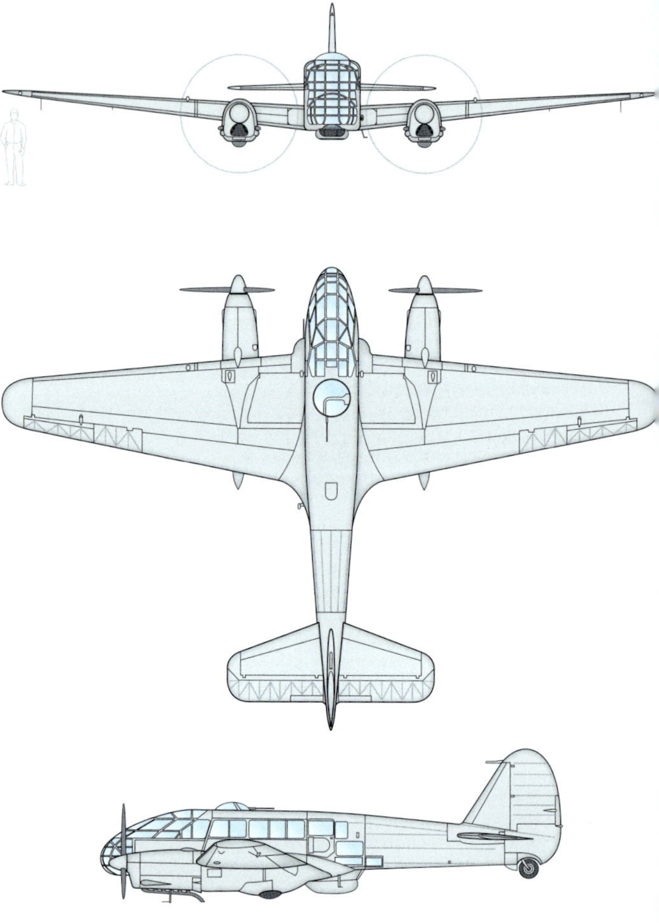

Abmessungen:
Spannweite: 16,65 m
Länge: 11,80 m
Höhe: 3,69 m
Flügelfläche: 38,40 m²

Caproni Ca. 313

Caproni Ca. 313

Ursprungsland: Italien
Kategorie: Aufklärungsflugzeug, leichter Bomber
Besatzung: 3
Triebwerke: Zwei luftgekühlte, hängende V12-Zylinder-Motoren Isotta Fraschini Delta R.C. 35 I-DS mit je 545 kW (730 PS).
Leistungen: Höchstgeschwindigkeit 430 km/h, Reisegeschwindigkeit 380 km/h, Dienstgipfelhöhe 8500 m, Reichweite ca. 1700 km.
Gewichte: Leergewicht 4072 kg, Abfluggewicht 5672 kg.
Bewaffnung: Je ein MG in der Flügelwurzel, auf dem Rücken und in einer Luke unter dem Rumpf. Maximal 400 kg Bomben.
Entwicklung: Als Ersatz für die Caproni Ca. 311 wurde die Ca. 313 entwickelt. Um die Konstruktionszeit zu verkürzen, bekam die Ca. 310, die bereits 1937 flog und von der 310 Stück gebaut wurden, neue Motoren und einen bespannten Holz/Metallrumpf mit verglastem Bug, während die Flügel eine reine Holzkonstruktion waren. Erstflug des Tiefdeckers war im Dezember 1939. Schon zu Beginn der Produktion lagen von Frankreich (200 Stück) und Großbritannien (300 Stück) Bestellungen vor, die allerdings wegen des Krieges nie geliefert wurden. Lediglich die schwedische Luftwaffe erhielt 84 Ca 313 S bis Anfang 1941. Auch die deutsche Luftwaffe bestellte 905 Ca. 313, von denen nur ein paar produziert wurden. Im Gegensatz zu allen anderen Flugzeugen hatte die italienische Version (122 Stück) ein herkömmlich abgestuftes Cockpit, wie auch die Weiterentwicklung, das Mehrzweckflugzeug Caproni Ca. 314, von der 407 Stück hergestellt wurden.

Trotz der hohen Anzahl an Bestellungen wurden insgesamt nur 271 Caproni Ca. 313 gebaut.

Bemerkungen: Wegen der guten Flugeigenschaften und der universellen Verwendbarkeit war die Ca. 313 schnell ein begehrtes Flugzeug bei einigen europäischen Staaten. Die politische Situation und die Kriegslage in den 1940er-Jahren schränkte dann aber den Export ein und es kam nur zu sehr wenigen Auslieferungen. Zudem litt das Flugzeug unter den vielen Ausfällen, die ihre Ursache hauptsächlich in der minderen Produktionsqualität und den unzuverlässigen Motoren hatte. Italien selbst nutzte das Flugzeug überwiegend als leichtes Transportflugzeug, als Trainer und als Seeaufklärer. Schweden als Bomber, Torpedobomber, Seeaufklärer und Transporter (Bild).

Ein teilweise aus Originalteilen nachgebautes Replika steht im Flygvapenmuseum in Lingköping/Schweden.

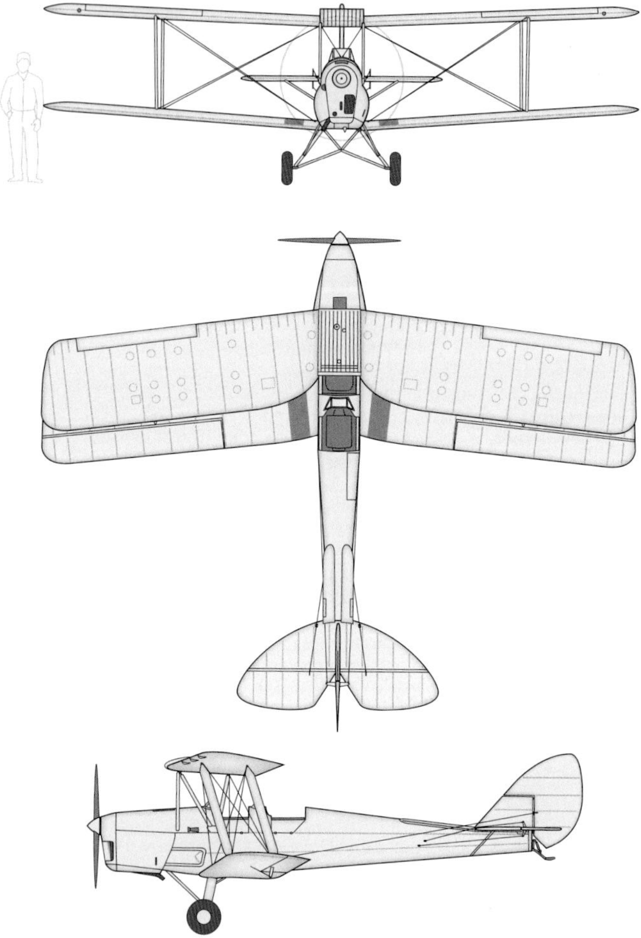

Abmessungen:
Spannweite: 8,94 m
Länge: 7,29 m
Höhe: 2,67 m
Flügelfläche: 22,20 m^2

De Havilland DH. 82 A Tiger Moth

De Havilland DH. 82 Tiger Moth

Ursprungsland: Großbritannien
Kategorie: Schulflugzeug
Besatzung: 2
Triebwerk: (A) Ein luftgekühlter, hängender 4-Zylinder-Reihenmotor de Havilland Gipsy Major 1 oder 1 F mit je 97 kW (130 PS) oder 1 C mit 107 kW (145 PS).
Leistungen: (A) Höchstgeschwindigkeit 175 km/h, Reisegeschwindigkeit 108 km/h, Dienstgipfelhöhe 4100 m, Reichweite ca. 480 km.
Gewichte: Leergewicht 506 kg, Abfluggewicht 828 kg.
Entwicklung: Der Doppeldecker ist eine Weiterentwicklung der DH. 60 und flog im Oktober 1931 zum ersten Mal. Das in Gemischtbauweise hergestellte Flugzeug hat einen verkleideten und bespannten Rumpf aus Stahlrohr und bespannte Holzflügel. Die DH. 82 wurde schnell zum Standardtrainer der RAF und mit Beginn des 2. Weltkriegs waren rund 500 Tiger Moths im Bestand. Unter den unzähligen Varianten, die für die zivile und militärische Nutzung produziert wurden, gab es vor allem Trainerversionen mit unterschiedlicher Motorisierung. Unter anderem Menasco-Motoren, aber auch DH. 82 mit geschlossener, beheizter Kabine, ferngesteuerte, unbemannte Flugzeuge zur Zieldarstellung (Queen Bee) und sogar eine viersitzige Version in den 1950er-Jahren.

Insgesamt sollen bis 1945 inklusive aller Lizenzbauten in Norwegen, Schweden, Portugal und den Commonwealth-Staaten 8868 Tiger Moths gebaut worden sein.

Bemerkungen: Der für ein Spornradflugzeug einfach zu fliegende und für Kunstflug zugelassene Doppeldecker gehört unbestritten zu den erfolgreichsten Schulflugzeugen des 2. Weltkrieges. Fast alle angehenden Piloten aus Großbritannien, Kanada, Südafrika, Australien und Neuseeland begannen ihre Karriere auf diesem Trainer. Auf allen Kontinenten, in rund 40 Staaten wurde die Maschinen militärisch eingesetzt. In Neuseeland wurden in der Nachkriegszeit noch etliche Exemplare sogar zum Agrarsprühflugzeug umgebaut.

Oft aber gelangten die einfachen und billig zu unterhaltenden Flugzeuge nach ihrer militärischen Nutzung in private Hände oder in Fliegerclubs. So sind heute weltweit zahllose gut restaurierte „Motten" noch in flugfähigem Zustand oder in Museen zu finden.

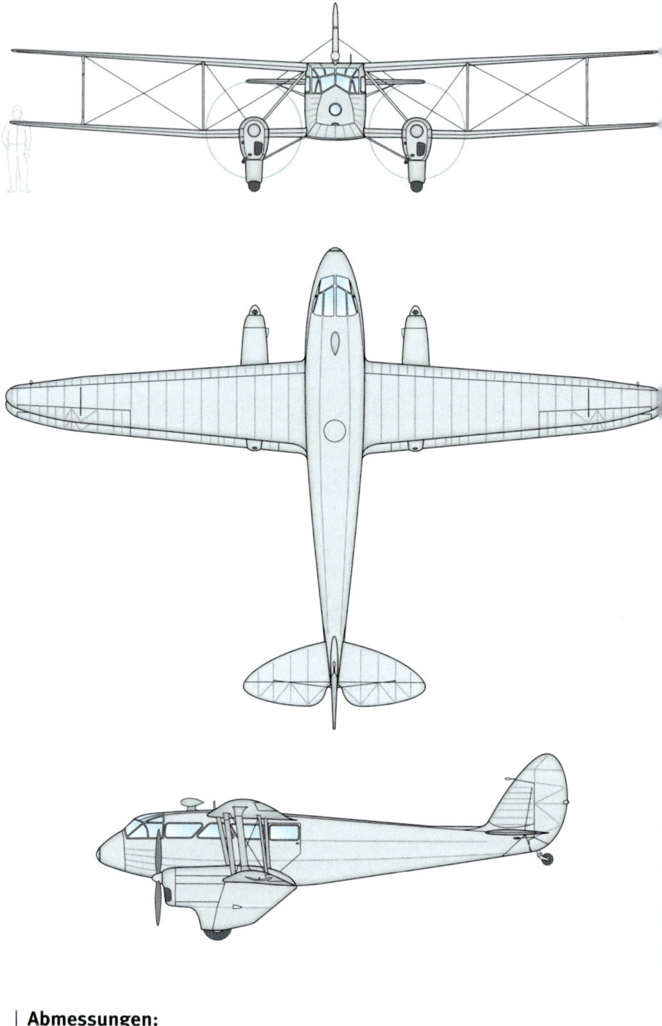

Abmessungen:
Spannweite: 14,63 m
Länge: 10,52 m
Höhe: 3,12 m
Flügelfläche: 31,21 m^2

De Havilland DH.89 A Dragon Rapide

De Havilland DH. 89 Dragon Rapide

Ursprungsland: Großbritannien
Kategorie: Militärtransporter, Schulmaschine, Passagierflugzeug
Besatzung: 1
Triebwerke: (A) Zwei luftgekühlte 6-Zylinder-Reihenmotoren de Havilland Gipsy Six mit je 149 kW (200 PS).
Leistungen: (A) Höchstgeschwindigkeit 253 km/h in 300 m Höhe, Reisegeschwindigkeit 190 km/h, Dienstgipfelhöhe 5090 m, Reichweite 920 km.
Gewichte: Leergewicht 1486 kg, Abfluggewicht 2495 kg.
Entwicklung: Die DH. 89, deren Erstflug im April 1934 stattfand, ist eine kleinere zweimotorige Weiterentwicklung der viermotorigen DH.86 Express. Andere Quellen schreiben, es wäre eine Weiterentwicklung der DH.84 mit einer größeren Kabine für bis zu 8 Passagiere und neuen Tragflächen. Die Serienfertigung des komplett aus verleimten Sperrholz gebauten, und stoffbespannten Doppeldeckers begann im Juli 1934. Bis Kriegsbeginn 1939 wurden über 200 Exemplare an Privatleute, Firmen und Fluggesellschaften geliefert. Die DH.89 A war eine verbesserte Version mit modifiziertem Flügel, Verstellpropeller und einer Kabinenheizung. Mit Kriegsbeginn wurden die zivilen DH. 89 requiriert, aber bis Juli 1946 auch noch weitere 524 militärische DH. 89 B, Dominie genannt, mit Gipsy Queen-Motoren mit 160 kW (210 PS) gebaut. Die M-Version war eine für den Export bestimmte Militärversion.

Insgesamt wurden 731 aller Varianten in zwei Werken produziert.

Bemerkungen: Die Dragon Rapide wurde für de Havilland schnell zum Verkaufserfolg und ist in der Vorkriegszeit wegen der einfachen Wartung und ihrer geringen Betriebskosten nicht nur bei kleineren britischen Fluggesellschaften, sondern auch weltweit eingesetzt worden. Alleine bis Ende 1935 wurden 16 DH. 89 an De Havilland Canada geliefert, wo sie auf ihren oftmals rauhen Einsatz in Kanada vorbereitet wurden. Die Royal Air Force und Navy nutzten ihre Dominies als leichte bewaffnete Aufklärer, als leichte Militärtransporter und als Funk- und Navigationstrainer. Nach dem 2. Weltkrieg sind viele ausgemusterte militärische Dominies einfach umgebaut worden und flogen wieder als Dragon Rapide bei Fluggesellschaften in fast jedem Land der Erde.

Es wird geschätzt, dass weltweit ca. 45 Dragon Rapide erhalten geblieben sind. Davon rund 20 Stück in flugfähigem Zustand. Eine davon im Fliegenden Museum in Großenhain/Sachsen.

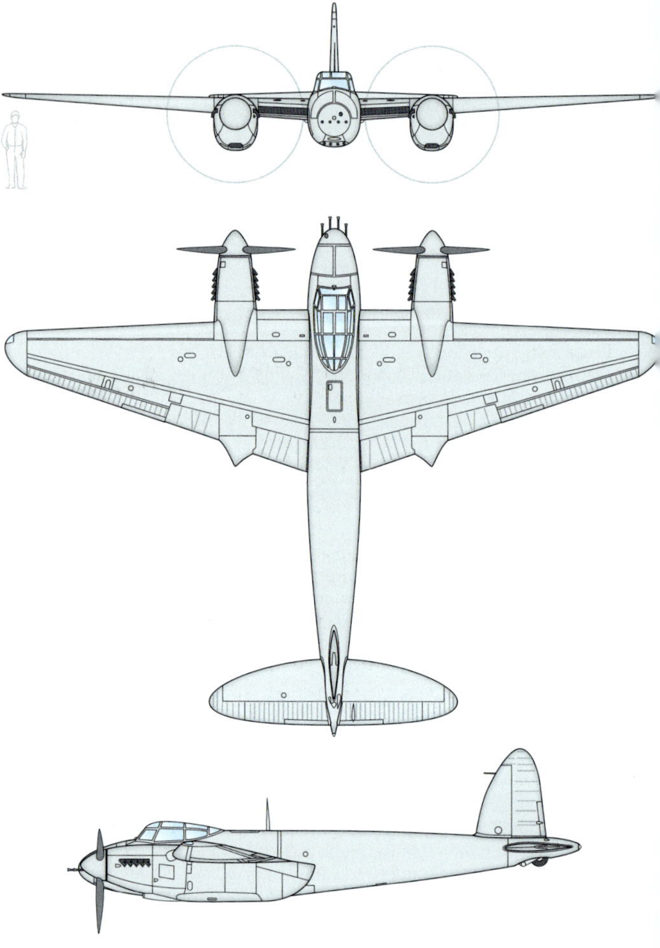

Abmessungen:
Spannweite: 16,51 m
Länge: 13,56 m
Höhe: 5,31 m
Flügelfläche: 42,2 m^2

De Havilland DH. 98 F.B. VI Mosquito

De Havilland DH. 98 Mosquito

Ursprungsland: Großbritannien
Kategorie: Jagdbomber
Besatzung: 2
Triebwerke: (Mk. VI) Zwei flüssigkeitsgekühlte V12-Zylinder-Motoren Rolls Royce Merlin 25s mit je 1219 kW (1635 PS).
Leistungen: (Mk. VI) Höchstgeschwindigkeit 608 km/h in 3960 m, max. Höchstgeschwindigkeit 683 km/h, Reisegeschwindigkeit 320 km/h, Dienstgipfelhöhe 10.050 m, max. Reichweite 1930 km mit Zusatztanks.
Gewichte: (Mk. VI) Leergewicht 6486 kg, Abfluggewicht 9298 kg.
Bewaffnung: (Mk. VI) Je vier Maschinenkanonen im Bug und vier Maschinenkanonen unter dem Rumpf. Maximal 910 kg Bomben intern und an Flügelstationen und 8 ungelenkte Raketen.
Entwicklung: Bereits 1938 wurde mit der Entwicklung eines leichten zweimotorigen, komplett aus Holz hergestellten, schnellen Bombers begonnen. Die Rumpf-Halbschalen wurden über einer Positiv-Form gebaut, die Flügel in einem Stück. Erstflug war im November 1940. Nach dem Bau von 3 Prototypen begann bereits im Juli 1941 die Auslieferung der ersten Serienmaschinen. Das Flugzeug hatte genug Potenzial zur Weiterentwicklung und wurde in zahllosen Varianten in unterschiedlicher Bauweise, Motorisierung, Ausrüstung und Bewaffnung als Photoaufklärer, Bomber, Jäger, Nachtjäger mit Radardom, Jagdbomber, trägergestützter Torpedobomber mit klappbaren Flügeln, Trainer und Zielschlepper gebaut. Die größte Stückzahl mit 2718 Stück erreichte der Jagdbomber Mk. VI.

Bis 1950 sind 6710 Mosquitos in drei Werken in Großbritannien gebaut worden. Dazu kommen 1134 in Kanada und 212 in Australien.

Bemerkungen: Wegen ihrer hohen Geschwindigkeit und der Möglichkeit sehr hoch zu fliegen, war das „Wooden Wonder“ fast unangreifbar und wurde deshalb in Deutschland als „Moskito-Plage“ bezeichnet. Erreicht wurde dies durch eine konsequent aerodynamische und leichte Holz-Bauweise. Beim weltweiten Einsatz, z. B. in den Tropen war der reine Holzbau jedoch problematisch und führte vereinzelt zu Strukturbrüchen. Exportiert wurde die DH. 98 nach Belgien, Australien, National-China, Tschechoslowakei, Frankreich, Neuseeland, Norwegen, Südafrika, Türkei und Jugoslawien.

Weltweit existieren flugfähige Exemplare in den USA und Kanada, einige werden momentan flugfähig restauriert. Ca. 30 Mosquitos stehen in Museen, davon drei im De Havilland Aircraft Museum in London.

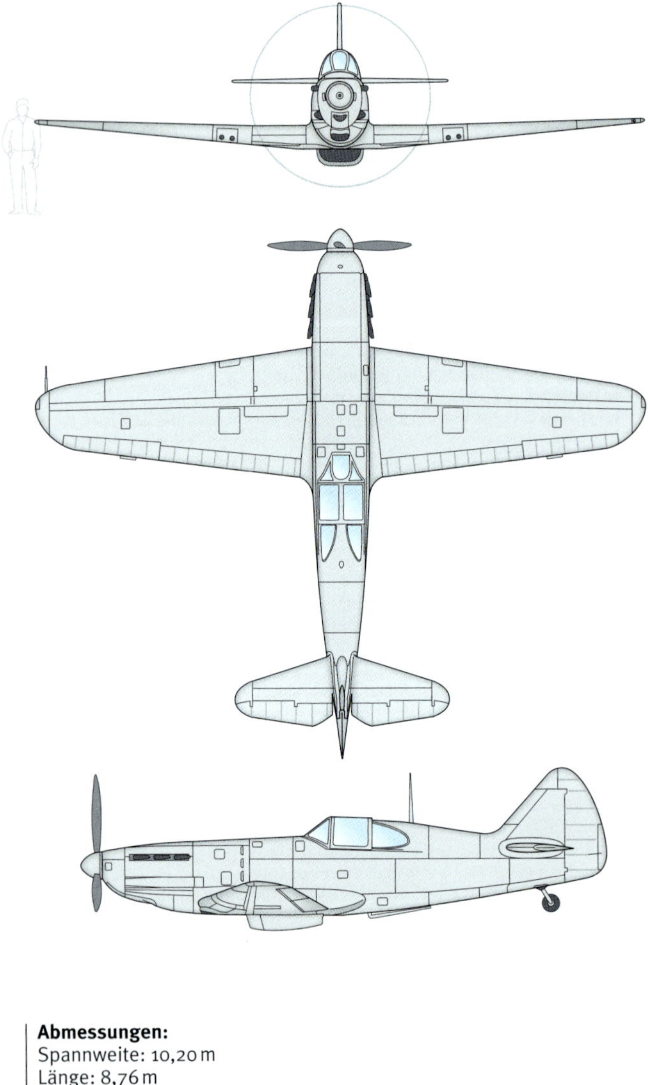

Abmessungen:
Spannweite: 10,20 m
Länge: 8,76 m
Höhe: 2,57 m
Flügelfläche: 15,87 m^2

Dewoitine D. 520

Dewoitine D. 520

Ursprungsland: Frankreich
Kategorie: Jagdflugzeug
Besatzung: 1
Triebwerk: Ein flüssigkeitsgekühlter V12-Zylinder-Motor Hispano-Suiza 12Y mit 678 kW (922 PS) Startleistung.
Leistungen: Höchstgeschwindigkeit in 5500 m Höhe 560 km/h, Reisegeschwindigkeit 370 km/h, Dienstgipfelhöhe 10.000 m, Reichweite 1250 km.
Gewichte: Leergewicht 2123 kg, max. Abfluggewicht 2785 kg.
Bewaffnung: Eine Maschinenkanone durch die Propellerwelle, vier MGs in den Tragflächen.
Entwicklung: Mit der Forderung der Armee de'l Air, ein international konkurrenzfähiges Jagdflugzeug in Ganzmetallbauweise zu bauen, begann die Entwicklung 1936. Im Oktober 1938 flog der erste Prototyp. Um die geforderten Leistungen zu erreichen, gab es zahlreiche Modifikationen während der Erprobung, wie z.B. einen verlängerten Rumpf und leistungsfähigere Motoren. Im November 1939 flog das erste bewaffnete und mit zusätzlicher Panzerung versehene Serienmodell. Bis zum Waffenstillstand im Juni 1941 wurden rund 400 Maschinen ausgeliefert. Unter Aufsicht der deutschen Besatzung wurden nochmals bis September 1943 ca. 440 Flugzeuge gebaut.

Weiterentwicklungen, vor allem mit stärkerem Antrieb um die Leistungsdaten zu verbessern, führten bis zur D. 530, die aber alle nicht in Serie gingen. Dreizehn Flugzeuge wurde nach Kriegsende zu Trainings-Doppelsitzern umgebaut.

Es wurden insgesamt 910 D. 520 von allen Varianten gebaut.
Bemerkungen: Die ersten erfolgreichen Einsätze bestritt die D. 520, die der Me 109 nahezu ebenbürtig war, beim Einmarsch Deutschlands in Frankreich von Mai bis Juni 1940. Die anschließend von den Deutschen erbeuteten Flugzeuge wurden vom Vichy-Regime in Nordafrika und Syrien sowie von Bulgarien, Italien und Rumänien eingesetzt. Ein großer Teil wurde aber auch in den deutschen Jagdfliegerschulen zur Schulung benutzt. Ende 1944 flogen die übrig gebliebenen D. 520, jetzt wieder im Besitz der regulären französischen Streitkräfte, nun Einsätze gegen die zurückweichenden deutschen Truppen.

Soweit bekannt, sind drei Flugzeuge in Museen in Frankreich (Le Bourget, Bordeaux-Merinac und Rochefort) erhalten geblieben.

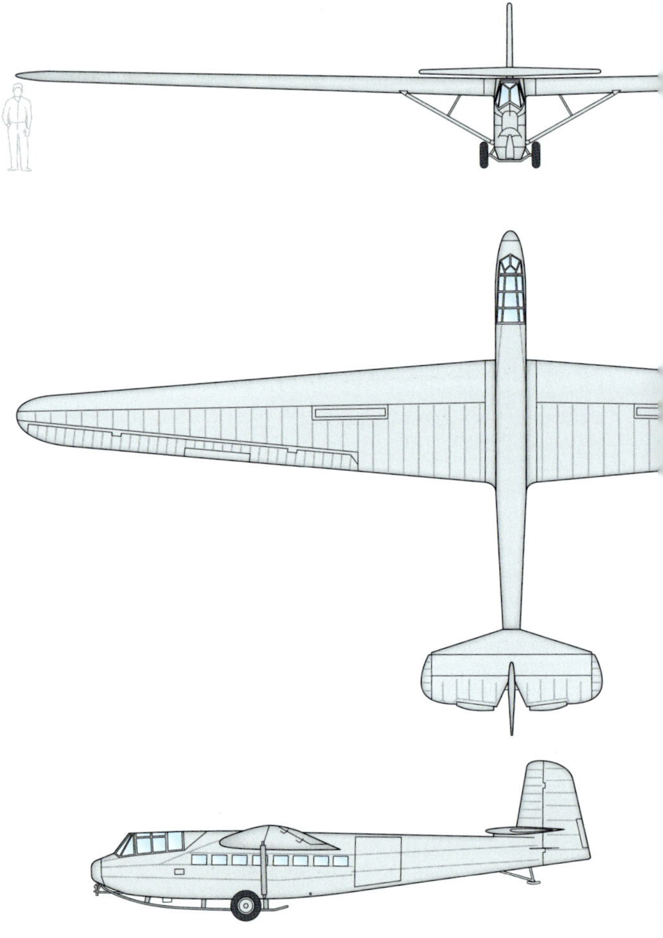

Abmessungen:
Spannweite: 21,98 m
Länge: 11,24 m
Höhe: 2,74 m
Flügelfläche: 41,26 m²

DFS 230 A

DFS 230

Ursprungsland: Deutschland
Kategorie: Lastensegler
Besatzung: 1
Triebwerk: Segelflugzeug, antriebslos.
Leistungen: (A-Version) Sturzgeschwindigkeit 290 km/h, Höchstgeschwindigkeit im Schlepp 185 km/h, Gleitzahl beladen 1:12.
Gewichte: (A-Version) Leergewicht 780 kg, maximales Abfluggewicht 2100 kg.
Bewaffnung: Der Lastensegler konnte mit einem starren oder beweglichen MG ausgestattet werden.
Entwicklung: Im Oktober 1936 wurde die erste Attrappe von der DFS (Deutsche Forschungsanstalt für Segelflug) fertiggestellt. Bis 1937 war der erste Prototyp fertig und im Juni 1940 waren bereits 140 Lastensegler ausgeliefert. Der in Gemischtbauweise hergestellte, abgestrebte Schulterdecker mit einem Rumpf aus bespanntem Stahlrohrfachwerk und sperrholzbeplankten und bespannten Holzflügeln, benutzte für den Schleppstart ein abwerfbares Radfahrwerk und landete auf einer hölzernen Kufe. Er war mit 9 voll ausgerüsteten Soldaten oder mit bis zu 1250 kg beladbar. Schleppflugzeuge waren z.B. Ju 52, Ju 87, He 111 und Me 110. Als Schleppverbindung diente ein 40 m langes Stahlseil oder eine 1,5 m lange Deichsel für den Starrschlepp. Leistungsstarke Schleppflugzeuge (z.B. die Doppelrumpf He 111 Z) konnten gleichzeitig mehrere Lastensegler schleppen. Versuche mit Mistelgespannen blieben jedoch erfolglos. Es gab Varianten mit breiterem Rumpf (ab D-1), zusätzlicher Ladeluke vor dem Flügel, mit Doppelsteuer, mit Bremsschirm und mit Bremsraketen im Bug zur Verkürzung der Landestrecke. Die F-1 war schließlich eine völlige Neukonstruktion für bis zu 15 Soldaten (vermutlich nur als Prototyp).

Von allen Versionen wurden ca. 1600 Flugzeuge bei verschiedenen Herstellern gebaut.

Bemerkungen: Erstmals eingesetzt wurden die DFS 230 bei der überraschenden Erstürmung des belgischen Forts Eben-Emael im Mai 1940. Auch bei der Befreiung Mussolinis in den Abbruzzen im September 1943 spielte die DFS 230 eine wichtige Rolle. In größerer Anzahl zum Einsatz kamen die Segler bei der verlustreichen Invasion Kretas, in Nordafrika und an der Ostfront für Nachschubeinsätze.

Ein Nachbau der DFS 230 steht im Militärhistorischen Museum am Flugplatz Berlin-Gatow.

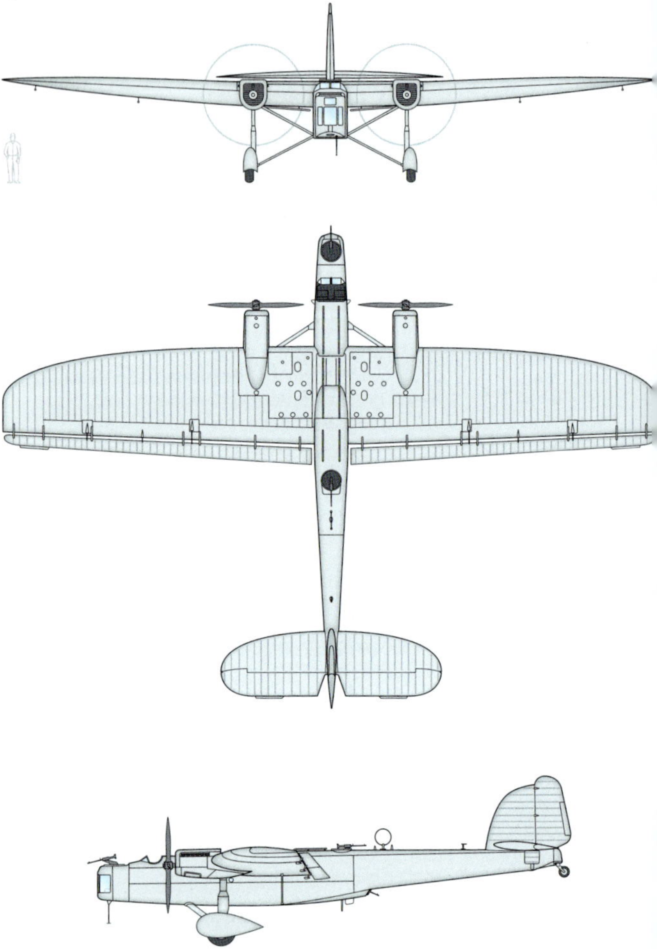

Abmessungen:
Spannweite: 25,6 m
Länge: 18,8 m
Höhe: 5,4 m
Flügelfläche: 106,6 m²

Dornier Do 23 G

Dornier Do 23

Ursprungsland: Deutschland
Kategorie: Bomber
Besatzung: 4
Triebwerke: Zwei flüssigkeitsgekühlte V12-Zylindermotoren BMW VI 7,3 Z mit je 552 kW (750 PS) Start- und 430 kW (585 PS) Dauerleistung.
Leistungen: Höchstgeschwindigkeit 260 km/h, Reisegeschwindigkeit 210 km/h, Dienstgipfelhöhe 4200 m, Reichweite beladen 1200 km.
Gewichte: Leergewicht 6050 kg, maximales Abfluggewicht 8600 kg.
Bewaffnung: Je ein MG im Bug, auf dem Rumpfrücken und am Rumpfboden, maximal 1000 kg Bomben im Bombenschacht.
Entwicklung: Als getarnter Auftrag für ein ziviles Fracht- und Postflugzeug wurde Anfang der 1930er-Jahre die Do-F (Do 11) entwickelt und im Mai 1932 erstmals geflogen. Die Produktion des Ganzmetallflugzeuges mit bespannten Metallflügeln wurde nach nur 76 Maschinen wegen mangelnder Stabilität des Flügels und Rumpfes sowie Fahrwerksproblemen eingestellt. Nun mit abgestrebtem Festfahrwerk und einigen Verbesserungen versehen, wurde im Februar 1933 die Do 13 aufgelegt. Aber schon nach wenigen Exemplaren gab es wegen der immer noch bestehenden Festigkeitsdefizite, die bis zum Flügelbruch führten, einen Produktionsstop. Eine grundlegende Überarbeitung mit jetzt von 29 auf 25,6 m verringerter Spannweite und Verstärkungen im Flügel und Rumpf, führten zum Erfolg und zur Produktion der nun in Do 23 umbenannten Maschine. Im September 1934 begann die Erprobung des zweimotorigen Schulterdeckers und schließlich der Serienbau mit der F-Version und in größerer Stückzahl mit der etwas schwereren und nochmals verstärkten Do 23 G.

Bis 1936 wurden 282 Maschinen aller Varianten in Werken von Dornier, Henschel und dem Hamburger Flugzeugbau gebaut.

Bemerkungen: Nach einer schwierigen Entwicklungs- und Erprobungsphase, die mit der Do 11 begann und über die Do 13 zur Do 23 führte, ging das Flugzeug dann doch noch in Serie. Die langsamen, veralteten und noch mit offenem Cockpit fliegenden Bomber wurden aber schon im Jahr 1936 Stück um Stück durch wesentlich modernere Flugzeuge wie die Do 17, Ju 86 und He 111 ersetzt. Nach ihrer Ausmusterung sind die Maschinen an Flugzeugführerschulen abgegeben worden und wurden zur Ausbildung von MG-Schützen und für das Bombentraining verwendet. Ein paar Exemplare wurden als Minenräumer mit einem Magnetring ausgerüstet und einige an die bulgarische Luftwaffe geliefert.

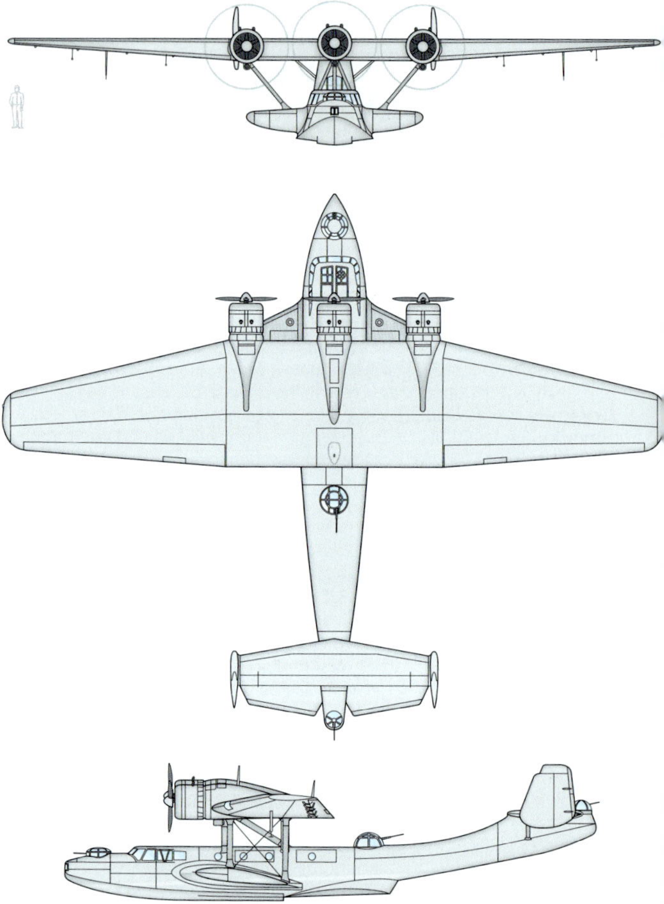

Abmessungen:
Spannweite: 27,00 m
Länge: 22,05 m
Höhe: 5,75 m
Flügelfläche: 108,00 m²

Dornier Do 24 T

Dornier Do 24

Ursprungsland: Deutschland
Kategorie: Fernaufklärer und SAR-Flugboot
Besatzung: 3
Triebwerke: (T) Drei luftgekühlte 9-Zylinder-Sternmotoren Bramo 323-R-2 Fafnir mit je 736kW (1000 PS).
Leistungen: (T) Höchstgeschwindigkeit 330 km/h in 2600 m Höhe, Reisegeschwindigkeit 295 km/h, Steigzeit auf 4000 m 13 min 12 sec, Dienstgipfelhöhe 7500 m, Reichweite 2900 km, Überführungsreichweite 4700 km.
Gewichte: (T) Leergewicht 9400 kg, Abfluggewicht 13.700 kg, maximales Abfluggewicht 18.400 kg.
Bewaffnung: (T) Je ein MG im Bug, auf dem Rücken und im Heckstand.
Entwicklung: Die beiden miteinander konkurrierenden Muster BV 138 von Blohm & Voss und die Do 24 gehen auf eine Forderung des RLM im August 1934 nach einem hochseefähigen Fernaufklärer zurück. Im September 1937 startete die in Ganzmetallbauweise hergestellte Do 24 zu ihrem Jungfernflug. Die niederländische Marine, die ihre alten Dornier Wal in Ostindien ersetzen wollte, zeigte sich interessiert und lizenzierte die Do 24 K, die mit amerikanischen Wright Cyclone-Motoren ausgestattet wurden, während die BV 138 das Rennen in Deutschland machte. Nach dem Einmarsch der Deutschen in die Niederlande übernahmen sie für ihre eigenen Zwecke einen Teil der niederländischen Do 24. Im Gegensatz zur BV 138 war die Do 24 nämlich für SAR-Einsätze hervorragend geeignet, worauf nun die drei T-Serien, die sich in der Ausrüstung unterschieden, mit 221 produzierten Flugbooten aufgelegt wurden. Auch nach 1945 wurden von der französischen SNCAN noch 40 Flugboote für die Aeronavale gebaut.

Insgesamt sind 313 Do 24 in Werken in den Niederlanden, Frankreich und Deutschland hergestellt worden.
Bemerkungen: Eingesetzt wurden die Flugboote bei Transporten, auf Aufklärungsflügen, im Seenotdienst und Evakuierungsflügen im Mittelmeer, in der Nord- und Ostsee, im Nordatlantik und im Schwarzen Meer. Spanien erhielt 12 Do 24, die im Mittelmeer und im Atlantik bis 1969 (!) Seenot- und Aufklärungeinsätze flogen.

Es sind drei Do 24 T erhalten geblieben: Im Deutschen Museum/Oberschleißheim, in den Niederlanden und in Spanien. 1982 wurde eine Do 24 zum Versuchsträger (ATT) mit einem neuen Flügel und Propellerturbinen umgebaut, die heute noch auf Flugtagen zu sehen ist.

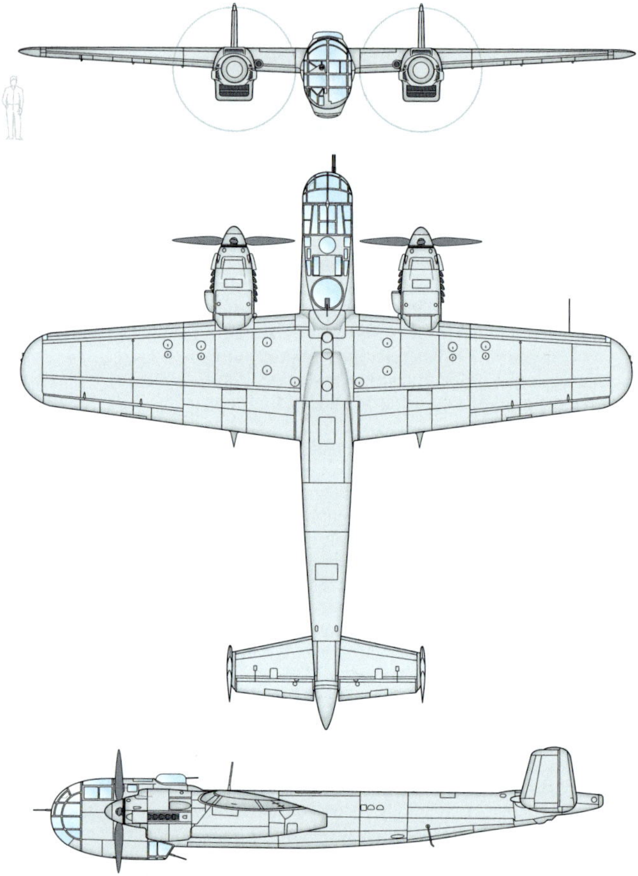

Abmessungen:
Spannweite: 19,00 m
Länge: 17,10 m
Höhe: 5,00 m
Flügelfläche: 57,00 m^2

Dornier Do 217 M

Dornier Do 217

Ursprungsland: Deutschland
Kategorie: Bomber, Kampfflugzeug
Besatzung: 4
Triebwerke: (217 M) Zwei flüssigkeitsgekühlte V12-Zylinder-Motoren DB 603 A.1 mit je 1287 kW (1750 PS) Startleistung.
Leistungen: (217 M) Höchstgeschwindigkeit 556 km/h in 5700 m Höhe, Reisegeschwindigkeit 400 km/h, Steigzeit auf 1000 m 3 min 20 sec, Dienstgipfelhöhe beladen 7350 m, maximal 9500 m, Reichweite maximal 2475 km.
Gewichte: (217 M) Leergewicht 9065 kg, max. Abfluggewicht 16.700 kg.
Bewaffnung: (217 M) Zwei MGs im Bug, ein MG auf dem Rücken, wahlweise zwei MGs in seitlichen Fensterlafetten, ein MG in der Bodenwanne und im Bombenschacht maximal 4000 kg Bomben.
Entwicklung: Obwohl die Do 217 auf der Do 17 basiert, ist die in Ganzmetall hergestellte Maschine in fast allen Teilen eine Neuentwicklung. Die V 1 flog im Oktober 1938 und die Produktion begann im November 1940. Neben einigen Kleinserien wurden 6 Großserien aufgelegt. Die E-Version (Bild) wurde von BMW-801-Doppelsternmotoren angetrieben und als Aufklärer, Bomber und Torpedobomber eingesetzt. Auf Basis der E wurde die J zum Nachtjäger weiterentwickelt. Die K hatte eine komplett verglaste Bugsektion und einen geänderten Rumpfquerschnitt. Die M-Version (Zeichnung) ist identisch mit der K, war aber mit DB 603-Motoren ausgestattet. Als Nachtjäger wurde die 217 J eingesetzt. Ebenso die Do 217 N, die teilweise mit Lichtenstein-Radar und schräg nach oben feuernden MGs (Schräge Musik), ausgestattet war.

In drei Dornier-Werken wurden bis Mai 1944 1925 Do 217 gebaut.

Bemerkungen: Von ihren Piloten als anspruchsvolles Flugzeug bezeichnet, erforderte die Do 217 auch eine aufwändigere Ausbildung als vergleichbare Muster. Mit 4000 kg Bombenlast war sie zwar eher als Bomber einzustufen, wurde aber auch als Torpedobomber, Lenkwaffenträger und eher aus der Not heraus, als Nachtjäger bis 1944 erfolgreich eingesetzt. Ein Teil der Flugzeuge ging Anfang 1944 an Flugschulen, ein Teil wurde verschrottet. Als Fernaufklärer blieb das Flugzeug jedoch bis Kriegsende im Einsatz. Die Do 217 diente zudem als Ausgangsmuster für ein Höhen-Kampfflugzeug mit einem im Rumpf installierten dritten Motor als Laderantrieb und eignete sich als Versuchsplattform für Staustrahltriebwerke.

Außer Fragmenten ist kein komplettes Flugzeug erhalten geblieben.

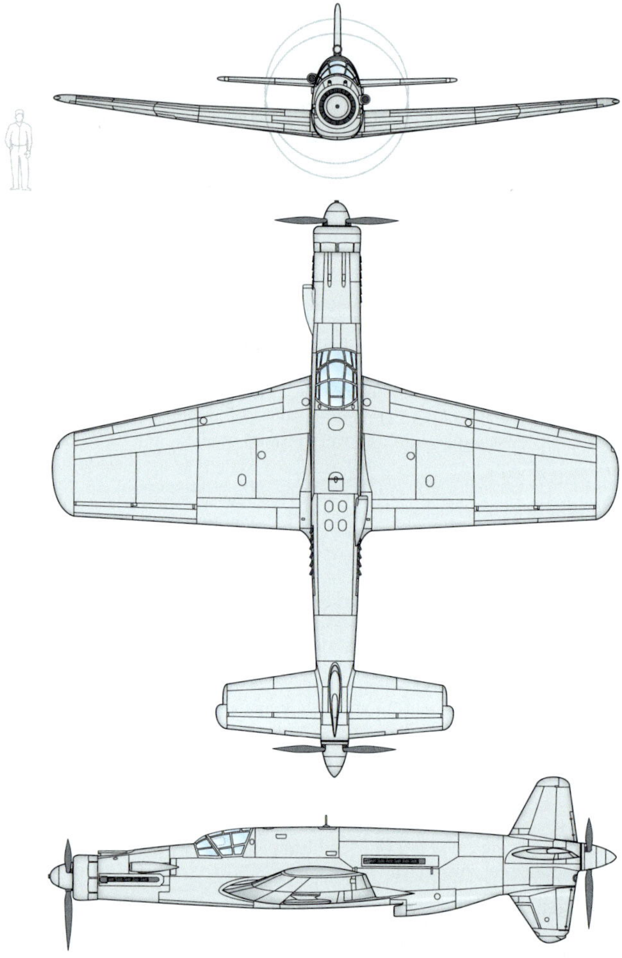

Abmessungen:
Spannweite: 13,80 m
Länge: 13,85 m
Höhe: 5,00 m
Flügelfläche: 38,50 m²

Dornier Do 335 A-1

Dornier Do 335

Ursprungsland: Deutschland
Kategorie: Jagdflugzeug, Jagdbomber
Besatzung: 1 (A-6/A-10/A-12 B-5/B-6 zweisitzig)
Triebwerke: (A-1) Zwei flüssigkeitsgekühlte V12-Zylinder-Motoren Daimler Benz DB 603 E-1 mit je 1323 kW (1800 PS) Startleistung.
Leistungen: (A-1) Höchstgeschwindigkeit 765 km/h in 6400 m Höhe, Steigzeit auf 8000 m 10 min 48 sec, Dienstgipfelhöhe 11.400 m, Reichweite 1400 km.
Gewichte: (A-1) Leergewicht 7320 kg, Abfluggewicht 9600 kg.
Bewaffnung: (A-1) Eine Maschinenkanone durch die Propellerwelle, zwei MGs über dem Motor, max. 1000 kg Bomben intern und extern.
Entwicklung: Nach dem Bau eines kleinen Versuchsflugzeugs mit Fernwelle und Druckpropeller 1939 nutzte Dornier das Konzept im Projekt Do P.231, das bei einer Ausschreibung 1942 den Zuschlag zur Entwicklung der Do 335 erhielt. Bereits im Oktober 1943 flog der Prototyp des in Ganzmetall-Schalenbauweise hergestellten Flugzeugs. Die Tandem-Motorenanordnung brachte eine hohe Geschwindigkeit durch den kleinen Stirnwiderstand und eine gute Rollrate. Ein Novum war das Bugfahrwerk und der Schleudersitz, vor dessen Ausschuss das Heckleitwerk und -propeller abgesprengt werden konnte. Ende 1943 wurden 10 Vorserienflugzeuge A-0 und die A-Serie beauftragt, die aus A-1 Jagdflugzeug, A-4 unbewaffneter Aufklärer, A-6 zweisitziger Nachtjäger mit Radar und der A-10/A-12 als zweisitzigem Trainer bestand. Zur verbesserten B-Serie gehörten: B-1 Jäger, B-2 schwerer Jäger/Zerstörer mit zusätzlichen Maschinenkanonen in den Tragflächen, B-3 Zerstörer, B-4 Höhenzerstörer, B-5 zweisitziges Schulflugzeug, auch Ameisenbär genannt, und die B-6 als zweisitziger Nachtjäger.

Wegen der schwierigen Kriegslage war eine Serienproduktion nicht mehr möglich. Es wurden vermutlich nur 29 Flugzeuge fertiggestellt.
Bemerkungen: Zu den leistungsstärksten und schnellsten kolbenmotorgetriebenen Propellerflugzeugen des 2.Weltkrieges gehörte die Do 335 mit ihrer ungewöhnlichen Motorenanordnung. Für den Kriegseinsatz kam Dorniers Pfeil jedoch zu spät. Die USA und Frankreich testeten nach Kriegsende das Flugzeug zwar ausgiebig, ein wesentlich größeres Interesse hatten sie jedoch an den neuen Strahlflugzeugen.

Die einzig erhaltene Do 335 steht im Steven F. Udvar-Hazy Center des National Air and Space Museums in Virginia/USA.

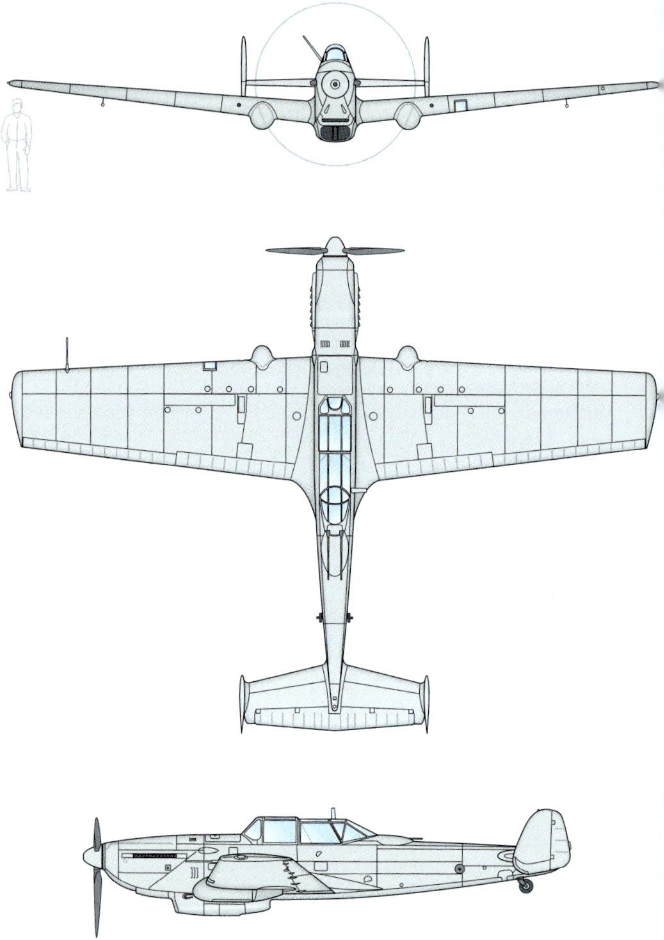

Abmessungen:
Spannweite: 13,74 m
Länge: 10,23 m
Höhe: 3,29 m
Flügelfläche: 28,40 m^2

EKW C-3603

EKW C-36

Ursprungsland: Schweiz
Kategorie: Mehrzweck-Kampfflugzeug
Besatzung: 2
Triebwerk: (C-3603) Ein flüssigkeitsgekühlter V12-Zylinder-Motor Hispano-Suiza 12Y-51 mit 735 kW (1000 PS) Startleistung.
Leistungen: (C-3603) Höchstgeschwindigkeit 476 km/h, Dienstgipfelhöhe 8700 m, Reichweite 680 km.
Gewichte: (C-3603) Leergewicht 2315 kg, Abfluggewicht 4085 kg.
Bewaffnung: (C-3603) Eine Maschinenkanone durch die Propellerwelle, zwei MGs in den Tragflächen und ein Doppel-MG im hinteren Cockpit, max. 400 kg Bomben an Flügelstationen.
Entwicklung: Als Ersatz für den in die Jahre gekommenen Fokker-Doppeldecker C.V-E wurde, mangels Möglichkeiten ausländische Muster zu beschaffen, die C-36-Baureihe von den Eidgenössischen Konstruktionswerkstätten (EKW) entwickelt. Der erste Prototyp C-3601 des Ganzmetall-Tiefdeckers mit Festfahrwerk flog im Mai 1939. Nach seinem Absturz wurde die C-3602, nun mit Einziehfahrwerk und stärkerem Triebwerk erprobt. Schließlich sind von der C-3603 nach einer Vorserie von zehn Flugzeugen noch mit 15,10 m Spannweite, 142 Flugzeuge in Serie gebaut worden. Zum (Fliegerabwehr-) Flab-Zielschlepper mit Seilwinde wurden 1946 zwanzig Flugzeuge umgebaut. Ein stärkerer schweizerischer V12-Zylinder Saurer-Motor YS-2 mit 1250 PS, einer Weiterentwicklung des Hispano-Suiza-Motors, gaben der C-3604 mehr Leistung. Dafür wurden 13 C-3603 umgerüstet. Und 1968, also 29 Jahre nach ihrem Erstflug (!), flog die C-3605 mit einer 1150 PS-Lycoming T53-Turbine. Die 24 zum Zielschlepper umgebauten Flugzeuge waren bis 560 km/h schnell und blieben mit ihrem charakteristisch langen Bug und zebragestreiftem schwarz-gelbem Anstrich bis 1988 im Einsatz.

Von allen Varianten wurden insgesamt 161 Flugzeuge produziert.

Bemerkungen: Bekannt wurde das Flugzeug zwar als Zielschlepper, aber eigentlich wurde die 3603 hauptsächlich als Aufklärer und Jagdbomber eingesetzt und blieb bis 1952 im aktiven Einsatz bei den Schweizer Fliegertruppen. In dieser Zeit verlor die Schweizer Luftwaffe 28 Exemplare durch Abstürze.

Nach der Ausmusterung gingen zahlreiche Flugzeuge in private Hände und Museen. Eine C-3603 und vier C-3605 fliegen noch in Europa. Etliche Flugzeuge stehen in Museen wie z. B. im Flieger-Fab-Museum in Dübendorf/Schweiz oder im Technikmuseum in Sinsheim.

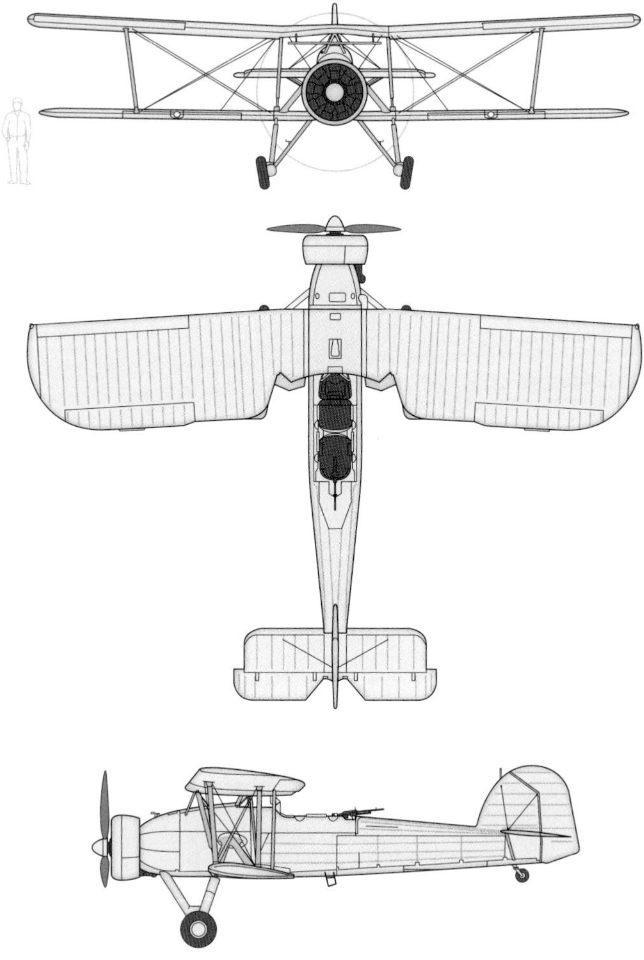

Abmessungen:
Spannweite: 13,87 m
Länge: 10,87 m
Höhe: 3,76 m
Flügelfläche: 56,4 m^2

Fairey Swordfish Mk. II

Fairey Swordfish

Ursprungsland: Großbritannien
Kategorie: Torpedobomber
Besatzung: 2–3
Triebwerk: Ein luftgekühlter 9-Zylinder-Sternmotor Bristol Pegasus III M mit 590 kW (690 PS).
Leistungen: Höchstgeschwindigkeit (beladen) in 1500 m Höhe 230 km/h, Dienstgipfelhöhe 5000 m, Reichweite (beladen) 840 km.
Gewichte: Leergewicht 1903 kg, maximales Abfluggewicht 3438 kg.
Bewaffnung: Ein starres MG im rechten Rumpf, ein bewegliches MG im hinteren Cockpit. Ab der Mk. II acht Raketen unter den Flügeln, maximal 700 kg Bomben unter dem Rumpf und an Flügelstationen oder ein Torpedo unter dem Rumpf.
Entwicklung: Die Swordfish, deren Stahlrohrumpf und Flügel stoffbespannt sind, entstand aus dem von Fairey in den 1930er-Jahren in Eigeninitiative entwickelten Torpedo- und Aufklärungs-Doppeldeckern TSR-1 und TSR-2. Der Erstflug erfolgte im April 1934. Im Juli 1936 kamen die ersten Mk. I zum Einsatz. Mit Radfahrwerk auf Flugzeugträgern, als Schwimmerflugzeug von Kriegsschiffen aus im Katapultstart. Beiklappbare Flügel begünstigten den Verstau auf Schiffen. Bei der Mk. II, die ab 1943 gebaut wurde, war der untere Flügel wegen der mitgeführten Raketen metallbeplankt. Mit einem voluminösen Radarbehälter unter dem Rumpf ausgestattet war die Mk. III, konnte dafür aber kein Tropedo mehr tragen. Für die kanadische Luftwaffe wurde die Mk. IV mit einem geschlossenen Cockpit gebaut.

Die Produktion endete 1944 nach 2396 gebauten Flugzeugen.

Bemerkungen: Technisch gesehen war der relativ große und langsame Doppeldecker bereits 1939 zu Kriegsbeginn überholt. Aber wegen seiner Robustheit und guten Eignung als Bordflugzeug auf Kriegsschiffen und Flugzeugträgern der Royal Navy blieb das Flugzeug bis zum Kriegsende 1945 im harten Einsatz. Beteiligt war die Swordfish z. B. bei Angriffen gegen italienische Marineeinheiten im Hafen von Tarent/Italien, an der Versenkung des deutschen Schlachtschiffes Bismarck im Nordatlantik und an vielen See-Missionen gegen deutsche U-Boote.

Es sind einige Swordfish, vor allem in Großbritannien und Kanada, auch in flugfähigem Zustand, erhalten geblieben und werden in Museen ausgestellt und auf Flugshows geflogen.

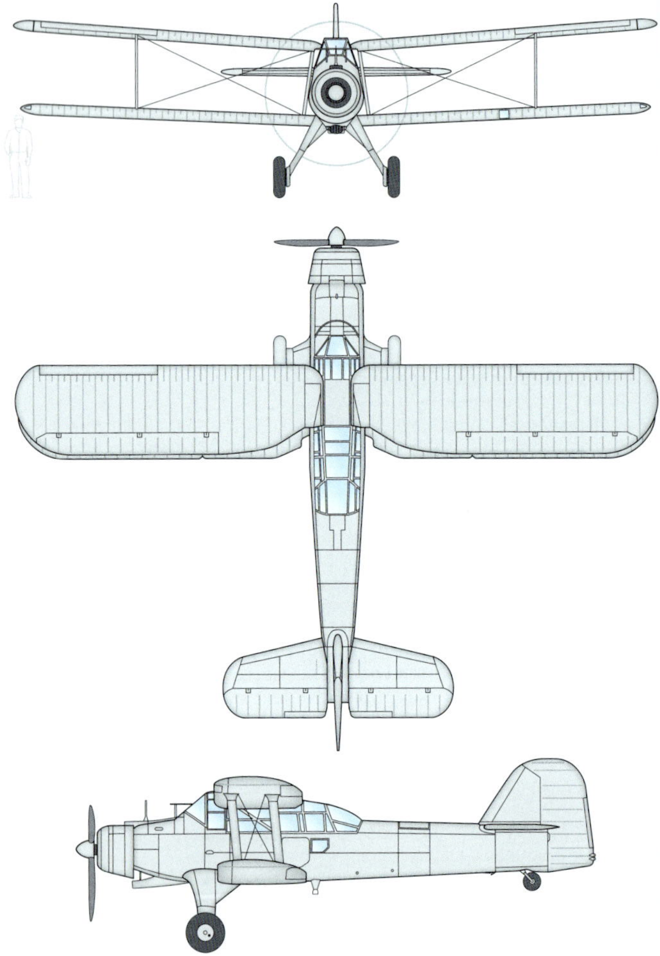

Abmessungen:
Spannweite: 15,24 m
Länge: 12,22 m
Höhe: 3,92 m
Flügelfläche: 57,9 m^2

Fairey Albacore Mk. I

Fairey Albacore

Ursprungsland: Großbritannien
Kategorie: Torpedobomber, Aufklärer
Besatzung: Torpedobomber 2, Aufklärer 3
Triebwerk: Ein luftgekühlter 14-Zylinder-Doppelsternmotor Bristol Taurus XII mit 840 kW (1130 PS) Startleistung und 840 kw (1130 PS) Reiseleistung.
Leistungen: Höchstgeschwindigkeit 259 km/h, Reisegeschwindigkeit 230 km/h, Dienstgipfelhöhe 5700 m, Reichweite (beladen) 1140 km, Überführungsreichweite 1500 km.
Gewichte: Leergewicht 3289 kg, Abfluggewicht als Torpedobomber 4745 kg, maximales Abfluggewicht 5820 kg.
Bewaffnung: Ein starres MG im rechten Flügel, ein bewegliches MG im hinteren Cockpit. Ein Torpedo (760 kg) unter dem Rumpf oder 910 kg Bomben an Flügelstationen.
Entwicklung: Um die Fairey Swordfish zu ersetzen, wurde die Albacore nach einer Spezifikation der britischen Navy für ein trägergestütztes Torpedo-, Beobachtungs- und Aufklärungsflugzeug entworfen. Die ersten beiden Prototypen flogen im Dezember 1938. Der Ganzmetall-Doppeldecker hatte bespannte, beiklappbare Flügel, das geschlossene Cockpit war beheizbar. Produziert wurden ab 1939 die ersten 98 Flugzeuge, die noch mit Bristol Taurus II-Triebwerken ausgestattet waren, aber später auf den stärkeren Taurus XII umgerüstet wurden.

Insgesamt wurden ungefähr 800 Albacores gebaut.

Bemerkungen: Obwohl der Doppeldecker die Swordfish ablösen sollte, wurden sie dann doch parallel betrieben. Eingesetzt wurden die Flugzeuge auf küstennahen Missionen in der Nordsee und im Atlantik, im ganzen Mittelmeerraum, aber auch in Norwegen und Finnland. Ab 1940 auch von Flugzeugträgern aus. Allerdings begann man schon 1942 die ersten Flugzeuge durch Fairey Barracudas abzulösen. Ein großer Teil der Maschinen wurde für sekundäre Aufgaben weltweit auf Basen der britischen Luftwaffe verteilt. Kanada übernahm einen Teil der Flugzeuge und setzten sie bei der Invasion in der Normandie ein. Die letzten Albacores wurden 1949 ausgemustert.

Lediglich eine Albacore, die aus zwei Wracks restauriert wurde, ist erhalten geblieben und wird im Fleet Air Museum, Ilchester/Großbritannien präsentiert.

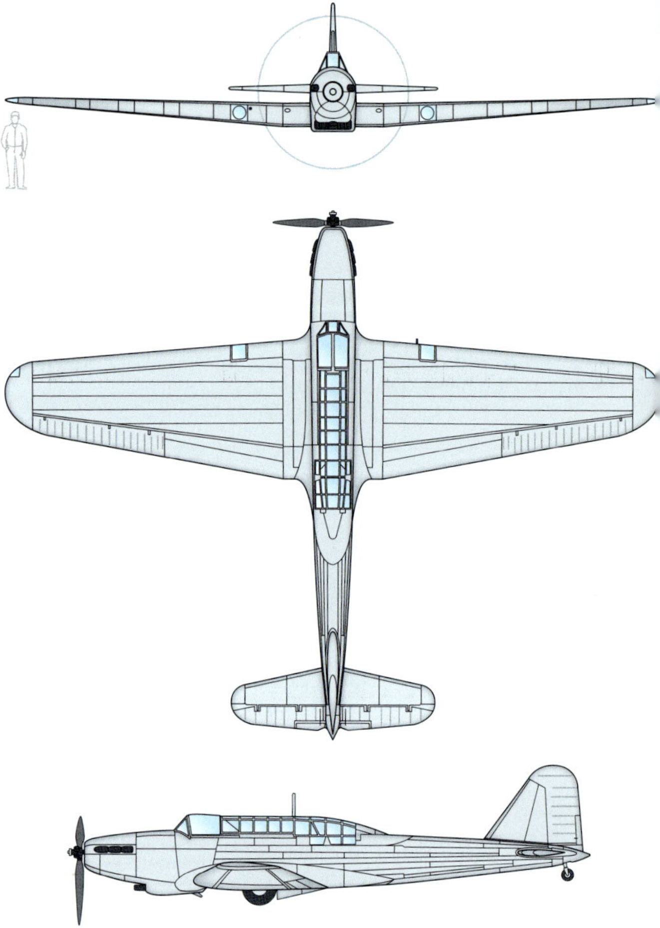

Abmessungen:
Spannweite: 16,46 m
Länge: 12,85 m
Höhe: 4,72 m
Flügelfläche: 39,2 m^2

Fairey Battle Mk. I

Fairey Battle

Ursprungsland: Großbritannien
Kategorie: Leichter Bomber
Besatzung: 2 bis 3
Triebwerk: (Mk. I) Ein luftgekühlter V12-Zylinder-Motor Rolls-Royce Merlin I mit 664 kW (890 PS) Startleistung und kurzzeitig bis zu 768 kW (1044 PS) in 5000 m.
Leistungen: Höchstgeschwindigkeit 414 km/h in 6100 m Höhe, Reisegeschwindigkeit 338 km/h, Dienstgipfelhöhe 7620 m, Reichweite beladen ca. 1600 km.
Gewichte: Leergewicht 3015 kg, max. Abfluggewicht 4895 kg.
Bewaffnung: Ein festes MG im rechten Flügel, ein bewegliches MG im hinteren Cockpit. Bis zu 454 kg Bomben in Flügelschächten.
Entwicklung: Die Entwicklung begann im Juni 1934, der Erstflug war im März 1936. Die ersten Lieferungen des Ganzmetall-Flugzeugs erfolgten im Juni 1937 und mit Ausbruch des Krieges 1939 waren mehr als 1000 Flugzeuge im Einsatz. Die Varianten Mk. I bis 5 unterschieden sich lediglich durch die eingebauten Rolls-Royce-Merlin-Motoren mit unterschiedlicher Leistung. Battle T wurden umgebaute Schulflugzeuge mit Doppelsteuer genannt. Eine unbekannte Zahl an Battle TT wurde als Zielschlepper verwendet.

Insgesamt sind bis September 1940 2196 Battles in zwei Werken produziert worden. 18 Stück wurden in Lizenz in Belgien gebaut.
Bemerkungen: Als die Battle 1936 zum erstenmal flog, war sie eine bedeutende Verbesserung zu ihrer Vorgängerin Hawker Hart. Nach Kriegsbeginn 1939 zeigte sich jedoch schnell, dass das Flugzeug nicht mehr dem Stand der Technik entsprach. Die Battle, deren Besatzung aus Pilot, Beobachter/Bombenschütze und Funker/MG-Schütze bestand, wurde hauptsächlich als leichter Bomber zur Unterstützung von Bodentruppen eingesetzt. Das Flugzeug zeigte sich aber den Anforderungen nicht gewachsen, war eine leichte Beute für angreifende Jagdflugzeuge und erlitt hohe Verluste durch Bodenbeschuss bei Einsätzen in Frankreich gegen vorrückende deutsche Truppen. Deshalb wurde das Flugzeug ab 1944 nur noch als Schul- und Zielschleppflugzeug eingesetzt, und vereinzelt bis 1949 als fliegender Motorenprüfstand.

Erhaltene gebliebene Battle stehen unter anderem im Royal Museum of the Army, Brüssel/Belgien, im Canada Aviation and Space Museum in Ottawa und im RAF-Museum, Hendon, London/Großbritannien.

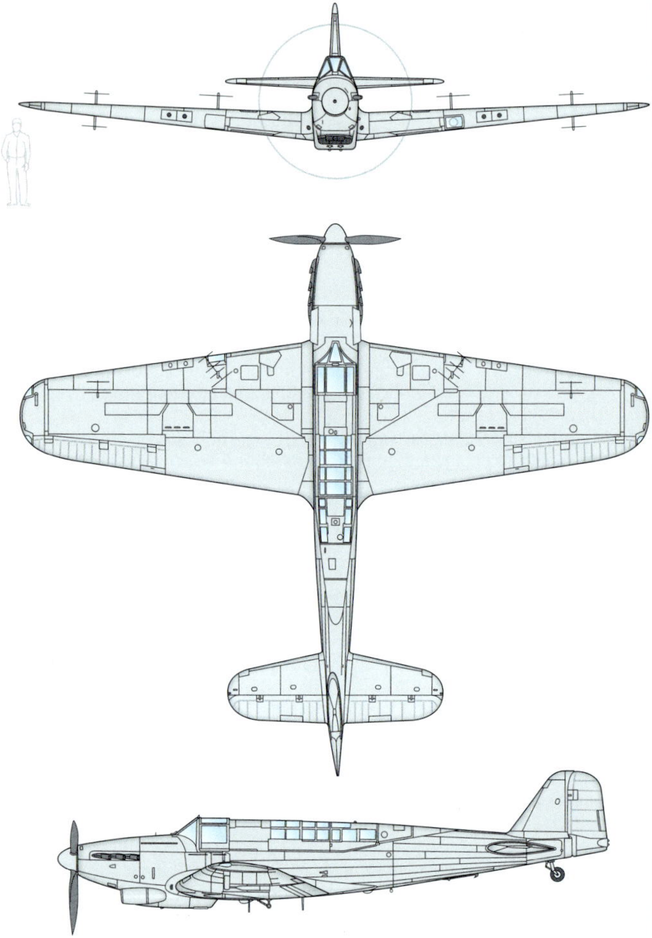

Abmessungen:
Spannweite: 14,12 m
Länge: 12,27 m
Höhe: 4,25 m
Flügelfläche: 31,8 m²

Fairey Fulmar Mk. II

Fairey Fulmar

Ursprungsland: Großbritannien
Kategorie: Trägergestütztes Jagdflugzeug
Besatzung: 2
Triebwerk: (Mk. II) Ein flüssigkeitsgekühlter V12-Zylinder-Motor Rolls-Royce Merlin 30 mit 970 kW (1300 PS).
Leistungen: (MK. 2) Höchstgeschwindigkeit 438 km/h, Reisegeschwindigkeit 378 km/h, Dienstgipfelhöhe 8300 m, Reichweite ca. 1260 km.
Gewichte: (MK. 2) Leergewicht 3182 kg, Abfluggewicht 4387 kg, max. Abfluggewicht 4627 kg.
Bewaffnung: Je nach Variante vier bis acht MGs im Flügel und ein MG im hinteren Cockpit, maximal 110 kg Bomben.
Entwicklung: Als Ersatz für die veralteten Doppeldecker wurde die Fulmar aus dem leichten Bomber Fairey P.4/34 weiterentwickelt. Das Flugzeug sollte eine große Reichweite haben und stark bewaffnet sein. Im Januar 1937 absolvierte das in Ganzmetall gebaute Flugzeug seinen Erstflug und im Januar 1940 wurde der erste Tiefdecker mit faltbaren Flügeln und Fanghaken ausgeliefert. Die 250 gebauten Fulmars der Baureihe Mk. I waren noch mit einem RR Merlin VIII ausgerüstet. Ab der etwas leichteren Mk. II, von der Fairey 350 Stück produzierte, wurde der stärkere Merlin 30 und eine Tropenausrüstung verbaut. Rund 100 davon wurden zum Nachtjäger (NF Mk. II) mit Radar (Zeichnung) und 4 MGs umgerüstet.

Von allen Varianten wurden 600 Fulmars bis 1943 ausgeliefert.
Bemerkungen: Obgleich von Piloten als angenehm zu fliegendes Flugzeug geschätzt, erwies es sich jedoch allen landgestützten feindlichen Jägern unterlegen. Allerdings hatte die Maschine eine sehr große Reichweite und Flugdauer, was sich zum Beispiel bei der Verfolgung des deutschen Schlachtschiffes Bismarck im Mai 1941 auszahlte. Eingesetzt wurden die Maschinen vor allem von Flugzeugträgern aus in Nordafrika, im Mittelmeerraum, im Nordmeer, und im Fernen Osten gegen Japan. Bei allen Missionen zeigte sich aber, wie wenig das Flugzeug seinen Aufgaben gewachsen war. Schon 1942 wurden die Fulmars teilweise durch wesentlich leistungsfähigere Sea Hurricanes und Seafires ersetzt. Die zum Nachtjäger umgebauten Fulmars hatten ebenso wenig Erfolg in ihrer neuen Rolle und wurden deshalb teilweise noch als Trainer eingesetzt. Regelmäßig und erfolgreich benutzte man jedoch das Flugzeug auf Langstrecken-Aufklärungseinsätzen.

Die einzige überlebende Fulmar steht im Fleet Air Arm Museum in Yeovilton/Großbritannien.

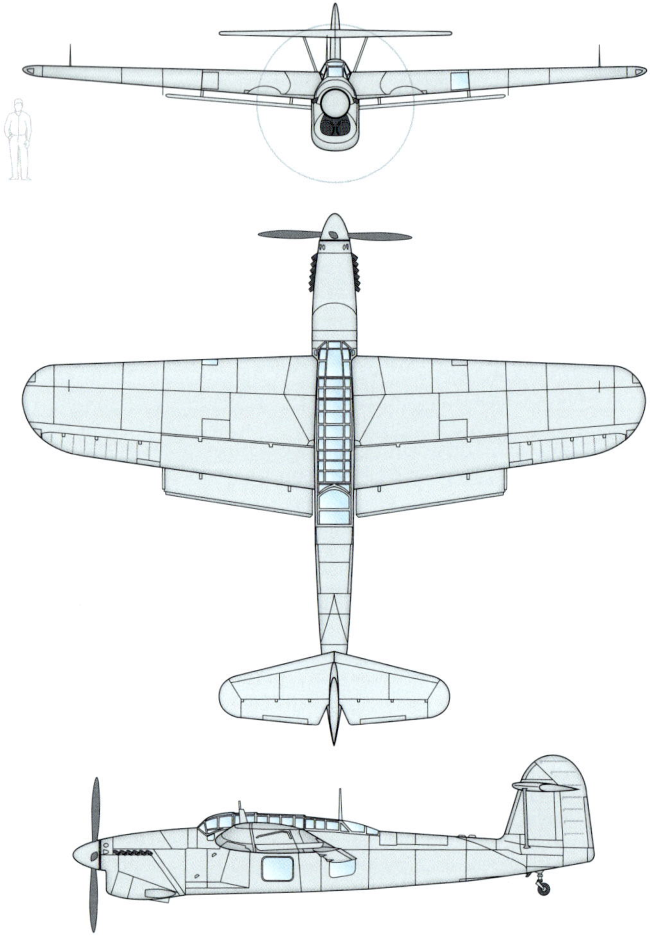

Abmessungen:
Spannweite: 14,99 m
Länge: 12,12 m
Höhe: 4,62 m
Flügelfläche: 37,62 m^2

Fairey Barracuda Mk. II

Fairey Barracuda

Ursprungsland: Großbritannien
Kategorie: Sturzkampf- und Torpedobomber
Besatzung: 3
Triebwerk: (Mk. II) Ein flüssigkeitsgekühlter V12-Zylinder-Motor Rolls-Royce Merlin 32 mit 1225 kW (1640 PS).
Leistungen: (MK. 2) Höchstgeschwindigkeit 386 km/h, Reisegeschwindigkeit 314 km/h in 1500 m Höhe, Dienstgipfelhöhe 5080 m, Steigzeit auf 1500 m 6 min, Reichweite beladen 1100 km.
Gewichte: (MK. 2) Leergewicht 4250 kg, Abfluggewicht 6000 kg, max. Abfluggewicht 6409 kg.
Bewaffnung: Zwei MGs im hinteren Cockpit. Ein Torpedo (735 kg) oder 725 kg Bomben, Wasserbomben oder Minen.
Entwicklung: Nach einer Ausschreibung des British Air Ministry begann die Entwicklung der trägergestützten Barracuda im Jahr 1937. Im Dezember 1940 flog der ganz aus Metall gebaute Schulterdecker zum ersten Mal. Große Fairey-Youngman-Klappen ermöglichten niedrige Anfluggeschwindigkeiten bei Landungen auf Flugzeugträgern und dienten gleichzeitig als Sturzflugbremsen. Beiklappbare Flügel sorgten für kleine Stellflächen auf den Schiffen. Die etwas untermotorisierte Mk. I, die überwiegend zur Umschulung auf das Muster eingesetzt wurde, ist schon nach 30 gebauten Flugzeugen im Januar 1943 durch die Mk. II mit dem stärkeren Rolls-Royce Merlin 32 abgelöst worden. Von ihr wurden 1688 Stück produziert. Mit einer Radaranlage in einer Wanne, wurde die Mk. III zur Bekämpfung von aufgetauchten U-Booten eingesetzt. Nach 1945 wurden noch 30 mit einem 1850 PS-Rolls-Royce Griffon VII ausgerüstete Mk. V hauptsächlich zur Schulung eingesetzt.

Insgesamt sind 2452 Barracudas in drei Werken gebaut worden.

Bemerkungen: Im Januar 1943 wurden die ersten Barrcudas im Nordatlantik weniger als Torpedobomber, denn als Sturzkampfbomer gegen Schiffe eingesetzt. Von den Flugzeugträgern Victorious und Furious flogen sie z. B. im April 1944 Angriffe gegen die in Norwegen liegenden Schlachtschife der Deutschen. Im selben Jahr flogen im Pazifik die ersten Barracudas auch Angriffe gegen die Japaner vom dort kreuzenden britischen Flugzeugträger Illustrious.

Kein Flugzeug blieb erhalten. Allerdings wurde 2019 ein komplettes Wrack vor der britischen Küste gefunden. Das Fleet Air Arm Museum bei Yeovilton/Großbritannien leitet die Restaurierungsarbeiten.

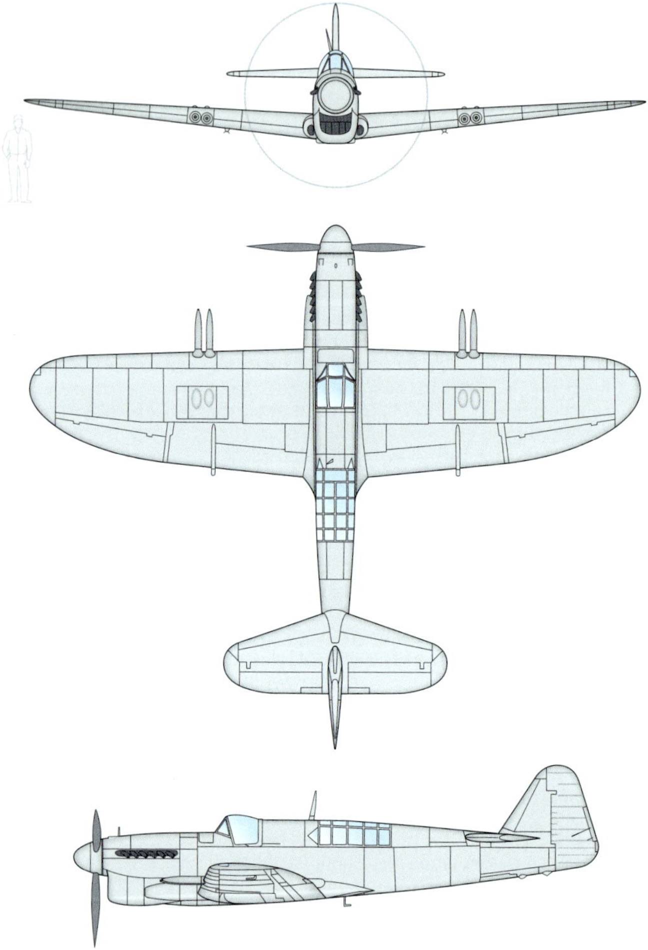

Abmessungen:
Spannweite: 13,57 m
Länge: 11,46 m
Höhe: 4,14 m
Flügelfläche: 30,5 m^2

Fairey Firefly Mk. I

Fairey Firefly

Ursprungsland: Großbritannien
Kategorie: Trägergestütztes Jagdflugzeug
Besatzung: 2
Triebwerk: (Mk. I) Ein flüssigkeitsgekühlter V12-Zylinder-Motor Rolls-Royce Griffon IIB mit 1290 kW (1730 PS) Startleistung.
Leistungen: Höchstgeschwindigkeit 509 km/h in 4300 m Höhe, Steiggeschwindigkeit auf 3050 m 5 min, 45 sec, Dienstgipfelhöhe 8530 m, Reichweite ca. 2090 km.
Gewichte: Leergewicht 4432 kg, max. Abfluggewicht 6373 kg.
Bewaffnung: Vier Maschinenkanonen im Flügel, acht Raketen oder zwei 454 kg-Bomben an Flügelstationen.
Entwicklung: Als Nachfolger der Fulmar, begann die Firefly die Flugerprobung im Dezember 1941. Die in Halbschalenbauweise hergestellte Maschine hatte faltbare Flügel, war mit Fairey-Youngman-Klappen, die niedrige Landegeschwindigkeiten ermöglichten, und mit einem Fanghaken für Trägerlandungen ausgestattet. Die erste Serienmaschine wurde im März 1943 ausgeliefert. Von der Mk. I wurden 459 Stück als Jäger und 236 als Aufklärer gebaut. Ständige Verbesserungen führten 1947 zur Mk. IV, mit kürzeren Flügeln und einem stärkeren RR-Griffon 72 und den im Flügel integrierten Kühlern. Weitere Nachkriegsvarianten waren die Mk. V mit amerikanischem Radar als Aufklärer, für Nacht- und U-Boot-Jagd und die Mk. VI mit britischem Radar, die ab 1949 produziert wurde. Nur noch als Trainer und Zieldrohne wurde die Mk. VII benutzt und war eine Interimslösung für die kommende turbopropgetriebene und trägergestützte Fairey Gannett. Von fast jeder Version wurde auch eine Trainerversion (T) gebaut.

1956 endete die Produktion nach 1702 Fireflies.

Bemerkungen: Die Firefly war für Großbritannien das wichtigste trägergestützte Flugzeug im 2. Weltkrieg. Ersten Einsätzen 1944, z. B. gegen das deutsche Schlachtschiff Tirpitz, folgten Einsätze im Pazifik gegen Japan und von 1950 bis 1953 im Koreakrieg.

Gute Flugeigenschaften und eine hohe Zuverlässigkeit zeichneten das von seinen Piloten geschätzte Flugzeug aus. Exportiert wurde die Firefly nach Australien (108), Kanada (62) und den Niederlanden (30). Dänemark, Indien und Schweden (bis 1964) betrieben das Flugzeug als Zielschlepper und Äthiopien (23) als Jagdbomber.

Heute existieren weltweit noch rund 20 Exemplare in Museen, davon flugfähige Exemplare in den USA, Kanada und Australien.

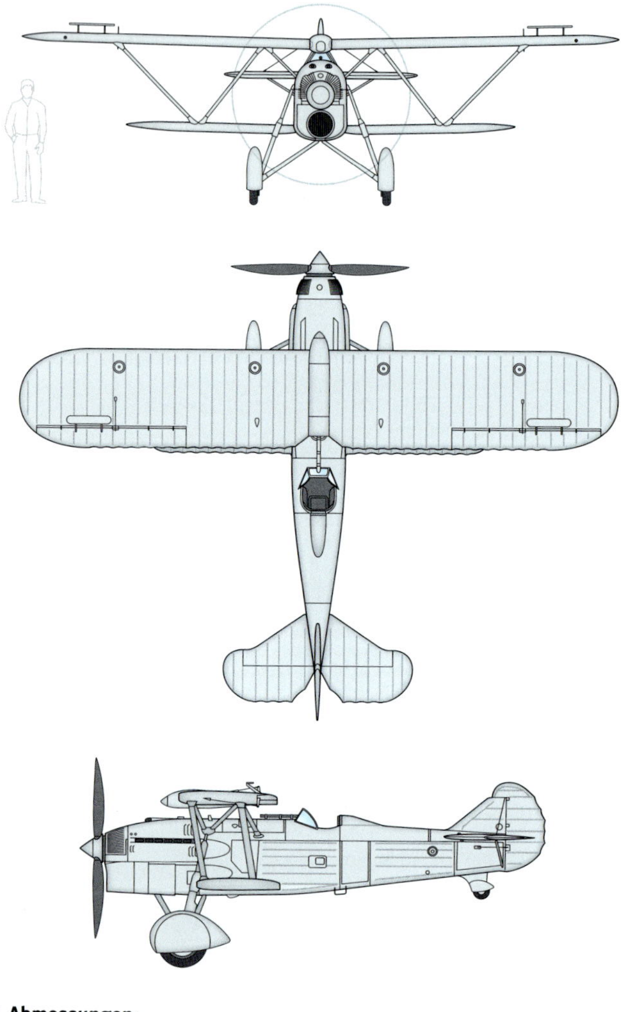

Abmessungen:
Spannweite: 9,5 m
Länge: 7,47 m
Höhe: 2,63 m
Flügelfläche: 22,1 m^2

Fiat CR. 32

Fiat CR. 32

Ursprungsland: Italien
Kategorie: Jagdflugzeug
Besatzung: 1
Triebwerk: Ein flüssigkeitsgekühlter V12-Zylinder-Motor Fiat A30 RA-bis mit ca. 447 kW (600 PS).
Leistungen: Höchstgeschwindigkeit 375 km/h in 3000 m Höhe, Dienstgipfelhöhe 8800 m, Reichweite ca. 780 km.
Gewichte: Leergewicht 1325 kg, Abfluggewicht 1865 kg.
Bewaffnung: Zwei MGs über dem Motor. Bis zu 100 kg Bomben an Flügelstationen
Entwicklung: Eine aerodynamischere, kompaktere Überarbeitung des Vorgängers CR. 30 war die CR. 32. Der in Gemischtbauweise hergestellte Anderthalbdecker, dessen Erstflug im April 1933 stattfand, hat einen mit Aluminium verkleideten Stahlrohr-Rumpf, ein bespanntes Rumpfende und bespannte Aluminiumflügel. Die ersten Flugzeuge wurden bereits Ende 1933 ausgeliefert. Bis Ende 1938 wurden vier Varianten gebaut: Die Basisversion CR. 32, die CR. 32bis mit vier MGs und einer geringen Bombenzuladung, die CR. 32 ter, eine verbesserte CR. 32 bis und die CR. 32 quater, eine nochmals weiterentwickelte CR. 32 ter mit geringerem Gewicht. Diese Jagdflugzeug-Reihe endete mit der bereits 1939 bei ihrer Einführung veralteten CR. 42 (Folgeseite).

Insgesamt wurden 1052 Flugzeuge aller CR. 32 Varianten gebaut.

Bemerkungen: Bei Piloten beliebt war der robuste und wendige Jäger, der in den Jahren 1934–1939 als Standard-Jagdflugzeug der italienischen Luftwaffe eingesetzt wurde. Zu Beginn seiner Karriere war der Doppeldecker ein durchaus konkurrenzfähiges Muster. Die CR. 32 wurde in Spanien in Lizenz gebaut (HA-132L) und im Spanischen Bürgerkrieg, auch mit Unterstützung italienischer CR. 32-Piloten, eingesetzt. Mit Beginn des 2. Weltkrieges war das Flugzeug jedoch schon hoffnungslos veraltet, wurde aber trotzdem noch auf Missionen im Mittelmeerraum und Ostafrika geflogen. Ab 1942 allerdings nur noch in Nachteinsätzen und zur Schulung.

Exportiert wurde die CR. 32 nach China (16, nach anderen Quellen 24 Stück), Ungarn 76 Stück, Österreich 45 Stück, davon gingen später 36 Flugzeuge an Ungarn, Venezuela 9 Stück und Paraguay 5 Stück.

Eine HA-132 steht im Luftfahrtmuseum Vigna di Valle in Bracciano/Italien und eines im Museo del Aire in Madrid/Spanien.

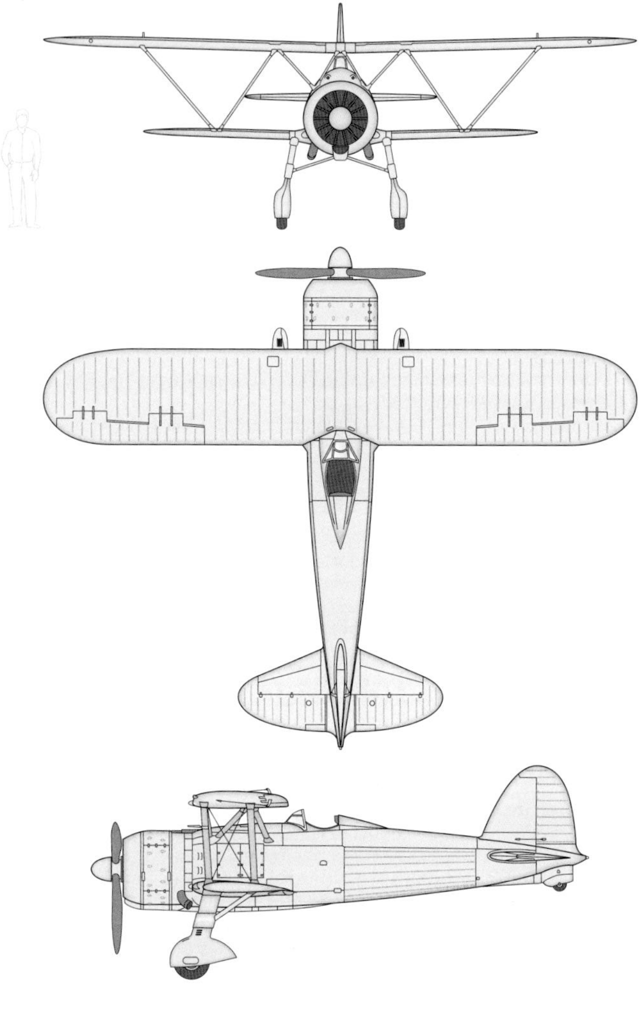

Abmessungen:
Spannweite: 9,70 m
Länge: 8,26 m
Höhe: 3,57 m
Flügelfläche: 22,4 m^2

Fiat CR. 42

Fiat CR. 42

Ursprungsland: Italien
Kategorie: Jagdflugzeug
Besatzung: 1
Triebwerk: Ein luftgekühlter 14-Zylinder-Doppelsternmotor Fiat A74 RC38 mit ca. 617 kW (840 PS).
Leistungen: Höchstgeschwindigkeit 440 km/h in 6000 m Höhe, Steigzeit auf 6000 m 5 min 26 sec, Dienstgipfelhöhe 10.200 m, Reichweite ca. 780 km.
Gewichte: Leergewicht 1782 kg, Abfluggewicht 2295 kg.
Bewaffnung: Zwei Maschinengewehre vor dem Cockpit, je nach Variante 100 kg Bomben unter den Tragflächen.
Entwicklung: Fiat entwickelte in den späten 1930er-Jahren einen nochmals leistungsfähigeren Anderthalbdecker als Nachfolger der CR. 32. Das Flugzeug, das im Mai 1938 erstmals abhob, hat wie sein Vorgänger einen mit Aluminium verkleideten Stahlrohr-Rumpf, ein bespanntes Rumpfende und abgestrebte, bespannte Aluminiumflügel. Neben dem Standardflugzeug wurden mehrere Versionen produziert: Als Schlachtflugzeug, Jagdbomber (CR. 42 AS), für Nachteinsätze mit Scheinwerfer (CR. 42 CN), die CR. 42 bis für Schweden (Bild) und die ICR 42 mit Doppelschwimmern. Die B-Version mit einem V12-Zylinder Daimler-Benz DB 601 blieb ein Versuchsmuster. In den Export gingen 42 Flugzeuge nach Belgien, 68 nach Ungarn und 72 nach Schweden.
Fiat produzierte 1748 CR. 42 aller Varianten.
Bemerkungen: Obwohl es in Europa (und Italien!) schon wesentlich modernere Jagdflugzeuge gab, vertraten viele italienische Piloten und Militärs noch den Stil des akrobatischen Luftkampfes und verwiesen auf die großen Erfolge der CR. 32. Die CR. 42 Falco hatte zwar sehr gute Flugeigenschaften, aber mit Eintritt Italiens 1940 in den 2. Weltkrieg merkte man nach anfänglichen Erfolgen erst sehr spät, dass die Zeit der langsamen Doppeldecker abgelaufen ist. Trotzdem wurde die Falco in Frankreich, im Mittelmeerraum und Nordafrika eingesetzt, sowohl als Nachtjäger in Italien und erstaunlicherweise auch 1940/41 in der Luftschlacht um England. Schließlich sind die Maschinen ab 1942 nur noch als Jagdbomber oder Schlachtflugzeuge und in Flugschulen geflogen worden. Ein Teil wurde nach dem Waffenstillstand in Italien von den Deutschen zur Schulung übernommen.
Eine CR. 42 steht im Museum Vigna di Valle, Bracciano/Italien.

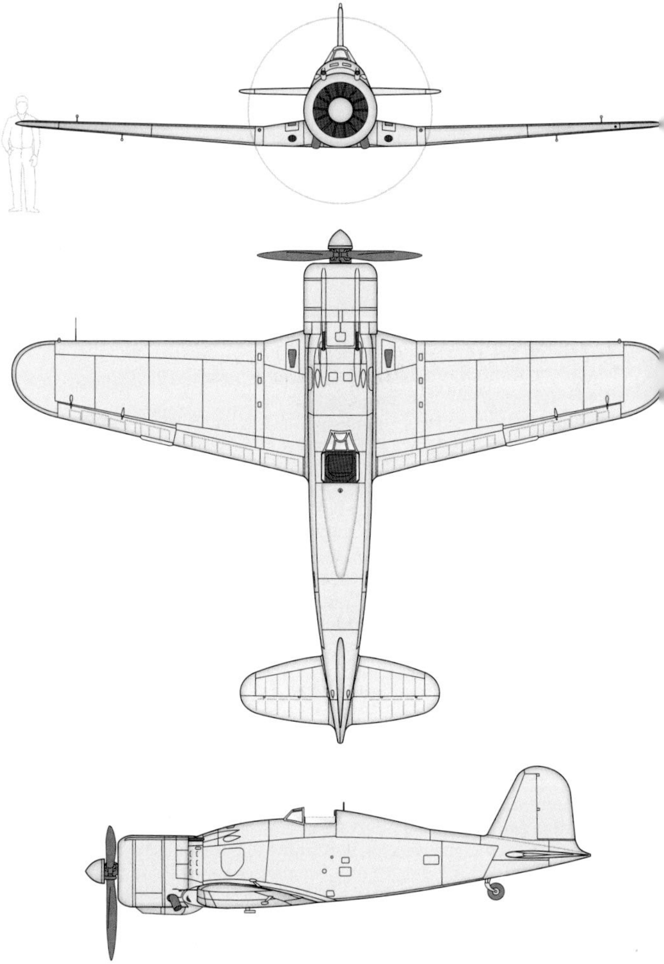

Abmessungen:
Spannweite: 10,98 m
Länge: 7,80 m
Höhe:2,96 m
Flügelfläche: 18,25 m^2

Fiat G.50 bis

Fiat G. 50

Ursprungsland: Italien
Kategorie: Jagdflugzeug
Besatzung: 1
Triebwerk: (G. 50 bis) Ein luftgekühlter 14-Zylinder-Doppelsternmotor Fiat A. 74 R.C.38 mit 639 kW (870 PS) Startleistung.
Leistungen: (G. 50 bis) Höchstgeschwindigkeit 483 km/h in 4500 m Höhe, Steigzeit auf 6000 m 7 min 30 sec, Dienstgipfelhöhe 10.700 m, Reichweite 670 km.
Gewichte: (G. 50 bis) Leergewicht 1930 kg, Abfluggewicht 2330 kg, maximales Abfluggewicht 2522 kg.
Bewaffnung: Zwei Maschinengewehre vor dem Cockpit.
Entwicklung: Der Forderung der italienischen Luftwaffe, ein modernes Jagdflugzeug zu entwerfen kam Fiat 1936 mit der G. 50, dem ersten italienischen Tiefdecker in Ganzmetall-Schalenbauweise mit Einziehfahrwerk nach. Im Februar 1937 startete der Prototyp zu seinem erfolgreichen Erstflug. Schon im September erfolgte die erste Bestellung und Anfang 1939 wurden die ersten Maschinen, noch mit geschlossenem Cockpit ausgeliefert, während die folgenden G. 50 mit von den Piloten bevorzugten offenen Cockpits gebaut wurden. Mit der G. 50 bis (421 Stück) wurden größere Tanks eingeführt. Von der zweisitzigen unbewaffneten Trainerversion G. 50 B wurden 108 Flugzeuge gebaut. Nicht zur Serienreife kamen die G. 50 bis/A, ein zweisitziges Trägerflugzeug, die G. 50 ter mit einem 1000 PS-Fiat-Sternmotor und die G. 50 V mit einem Daimler Benz DB 601 V12-Motor.

Einige Quellen sprechen von 688, andere von 791 oder 802 gebauten Flugzeugen dieses Typs. Gesichert ist jedoch, dass 35 Flugzeuge nach Finnland und 9 nach Kroatien geliefert wurden.

Bemerkungen: Erste Einsätze erfolgten im Januar 1939 im Spanischen Bürgerkrieg und schon dort wurde zwar die gute Manövrierbarkeit der Freccia (Pfeil) gelobt, aber die Untermotorisierung und die schwache Bewaffnung bemängelt. Mit Eintritt Italiens in den 2. Weltkrieg wurden 170 Flugzeuge nach Belgien verlegt, die nur bei Geleitschutzflügen zum Einsatz kamen. In Nordafrika, bzw. im ganzen Mittelmeerraum kam es beim Einsatz des Flugzeugs wegen dessen sandempfindlicher Motoren und den überlegenen gegnerischen Flugzeugen zu hohen Verlusten. So verfügte die italienische Luftwaffe nur noch über 47 G. 50 zur Zeit des Waffenstillstandes im September 1943.

Eine letzte G. 50 steht im Aeronautical Museum Belgrade/Serbien.

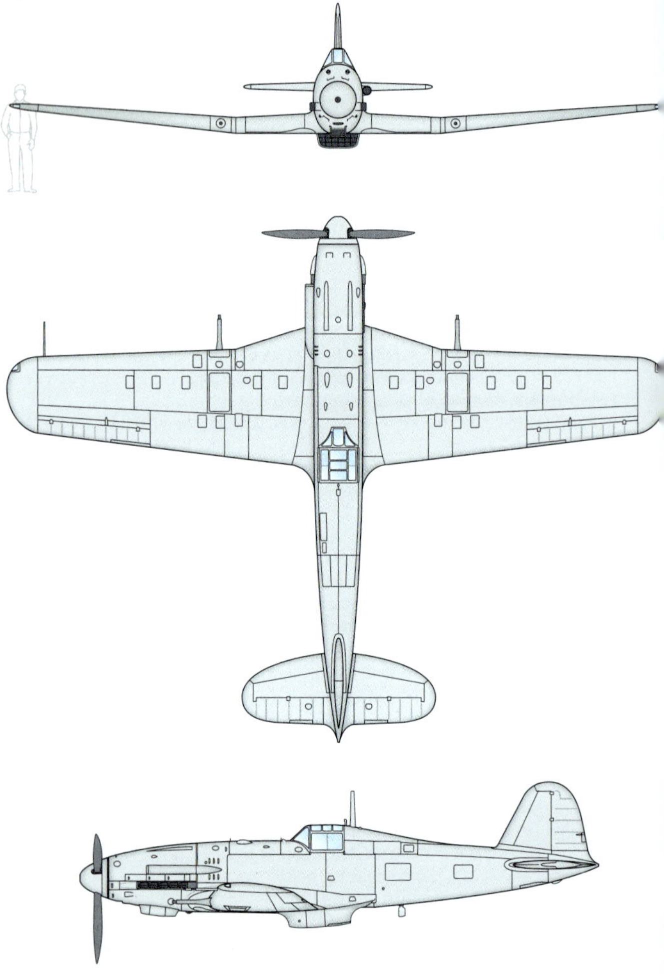

Abmessungen:
Spannweite: 11,85 m
Länge: 9,37 m
Höhe: 3,13 m
Flügelfläche: 21,11 m²

Fiat G.55

Fiat G. 55

Ursprungsland: Italien
Kategorie: Jagdflugzeug
Besatzung: 1
Triebwerk: Ein flüssigkeitsgekühlter V12-Zylinder-Motor Fiat RA 1050 RC56 Tifone (Lizenzbau des Daimler-Benz DB 605 A) mit 1085 kW (1455 PS) Startleistung .
Leistungen: Höchstgeschwindigkeit 623 km/h, Steigzeit auf 6000 m 5 min, 50 sec, Dienstgipfelhöhe 12.750 m, Reichweite 1200 km.
Gewichte: Leergewicht 2630 kg, Abfluggewicht 3520 kg, maximales Abfluggewicht 3718 kg.
Bewaffnung: Eine Maschinenkanone durch die Propellernabe, zwei Maschinenkanonen im Flügel, 2 MGs über dem Motor.
Entwicklung: Mit dem Erscheinen der modernen Reihenmotoren begann auch Fiat mit der Konstruktion eines aerodynamisch sauberen Jagdflugzeuges. Im April 1942 startete die in Ganzmetallbauweise hergestellte G. 55 zum Erstflug und im März 1943 begann die Einsatzerprobung. Die italienische Luftwaffe bestellte 2400 Flugzeuge. Bis zum Waffenstillstand im September 1943 waren aber nur 35 G. 55 ausgeliefert worden. Unter deutscher Aufsicht wurden nun in den Turiner Fiat-Werken weitere G. 55 hergestellt. Versuche mit dem DB 603 in der G. 56 führten zu exzellenten Ergebnissen, wurden aber von den deutschen Besatzern unterbunden. Nach dem Krieg nahm Italien die Produktion erneut auf, nutzte die noch vorhandenen Zellen und produzierte die G. 55 als einsitzigen Fortgeschrittenentrainer und zweisitzigen Trainer. Für Argentinien wurden 30 Einsitzer und 15 Doppelsitzer gebaut. 1948 erschien die weiterentwickelte G. 59 mit einem Rolls-Royce Merlin, von der 30 Stück nach Syrien exportiert wurden.

Bis zum Kriegsende 1945 wurden insgesamt 274 Flugzeuge gebaut, danach nochmals 75.
Bemerkungen: Die G. 55 Centauro wird zu den besten Jagdflugzeugen des 2. Weltkrieges gezählt. Sie war angeblich den deutschen und alliierten Flugzeugen ebenbürtig, wenn nicht überlegen und zeichnete sich durch ihre Schnelligkeit und gute Manövrierbarkeit aus, war robust und bei ihren Piloten wegen ihrer exzellenten Flugeigenschaften beliebt. Die Deutschen zeigten schnell Interesse an dieser gelungenen Konstruktion. Eine Produktionskooperation kam aber nicht zustande.

Eine G. 55 Centauro ist im Italienischen Luftfahrtmuseum Vigna di Valle in Bracciano/Italien zu sehen.

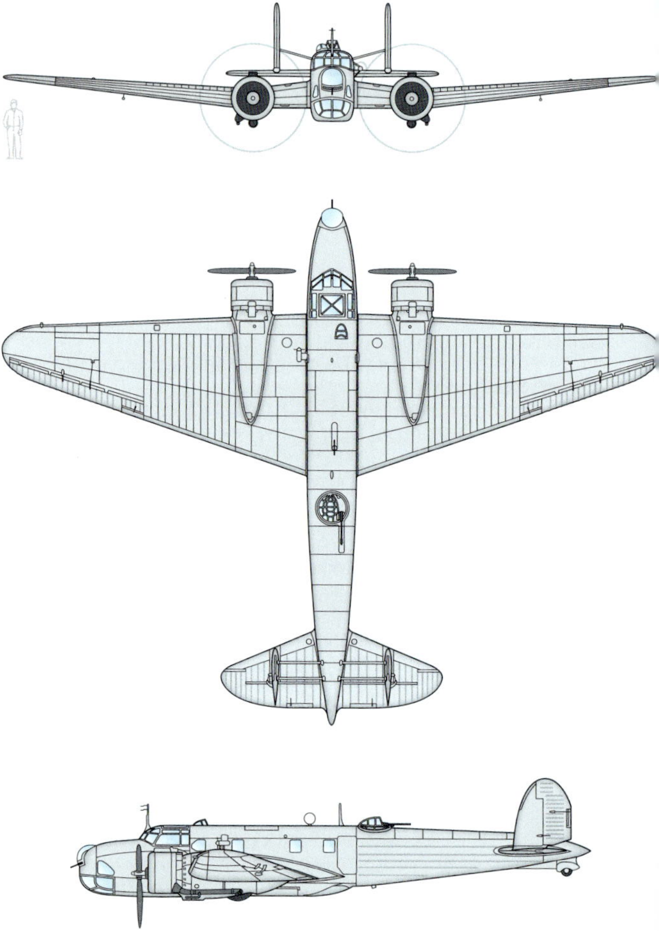

Abmessungen:
Spannweite: 21,56 m
Länge: 16,68 m
Höhe: 4,75 m
Flügelfläche: 74,22 m^2

Fiat BR.20 M

Fiat BR. 20

Ursprungsland: Italien
Kategorie: Mittelschwerer Bomber
Besatzung: 4–5
Triebwerke: (M) Zwei luftgekühlte 18-Zylinder-Doppelsternmotoren Fiat A80 R.C.41 mit 746 kW (1000 PS).
Leistungen: (M) Höchstgeschwindigkeit 440 km/h, Reisegeschwindigkeit 340 km/h, Dienstgipfelhöhe 8000 m, Reichweite 2750 km.
Gewichte: Leergewicht 6500 kg, max. Abfluggewicht 10.100 kg.
Bewaffnung: Drei Maschinengewehre und bis zu 1600 kg Bomben.
Entwicklung: Nach einer Forderung der italienischen Luftwaffe im Jahr 1934 entwarf Fiat den zweimotorigen Tiefdecker, der im Februar 1936 erstmals flog. Der aus einem Stahlrohrgerüst geschweißte Rumpf war vom Bug bis zur Mitte beplankt und zum Heck hin bespannt, der Flügel in beplankter Metallbauweise hergestellt. Bereits im September 1936 wurden die ersten Maschinen ausgeliefert. Von der Ursprungsversion wurden 233 Flugzeuge produziert. Die verbesserte BR. 20M, mit etwas längerem Rumpf und verstärkten Flügeln, lief 264 mal vom Band. Eine konstruktiv komplett überarbeitete BR. 20 bis mit 1250 PS-Sternmotoren von Fiat, stärkerer Bewaffnung und größeren Abmessungen wurde vermutlich nur zwölfmal gebaut. Einzelstücke blieben die BR. 20 A für Luftrennen, die BR. 20 L, eine zivile Langstreckenmaschine und die BR. 20 C mit einer 37 mm-Kanone im Bug. Japan kaufte 1937 85 BR. 20 die im Japanisch-chinesischen Krieg eingesetzt wurden.

Nach unbestätigten Angaben rollten ca. 530 bis 600 BR. 20 von allen Versionen aus den Werkshallen.

Bemerkungen: Schon im September 1936 wurde die leistungsstarke und robuste BR. 20 Cicogna (Storch) im Spanischen Bürgerkrieg eingesetzt. Einige Flugzeuge nahmen an der Luftschlacht um England von Belgien aus teil, sowie ab August 1942 an den Kampfhandlungen in der Sowjetunion. Haupteinsatzgebiet war aber der Mittelmeerraum um Nordafrika, Griechenland und Jugoslawien. Allerdings war das Flugzeug anfang der 1940er-Jahre schon nicht mehr konkurrenzfähig und ab 1942 folgte die Ablösung durch zeitgemäßere Flugzeuge. Die übrig gebliebenen Cigognas wurden zum Küstenschutz abkommandiert oder in Bomberschulen eingesetzt. Bereits im Juni 1946 waren alle BR. 20 außer Dienst gestellt.

Soweit bekannt ist kein Flugzeug erhalten geblieben.

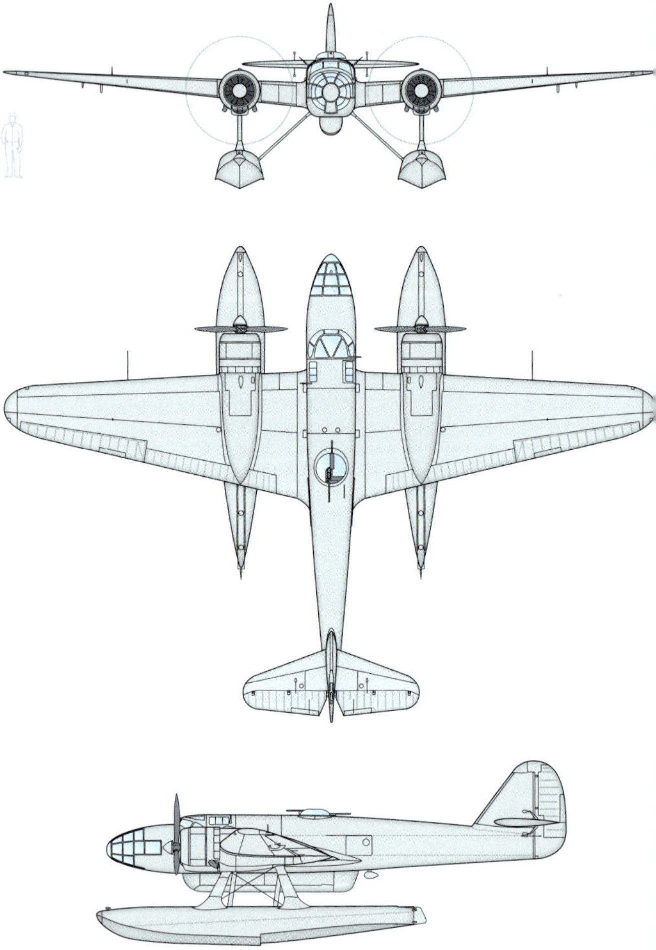

Abmessungen:
Spannweite: 19,54 m
Länge: 14,10 m
Höhe: 5,63 m
Flügelfläche: 50 m^2

Fiat RS. 14

Fiat RS. 14

Ursprungsland: Italien
Kategorie: Bomben- und Aufklärungsflugzeug
Besatzung: 4 bis 5
Triebwerke: Zwei luftgekühlte 14-Zylinder-Doppelsternmotoren Fiat A.74 R.C.38 mit 617 kW 840 PS).
Leistungen: Höchstgeschwindigkeit 390 km/h in 4000 m Höhe, Steigzeit auf 5000 m 15 min, Dienstgipfelhöhe 6300 m, Reichweite 2500 km.
Gewichte: Leergewicht 5470 kg, max. Abfluggewicht 8470 kg.
Bewaffnung: 1 MG auf dem Rücken, zwei MGs an den Seitenständen und bis zu 400 kg Bomben oder Torpedos.
Entwicklung: Als Ersatz und Ergänzung für ihre älteren Maschinen forderte die italienische Marine 1937 ein strategisches Langstrecken-Aufklärungsflugzeug. Der erste Prototyp startete im Mai 1939 und bot sehr gute Leistungen. Bei dem in Ganzmetallbauweise hergestellten zweimotorigen Tiefdecker verzögerte sich jedoch durch Probleme mit den zwei großen Schwimmern unter den Motorgondeln die Serienproduktion, so dass erst 1941 die Auslieferungen begonnen werden konnten. Die abgestrebten Schwimmer erwiesen sich allerdings für Wasserlandungen bei SAR-Einsätzen, vor allem bei rauer See, als ungeeignet. Um verschiedene Wasserbomben und Torpedos für die Bekämpfung von Seezielen unterzubringen war die Bomberversion mit einem zusätzlichen, unter dem Rumpf untergehängten länglichen Behälter ausgestattet (Zeichnung). Eine geplante Landversion AS. 14 mit Fahrwerk, als schwer bewaffnetes Erdkampfflugzeug mit MGs und einer 37 mm-Kanone, ging erst 1943 in Erprobung, erlangte aber nie Serienreife.

Bis September 1943 wurden 186 RS. 14 von Fiat gebaut.

Bemerkungen: Eingesetzt wurde die RS. 14 von Stützpunkten an der italienischen Küste, von Sizilien und Sardinien aus. Zu ihren Hauptaufgaben gehörte die Aufklärung, Schiffskonvois zu eskortieren und U-Boote zu bekämpfen. Mit der Landung der Alliierten 1943 wurden etliche Flugzeuge zerstört, um sie nicht dem Feind zu überlassen. Nach dem Waffenstillstand flogen einige Flugzeuge noch unter norditalienischer Flagge und am Ende des Krieges wurden die übriggebliebenen Maschinen als Verbindungsflugzeuge für bis zu vier Passagiere rund um das Mittelmeer eingesetzt. Angeblich blieben ein paar RS. 14 bis Anfang der 1950er-Jahre im Dienst der neuen italienischen Luftwaffe.

Soweit bekannt ist kein Flugzeug erhalten geblieben.

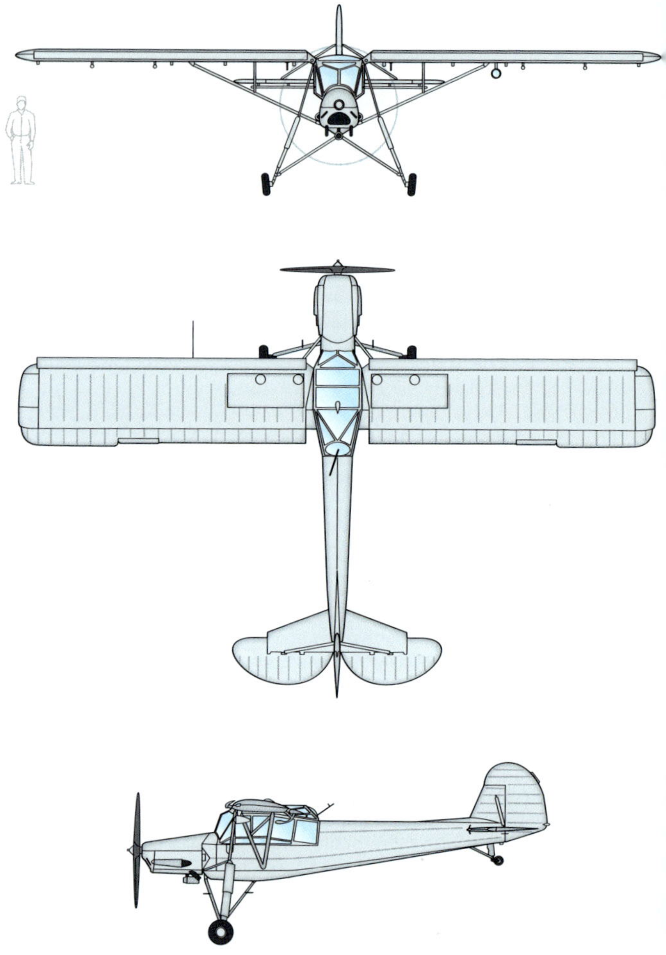

Abmessungen (Fi 156 C):
Spannweite: 14,27 m
Länge: 9,90 m
Höhe: 3,00 m
Flügelfläche: 26 m^2

Fieseler Fi 156 C

Fieseler Fi 156

Ursprungsland: Deutschland
Kategorie: STOL-Verbindungsflugzeug
Besatzung: 1 + 2
Triebwerk: Ein luftgekühlter, hängender V8-Zylinder-Motor Argus As 10C mit 240 PS Startleistung.
Leistungen: (Fi 156 C) Höchstgeschwindigkeit 175 km/h, Mindestgeschwindigkeit 45 km/h, Dienstgipfelhöhe 4600 m, Reichweite 380 km.
Gewichte: (Fi 156 C) Leergewicht 930 kg, maximales Abfluggewicht 1320 kg.
Bewaffnung: (Fi 156 C) Ein bewegliches Maschinengewehr und bis zu 150 kg-Bomben.
Entwicklung: Erstflug des Prototyps war im Mai 1936 und 1938 lief die Produktion der A-Serie an. Der Rumpf war eine bespannte Stahlrohrkonstruktion, die Holzflügel mit starren Vorflügeln und Landeklappen und Querruder über die halbe Spannweite sorgten für sehr gute STOL-Eigenschaften. Von der Fi 156 C (ca. 2670 Stück), deren Bau 1939 begann, gab es unterschiedlichste Versionen: bewaffneter Aufklärer, Sanitätsflugzeug, Tropenversion, mit Außenlaststationen, mit Schneekufen usw. Ab 1944 wurde der Bau zu LBB nach Budweis verlagert und nach Kriegsende unter der Bezeichnung K-65 weitergeführt. In Frankreich fertigte Morane-Saulnier ab April 1942 Fi 156 und produzierte für die Armee de l'Air nach 1945 925 Exemplare unverändert (MS 500) weiter, später mit einem Sternmotor und Metallflügeln als MS 502 Criquet. In Rumänien wurden bei IAR 70 Störche bis 1946 gefertig. Selbst in der Sowjetunion gab es eine Kopie, die Antonov OKA-38, die allerdings wegen der Kriegslage nie in Serie ging.

Insgesamt wurden ca. 2910 Flugzeuge in verschiedenen Werken für das Deutsche Reich gebaut.

Bemerkungen: Die Fieseler Storch war durch ihre Langsamflugeigenschaften, durch die sie auf kleinsten Plätzen landen und starten konnte, ein universelles und unter den widrigsten Umständen einsetzbares Flugzeug. Unter guten Bedingungen genügten 25 m zum Landen und 75 m zum Start. Durch spektakuläre Aktionen, wie 1943 die Befreiung Mussolinis in den Abruzzen und 1946 die Bergung einer DC-3-Besatzung vom schweizer Gauli-Gletscher, wurde die Fi 156 weltberühmt.

Etliche Exemplare sind erhalten geblieben, wurden aufwendig restauriert und sind heute in Museen zu finden oder auf Flugshows zu sehen, unter anderem auch in Deutschland und der Schweiz.

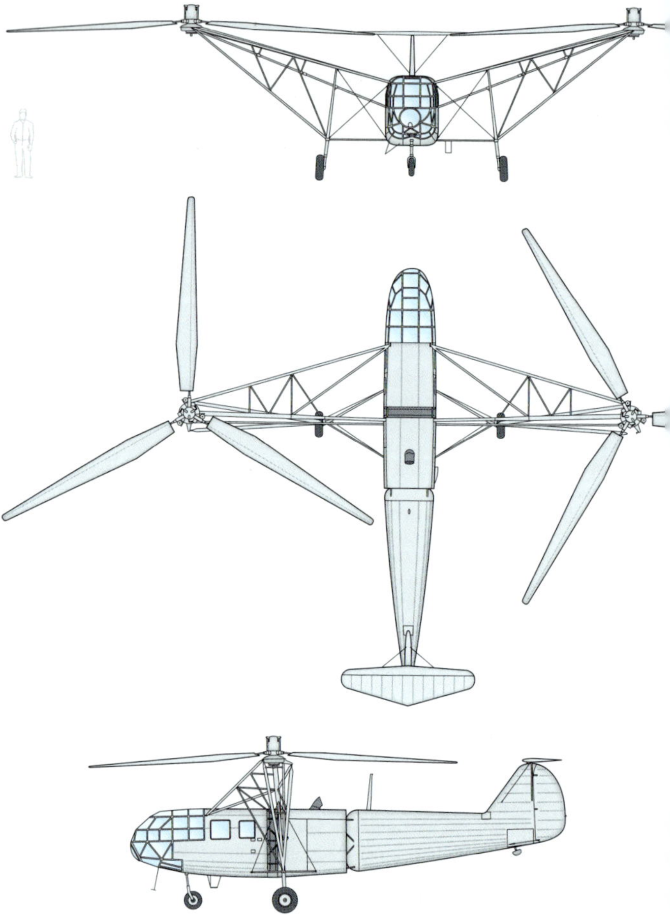

Abmessungen:
Rotordurchmesser je 12,00 m
Rotorkreisfläche je 113,04 m^2
Länge: 12,25 m
Höhe: 4,36 m

Focke-Achgelis Fa 223

Focke-Achgelis Fa 223

Ursprungsland: Deutschland
Kategorie: Mehrzweckhubschrauber
Besatzung: 2 und bis zu 4 Passagiere
Triebwerk: Ein luftgekühlter 9-Zylinder-Sternmotor BMW Bramo Panier 323 Q3-301 mit 736 kW (1000 PS).
Leistungen: Höchstgeschwindigkeit 176 km/h, Reisegeschwindigkeit 134 km/h, Dienstgipfelhöhe 4875 m, Reichweite 477 km, mit Zusatztank 700 km.
Gewichte: Leergewicht 3180 kg, maximales Abfluggewicht 4434 kg.
Bewaffnung: Ein Maschinengewehr im Bug.
Entwicklung: Nach der Entwicklung des einsitzigen Hubschraubers FW 61 mit zwei gegenläufigen Rotoren beauftragte das RLM die neu gegründete Firma Focke-Achgelis einen einsatzfähigen Mehrzweckhubschrauber, der mindestens 700 kg heben kann, zu entwickeln. Mit gefesselten Standläufen begann die Erprobung im Oktober 1939 mit der Fa 223 V1, in deren stoffbespanntem Stahlrohrrumpf mittig der zwangsgekühlte Sternmotor angeordnet war, der über ein Getriebe und Wellen die an Stahlrohrgerüsten befestigten, gegenläufigen Rotorblätter antrieb. Serienreif war der Hubschrauber anfang 1942, nach langer und schwieriger Erprobung, in der die unzähligen und bis dahin unbekannten Probleme des Helikopterbaus und -fluges zu lösen waren. Ein Auftrag über 100 Maschinen folgte. Wegen des andauernden Krieges und der Bombardierungen wurden bis 1945 lediglich 20 Maschinen produziert, von denen wahrscheinlich nur 10 zum Einsatz kamen.
Bemerkungen: Auch wenn die Fa 223 Drachen in sehr geringer Stückzahl produziert wurde, war sie doch ein Meilenstein in der Hubschrauber-Entwicklung. Bei der Erprobung wurden einige Weltrekorde für Hubschrauber aufgestellt, die jedoch wegen des Krieges nicht international anerkannt wurden. Die Maschine hatte gute Flugeigenschaften und wurde bis zum Kriegsende angeblich noch in rund 400 Einsatz-Stunden geflogen. Ein Hubschrauber wurde nach Kriegsende über den Ärmelkanal nach England überführt und dort erprobt. Ein zweiter zerlegt und in die USA verschifft. Frankreich entwickelte das Muster mit der Bezeichnung SE 3000 weiter und bei Avia in der Tschechoslowakei wurden noch zwei Drachen aus Ersatzteilen montiert.

Soweit bekannt ist kein Exemplar erhalten geblieben.

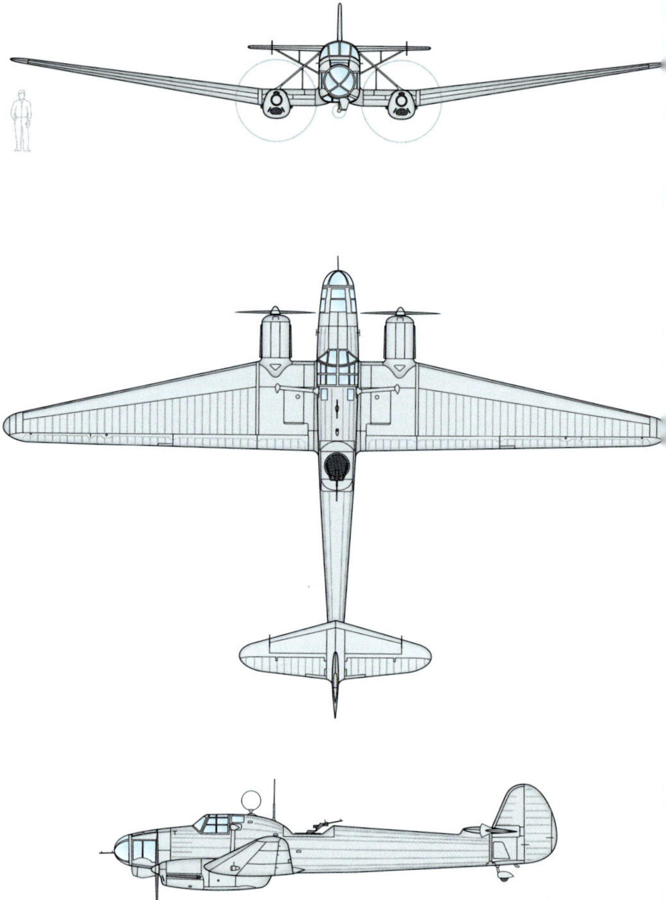

Abmessungen:
Spannweite: 21,05 m
Länge: 14,16 m
Höhe: 4,20 m
Flügelfläche: 47 m^2

Focke-Wulf FW 58 B

Focke-Wulf FW 58

Ursprungsland: Deutschland
Kategorie: Mehrzweckflugzeug
Besatzung: 2–4 je nach Variante, oder 2 plus max. 6 Personen
Triebwerke: Zwei luftgekühlte, hängende V8-Zylinder-Motoren Argus AS 10C mit je 176 kW (240 PS) Startleistung.
Leistungen: (B 2) Höchstgeschwindigkeit 256 km/h, Reisegeschwindigkeit 238 km/h, Steigzeit auf 4000 m 22 min, Dienstgipfelhöhe 5400 m, Reichweite 610 km.
Gewichte: (B 2) Leergewicht 2000 kg, max. Abfluggewicht 2930 kg
Bewaffnung: Zwei MGs.
Entwicklung: Zur Schulung für die kommenden schnellen Bomber benötigte die deutsche Luftwaffe bereits 1934 ein zweimotoriges Mehrzweckflugzeug. Im Januar 1935, nach dem Attrappen- und Prototypenbau, flog die V1 zum ersten Mal. Ein Vergleichsfliegen gegen das Konkurrenzmuster Arado Ar 77 entschied Focke-Wulf für sich. Der abgestrebte zweimotorige Tiefdecker mit Einziehfahrwerk wurde in Gemischtbauweise hergestellt: Der Rumpf, ein mit Holz und Metall beplanktes und bespanntes Stahlrohrfachwerkgerüst, der Bug in Metall-Schalenbauweise und die Flügel eine bespannte Leichtmetallkonstruktion. Nach der A-Reihe mit lediglich 15 Maschinen wurde die aerodynamisch überarbeitete B-Version, das Standard-Mehrzweckflugzeug der Luftwaffe, ab Ende 1936 produziert. Die C-Reihe hatte keinen verglasten Bug, aber eine Kabine für 6 Personen und wurde überwiegend für die Pilotenausbildung verwendet. Weitere Baureihen für den zivilen und militärischen Bereich, auch mit Skiern und Schwimmern, beweisen den breiten Einsatzbereich der robusten Maschine.

Von allen Varianten wurden 1668 Flugzeuge in mehreren Werken gebaut. Davon sind 319 FW 58 K in zahlreiche Länder exportiert worden. Brasilien (25), Ungarn (182) und China (unbekannt) bauten sie in Lizenz.
Bemerkungen: Hauptverwendungszweck der universell einsetzbaren FW 58 Weihe war die Nachtflugschulung von Piloten und die Ausbildung von Bomben- und MG-Schützen. Aber das mit guten Flugeigenschaften ausgestattete Flugzeug wurde auch als ziviles und militärisches Reiseflugzeug, Wetter-, Sanitäts-, Vermessungs- und Verkehrsflugzeug, für bis zu 8 Passagiere, auch bei der Lufthansa, weltweit eingesetzt. Angeblich flogen bis 1960 noch zwei FW 58 für die Luftbildvermessung in Schweden.

Die einzige erhaltene Maschine ist aus brasilianischer Lizenzproduktion und steht im Museu Aerospacial in Rio de Janeiro/Brasilien.

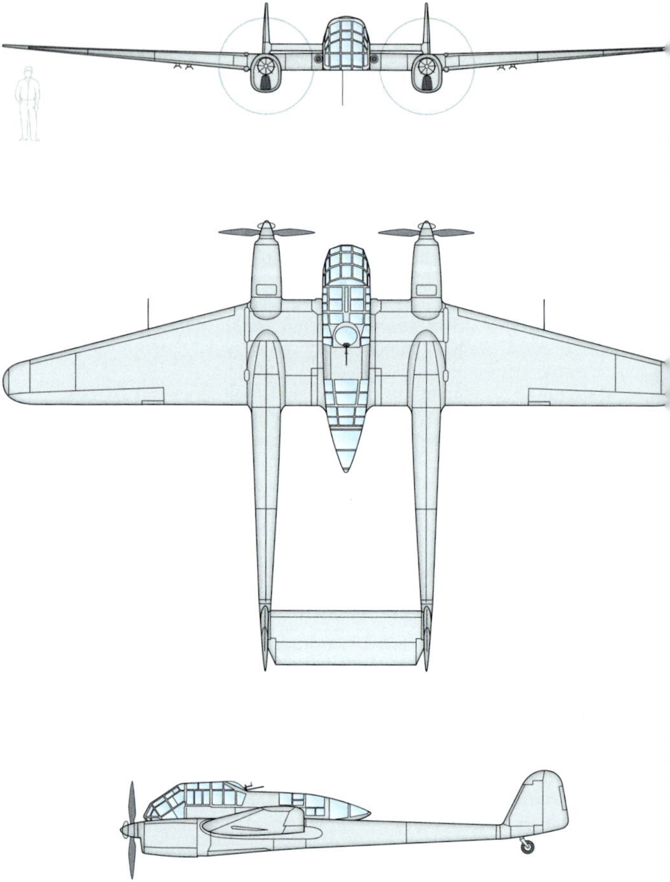

Abmessungen:
Spannweite: 18,40 m
Länge: 12,30 m
Höhe: 3,10 m
Flügelfläche: 38 m^2

Focke-Wulf FW 189 A-1

Focke-Wulf FW 189

Ursprungsland: Deutschland
Kategorie: Nahaufklärungsflugzeug
Besatzung: 3–5
Triebwerke: Zwei luftgekühlte V12-Zylinder-Motoren Argus AS 410 A-1 mit je 380 PS Dauerleistung und 345 kW (469 PS) Startleistung.
Leistungen: Höchstgeschwindigkeit 360 km/h in 2400 m, Steigzeit auf 4000 m 8 min, 18 sec, Dienstgipfelhöhe 7000 m, Reichweite 670 km.
Gewichte: Leergewicht 2830 kg, max. Abfluggewicht 3950 kg
Bewaffnung: Zwei MGs in den Flügelwurzeln, je ein MG im Bug und Heckstand. Maximal vier 50 kg-Bomben an Flügelstationen.
Entwicklung: Nach einer Ausschreibung des RLM begannen die Entwicklungsarbeiten im Jahr 1937, der Erstflug erfolgte im Juli 1938. Das in Ganzmetallbauweise hergestellte Flugzeug überzeugte durch seine Konzeption und nach einer kleinen Serie von Prototypen und einer Nullserie begann im November 1940 die Auslieferung der A 1-Variante. Die B-Version (13 Stück) war ein Trainings- und Verbindungsflugzeug mit klassischem Bug und 5-sitziger Kabine. Die F-Version erhielt schließlich Argus AS 411-Motoren mit je 575 PS.

Die Konstruktion diente zudem als Basis für die Entwicklung der FW 189 C als Schlachtflugzeug mit einem kleinen gepanzerten Cockpit, das wegen insgesamt schlechter Leistungen nach 2 Prototypen zugunsten der Henschel HS 129 aufgegeben wurde.

Bis März 1944 wurden ca. 830 Stück aller Versionen bei Focke-Wulf (Bremen), bei SNCASO (Frankreich) und bei Aero (Prag) gebaut.

Bemerkungen: Bei der Konstruktion der FW 189 Uhu wurde besonderes Augenmerk auf ein gutes Sichtfeld nach vorn und hinten gelegt, eine leichte Bewaffnung und die Mitnahme von 200 kg Außenlasten. Eingesetzt wurde das bei Piloten beliebte, robuste und wendige Flugzeug hauptsächlich an der Ostfront. Es hatte dank seiner guten Manövrierbarkeit und Bewaffnung Chancen gegen russische Jagdflugzeuge im Luftkampf zu bestehen. Die Luftstreitkräfte der Slowakei, Rumäniens, Bulgariens und Ungarns setzten die FW 189 als Aufklärer ein.

1991 wurde ein Wrack in den russischen Wäldern gefunden, das wieder aufgebaut werden soll. Angeblich befindet es sich im Lager eines Flugzeugsammlers in den USA. Im Rechliner Museum steht ein Kanzel-Nachbau mit Originalteilen.

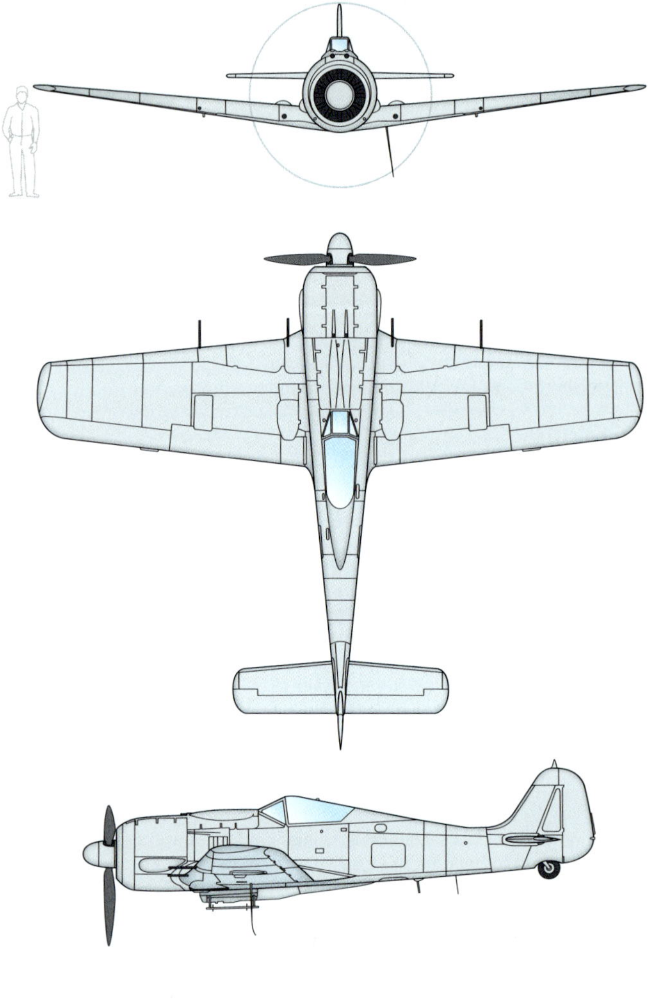

Abmessungen:
Spannweite: 10,51 m
Länge: 9,00 m
Höhe: 3,95 m
Flügelfläche: 18,30 m^2

Focke-Wulf FW 190 A 8

Focke-Wulf FW 190

Ursprungsland: Deutschland
Kategorie: Jagdflugzeug
Besatzung: 1
Triebwerk: (A8) Ein luftgekühlter 14-Zylinder-Doppelsternmotor BMW 801 D-2 mit 1250 kW (1700 PS) Startleistung, mit zusätzlicher Einspritzung bis zu 2050 PS.
Leistungen: (A8) Höchstgeschwindigkeit 656 km/h in 6000 m, Steiggeschwindigkeit 1100 m/min, Dienstgipfelhöhe 10.600 m, Reichweite 985 km.
Gewichte: (A8) Leergewicht 3200 kg, Abfluggewicht 4417 kg.
Bewaffnung: (A8) Zwei MGs über dem Motor, je zwei MGs in den Flügelwurzeln und den Flügeln. Als Jabo (G) maximal 500 kg Bomben.
Entwicklung: Die Entwicklung begann 1938, der Erstflug der V1 fand im Juni 1939 statt. Die ersten Vorserienmaschinen wurden im Winter 1940/41 zur Erprobung ausgeliefert. Mit der A1 begann im Juni 1941 die Serienfertigung. Stetige Änderungen an Zelle, Ausrüstung und Motorisierung führten zu den Versionen A1 bis A9, B, C, D, F und G. Die doppelsitzige Schulmaschine (S) wurde aus Reparaturzellen umgebaut. Mit 4009 Stück war die A-8 der am häufigste produzierte Typ. Mangelnde Höhentauglichkeit des BMW 801 führten zum Höhenjäger FW 190 D (Erstflug Oktober 1942), der mit einem 1750 PS starken 12-Zylinder Jumo 213 ausgestattet war und schließlich zur Ta 152.

Bis April 1945 wurden ca. 19.400–19.500 FW 190 in 22 Varianten bei 9 Firmen produziert.

Bemerkungen: Die FW 190 Würger wurde neben der Me 109 zum Standardjagdflugzeug der Luftwaffe. Als aerodynamisch und technisch exzellent konstruiertes Flugzeug war die FW 190 in der Anfangsphase des 2.Weltkriegs ihren Gegnern deutlich überlegen. Sie wurde als Jagdbomber, Schlachtflugzeug, Nachtjäger, Erdkampfflugzeug und Aufklärer eingesetzt. Unzählige Ausstattungen und unterschiedliche Rüstsätze zeugen vom Potenzial des von seinen Piloten geschätzten Typs, der an allen Kriegsschauplätzen Europas und ab 1943 auch in Tag- und Nachteinsätzen gegen alliierte Bomber eingesetzt wurde.

Etliche FW 190 sind erhalten geblieben oder wurden geborgen und flugfähig restauriert oder in Museen ausgestellt. Eine Kleinserie von 20 Stück wurde Anfang 2000 als flugfähiger Nachbau in Deutschland gefertigt und weltweit verkauft.

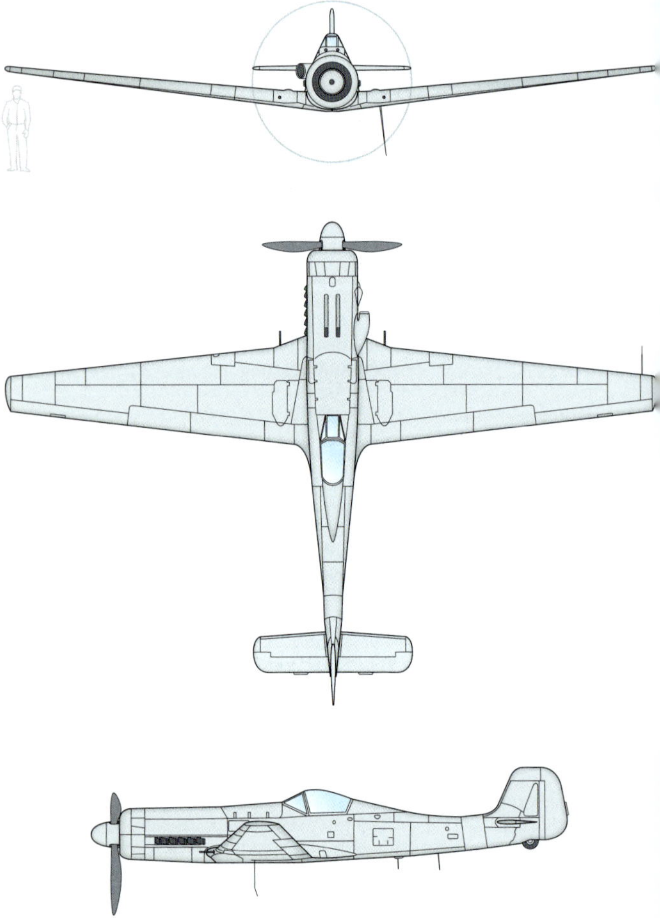

Abmessungen:
Spannweite: 14,44 m
Länge: 10,71 m
Höhe: 3,36 m
Flügelfläche: 23,50 m^2

Focke-Wulf Ta 152 H

Focke-Wulf Ta 152

Ursprungsland: Deutschland
Kategorie: Jagdflugzeug
Besatzung: 1
Triebwerk: (H) Ein flüssigkeitsgekühlter V12-Zylinder-Motor Jumo 213 mit 1750 PS, 2050 PS Startleistung mit MW-50 (Methanol-Wasser-Einspritzung), Aufladung mit mechanischem Radialverdichter.
Leistungen: (H) Höchstgeschwindigkeit 730 km/h in 9500 m, Steigzeit auf 10.000 m 10 min, 6 sec, Dienstgipfelhöhe 15.800 m, Reichweite 1200 km.
Gewichte: (H) Leergewicht 3920 kg, max. Abfluggewicht 5215 kg.
Bewaffnung: (H) Eine 30 mm-Motorkanone durch die Propellernabe, zwei 20 mm-MGs in den Flügelwurzeln.
Entwicklung: Eine Weiterentwicklung der FW 190 D Langnase war die Ta 152. Die C-Variante (Bild) war als Jagdflugzeug und Jagdbomber geplant und die H als Höhenjäger (Zeichnung), die im November 1944 zum Erstflug kam und als einzige Variante in Serie ging. Sie hatte Tragflächen größerer Streckung, eine Wasser-Methanol-Einspritzung, die für eine zusätzliche Leistungssteigerung des Lader-Motors sorgte und eine Druckkabine. Wegen anfänglicher technischer Probleme und der immer schwieriger werdenden Kriegslage wurden anstatt der im Oktober 1944 geplanten großen Stückzahl vermutlich nur 56 bzw. 67 Stück einsatzreif. Eine Höhenaufklärer-Version wurde nicht mehr realisiert.
Bemerkungen: Mit der zunehmenden Bedrohung durch große alliierte Bomberverbände und deren Langstrecken-Begleitjäger war Deutschland gezwungen, leistungsfähigere Jagdflugzeuge zu entwickeln. Mit relativ geringem Aufwand entwickelte der Konstrukteur Kurt Tank (deshalb Ta) aus der FW 190 D die Ta 152. Der Jumo 213, der mit Zusatzeinspritzung einmal bis zu 2700 PS leisten sollte, machte das Flugzeug zu einem der schnellsten deutschen Propellerjagdflugzeuge seiner Zeit und damit den alliierten Jagdflugzeugen, wie z. B. der Mustang, ebenbürtig. Allerdings hatte das Flugzeug wegen der späten Verfügbarkeit und der sehr geringen Produktionszahlen keinen nennenswerten Einfluss mehr auf das Kampfgeschehen – und die Ära der Propeller-Jagdflugzeuge war mit Erscheinen der ersten Jets vorüber.

Die einzige noch existierende Ta 152 H gehört dem Smithsonian National Air an Space Museum in Washington D.C./USA.

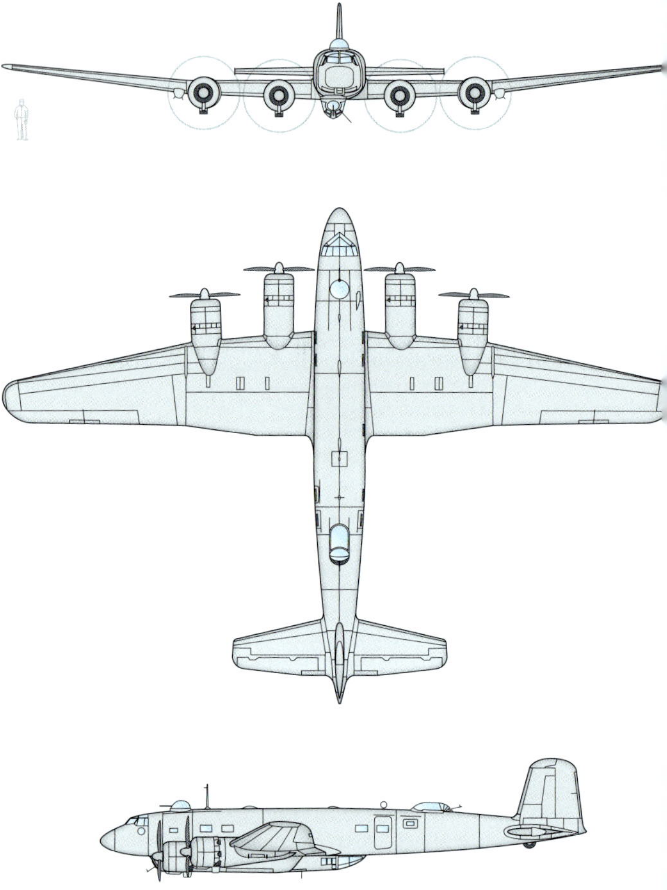

Abmessungen:
Spannweite: 32,84 m
Länge: 23,85 m
Höhe: 6,30 m
Flügelfläche: 118 m²

Focke-Wulf FW 200 C

Focke-Wulf FW 200

Ursprungsland: Deutschland
Kategorie: Verkehrsflugzeug, Seeaufklärer, Fernbomber
Besatzung: Verkehrsflugzeug 4 und bis zu 30 Passagiere, Aufklärer und Bomber 6.
Triebwerke: (C 3) Vier luftgekühlte 9-Zylinder-Sternmotoren BMW-Bramo 323 R-2 mit je 809 kW (1100 PS) Startleistung und 588 kW (800 PS) Dauerleistung.
Leistungen: (C 3) Höchstgeschwindigkeit 406 km/h in 2600 m Höhe, Reisegeschwindigkeit 350 km/h in 2600 m Höhe, Steigzeit auf 2000 m 7,0 min, Dienstgipfelhöhe 7000 m, Reichweite maximal 4490 km.
Gewichte: (C 3) Leergewicht 12.950 kg, Abfluggewicht 21.450 kg, maximales Abfluggewicht 22.705 kg.
Bewaffnung: Je ein MG im Rumpfdach, in den Fenstern und im hinteren Waffenstand, je ein MG vorne und hinten in der Bodenwanne. Bombenzuladung 1230 kg vollgetankt, maximal 5450 kg.
Entwicklung: Konzipiert als Langstreckenverkehrsflugzeug absolvierte die FW 200 im Juli 1937 ihren Erstflug. Von der damals fortschrittlichen Ganzmetallkonstruktion in Schalenbauweise wurden lediglich 16 zivile Flugzeuge mit unterschiedlicher Motorisierung gebaut. Weitere 263 wurden bis Februar 1944 in mehreren militärischen Baureihen, mit verschiedener Ausstattung als See-Fernaufklärer, Fernbomber und Torpedoträger hergestellt. Fünf Maschinen wurden zu VIP-Reiseflugzeugen für Regierungsmitglieder umgebaut.
Bemerkungen: Eines der modernsten viermotorigen Langstreckenflugzeuge war in den späten 1930er-Jahren die Focke Wulf Condor, was auch durch mehrere Weltrekordflüge unterstrichen wurde. Von den 16 zivilen FW 200 wurden zwei nach Dänemark verkauft. Der 2. Weltkrieg verhinderte jedoch den weiteren zivilen Verkauf. Im militärischen Einsatz wurde sie zwar wegen ihrer enormen Reichweite zu Kriegsbeginn erfolgreich als Bomber, Fernaufklärer und Torpedoträger gegen alliierte Geleitzüge und U-Boote im Atlantik und Polarmeer eingesetzt, aber in den letzten Kriegsjahren nur noch als Transporter. Ihre ursprüngliche konsequent aerodynamische Auslegung als schnelles Verkehrsflugzeug zeigte beim harten Militäreinsatz ihre Schwächen, die trotz vieler Verbesserungen nie ganz behoben werden konnten.

1988 wurde ein Exemplar vor der Küste von Trondheim/Norwegen entdeckt und geborgen. Das Flugzeug wird restauriert und soll im Berliner Technikmuseum ausgestellt werden.

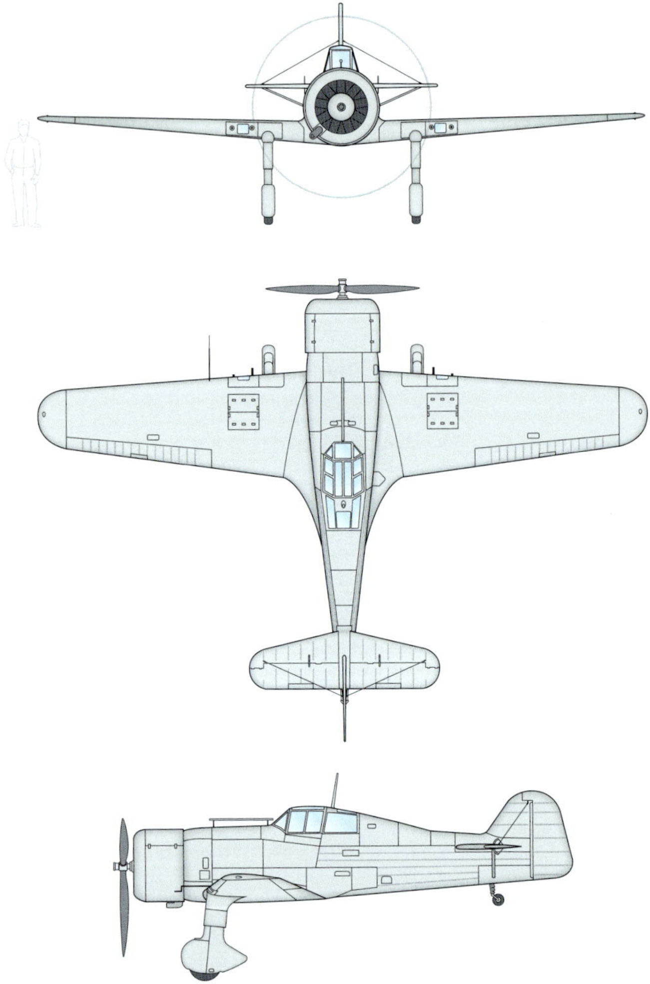

Abmessungen:
Spannweite: 11,00 m
Länge: 8,20 m
Höhe: 2,95 m
Flügelfläche: 16,20 m²

Fokker D. XXI

Fokker D. XXI

Ursprungsland: Niederlande
Kategorie: Jagdflugzeug
Besatzung: 1
Triebwerk: Ein luftgekühlter 9-Zylinder-Sternmotor Bristol Mercury VIII mit 620 kW (830 PS).
Leistungen: Höchstgeschwindigkeit 460 km/h, Reisegeschwindigkeit 430 km/h, Steigzeit auf 6000 m 7 min, 30 sec, Dienstgipfelhöhe 11.350 m, Reichweite ca. 930 km.
Gewichte: Leergewicht 1594 kg, Abfluggewicht 1970 kg.
Bewaffnung: Vier MGs im Flügel.
Entwicklung: Nach einer Forderung der niederländischen Luftwaffe entwickelte Fokker 1935 ein einfaches und billiges Jagdflugzeug für den Einsatz in Niederländisch-Ostindien. Aus einer beplankten und bespannten Rohrkonstruktion wurde der Rumpf hergestellt, die Tragflächen waren komplett aus Holz gebaut. Der Prototyp flog im März 1936. Der Ostindien-Auftrag wurde storniert, die 36 Maschinen für den Einsatz im Inland vorgesehen, von denen auch alle bis zum Einmarsch der Deutschen im Mai 1940 ausgeliefert wurden. Finnland erwarb 1937 sieben D. XXI und baute in Lizenz 93 Flugzeuge. Weitere 50 Stück sind dort mit einem 14-Zylinder Pratt & Whitney R-1535 Twin Wasp Junior-Doppelsternmotor gebaut worden und fünf Flugzeuge wurden aus Ersatzteilen aufgebaut. Dänemark kaufte zwei D. XXI und 10 weitere wurden aus gelieferten Teilen zusammengebaut. Spanien erwarb eine Lizenz, konnte aber wegen des Bürgerkriegs keine Maschinen produzieren.

Insgesamt wurden 148 Flugzeuge in allen Ländern produziert.

Bemerkungen: In Finnland wurde das Flugzeug, auch unter oft harten winterlichen Bedingungen (mit Schneekufen) zuerst eingesetzt und hatte gute Chancen gegen feindliche russische Flugzeuge. Erst im späteren Verlauf des Krieges unterlag das untermotorisierte und relativ schwach bewaffnete Flugzeug und wurde schließlich nur noch als Aufklärer eingesetzt. Der Angriff der Deutschen auf die Niederlande zeigte, dass die Fokker wegen ihrer Manövrierbarkeit zwar ein ernstzunehmender Gegner war, aber schlussendlich gingen alle XXI verloren.

Im Aviation Museum of Central Finland, Tikkakoski/Finnland und im Militaire Luchtvaart Museum in Soesterberg/Niederlande steht je eine XXI. Ein Nachbau einer D.XXI auf dem Hoogeveen Airport/Niederlande war 2020 nahezu fertiggestellt.

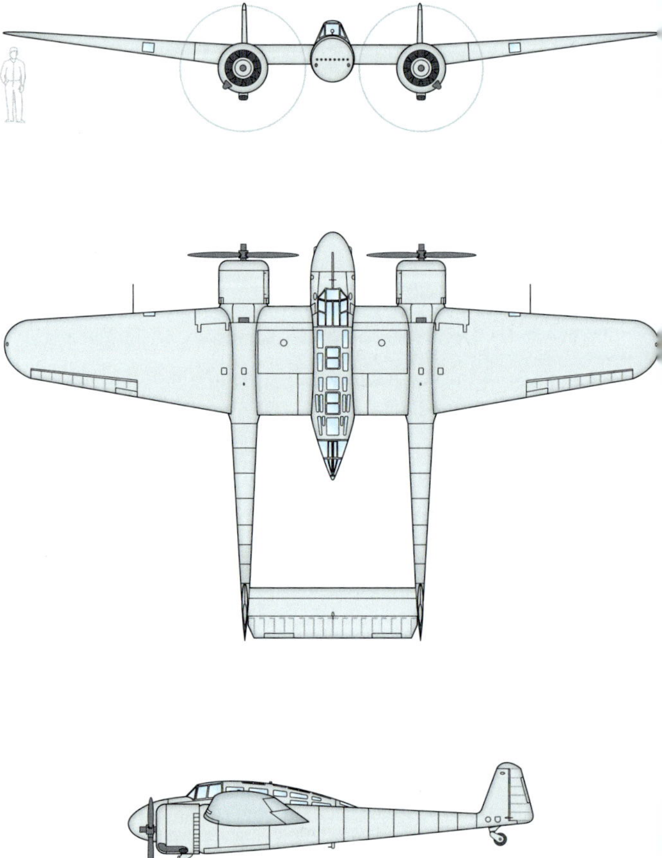

Abmessungen:
Spannweite: 17,14 m
Länge: 11,50 m
Höhe: 3,40 m
Flügelfläche: 38,3 m^2

Fokker G.1A

Fokker G.1

Ursprungsland: Niederlande
Kategorie: Schweres Jagdflugzeug, Aufklärer
Besatzung: 2–3
Triebwerke: Zwei luftgekühlte 9-Zylinder-Sternmotoren Bristol Mercury VIII mit 540 kW (730 PS).
Leistungen: Höchstgeschwindigkeit 475 km/h, Reisegeschwindigkeit 355 km/h, Steigzeit auf 5000 m 8 min, Dienstgipfelhöhe 10.000 m, Reichweite ca. 1510 km.
Gewichte: Leergewicht 3325 kg, max. Abfluggewicht 5000 kg.
Bewaffnung: Acht MGs im Bug, ein MG im Heckstand. 300 kg Bomben.
Entwicklung: Als Eigeninitiative von Fokker begann 1936 die Entwicklung der G.1, die als Aufklärer, Jagdflugzeug aber auch als leichter Bomber und Erkampfflugzeug eingesetzt werden sollte. Die Front des Flugzeuges wurde aus einem mit Aluminiumschalen verkleideten Stahlrohrgerüst, der hintere Rumpf, die Flügel und das Doppelleitwerk hingegen aus Holz gebaut. Der Erstflug erfolgte bereits im März 1937 noch mit Hispano-Suiza-Motoren, die sich jedoch als unzuverlässig erwiesen, so dass sie durch SB-4G-Doppelsternmotoren von Pratt & Whitney ausgetauscht wurden. Allerdings bestellte die niederländische Luftwaffe ihre 36 G.1 mit Bristol Mercurys, dem Standardmotor der niederländischen Flugzeuge. Auch die Bewaffnung wurde auf acht starre MGs im Bug und eines im Heckstand erweitert. Die Auslieferungen begannen im Juli 1939. Eine Präsentation auf dem Pariser Aérosalon 1936 brachte einige Exportauftrage: Finnland bestellte 26, Schweden 18, Spanien 12 und Estland 9 Flugzeuge. Ungarn und Dänemark verhandelten über eine Lizenzfertigung. Die schwedische Aufklärerversion sollte eine verglaste Bodenwanne zur Aufnahme eines Beobachters bekommen, die gegen einen Bombenschacht ausgetauscht werden konnte. Nur ein kleiner Teil der Exportaufträge wurde produziert, aber keines der Flugzeuge wurde wegen des Einmarsches der Deutschen im Mai 1940 ausgeliefert.

Die Quellen schwanken zwischen 62 und 75 hergestellten G.1.

Bemerkungen: Beim deutschen Einmarsch waren erst 23 Flugzeuge in Dienst gestellt. Die meisten Flugzeuge wurden am Boden zerstört, so dass es nur zu wenigen, manchmal erfolgreichen Einsätzen gegen die Deutschen kam. Die übrig gebliebenen G.1 übernahm die deutsche Luftwaffe für das Training ihrer Bf 110-Besatzungen.

Es überlebte keine Originalmaschine. Im Dutch Nationaal Militair Museum in Soesterberg/Niederlande steht ein 1:1-Replika.

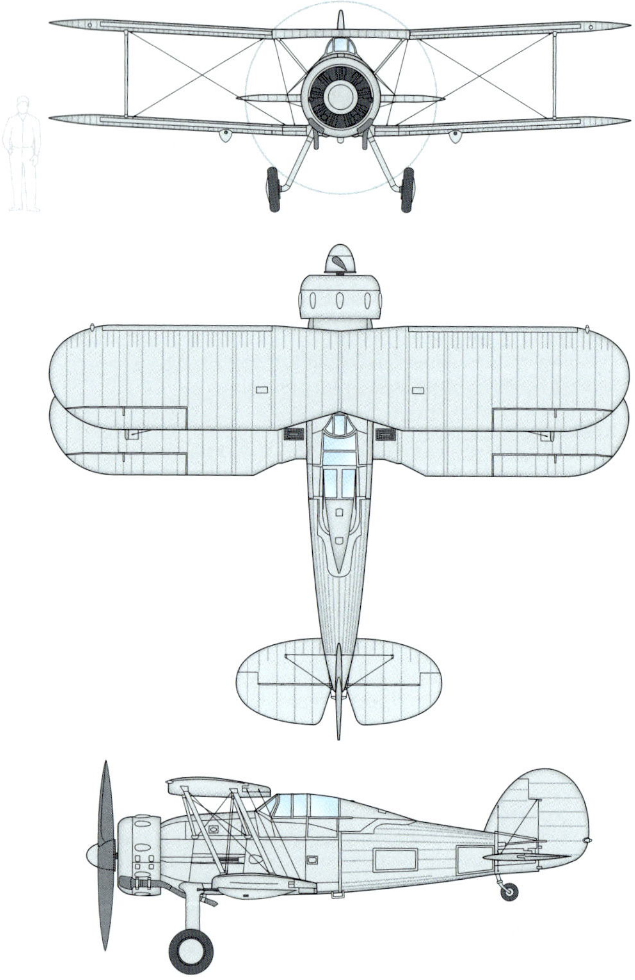

Abmessungen:
Spannweite: 9,83 m
Länge: 8,36 m
Höhe: 3,53 m
Flügelfläche: 30,10 m^2

Gloster Gladiator Mk. 1

Gloster Gladiator

Ursprungsland: Großbritannien
Kategorie: Jagdflugzeug
Besatzung: 1
Triebwerk: (Mk. I) Ein luftgekühlter 9-Zylinder-Sternmotor Bristol Mercury IX mit 619 kW (830 PS).
Leistungen: (Mk. I) Höchstgeschwindigkeit 405 km/h in 4400 m Höhe, Steigzeit auf 3000 m 4 min, 45 sec, Dienstgipfelhöhe 10.000 m, Reichweite ca. 680 km.
Gewichte: (Mk. I) Leergewicht 1458 kg, Abfluggewicht 2082 kg.
Bewaffnung: (Mk. I) Zwei MGs seitlich im Rumpf, je ein MG in Behältern unter dem unteren Flügel.
Entwicklung: Die Gladiator war eine Weiterentwicklung des offenen Doppeldeckers Gloster Gauntlet. Sie flog erstmals als S.S.37 im September 1934 mit einem 530 PS-Mercury IV. Das mit einem beplankten und bespannten Stahlrohrrumpf, sowie bespannten Metallflügeln konstruierte Jagdflugzeug hatte einen überarbeiteten Rumpf, ein neues Fahrwerk und ein geschlossenes Cockpit, sowie den stärkeren Bristol Mercury IX mit Zweiblattpropeller und wurde 378 mal als Mk. I gebaut. 270 Mk. II wurden mit einem Mercury VII A und Dreiblatt-Verstellpropeller hergestellt. Für den Flugzeugträgereinsatz wurden 38 Mk. II zur Sea Gladiator umgerüstet und 60 neu gebaut.

Bis April 1940 wurden 747 Exemplare produziert. 216 gingen in den Export, unter anderem nach Ägypten, Australien, Belgien, China, Finnland, Griechenland, Irak, Irland, Lettland, Litauen, Norwegen, Portugal, Südafrika und Schweden, das selbst 55 Flugzeuge als J 8 und J 8A in Lizenz herstellte (Bild).
Bemerkungen: Der letzte Doppeldecker der Royal Air Force zeigte mit seinem Rumpf den Übergang zu den damals schon vorhandenen wesentlich moderneren Jagdflugzeugen, denen er bei seiner Indienststellung im Februar 1937 bereits deutlich unterlegen war. Eingesetzt wurde die Gladiator trotzdem bis 1942 auf fast allen britischen Kriegsschauplätzen. Lediglich bei Konfrontationen mit Doppeldeckern, wie z. B. der Fiat CR.42 über Malta, hatte sie noch Chancen.

Neben Museumsstücken in Großbritannien, Malta, Norwegen und Schweden werden zwei Gladiator in Duxford und Bedfordshire/Großbritannien in flugfähigem Zustand erhalten.

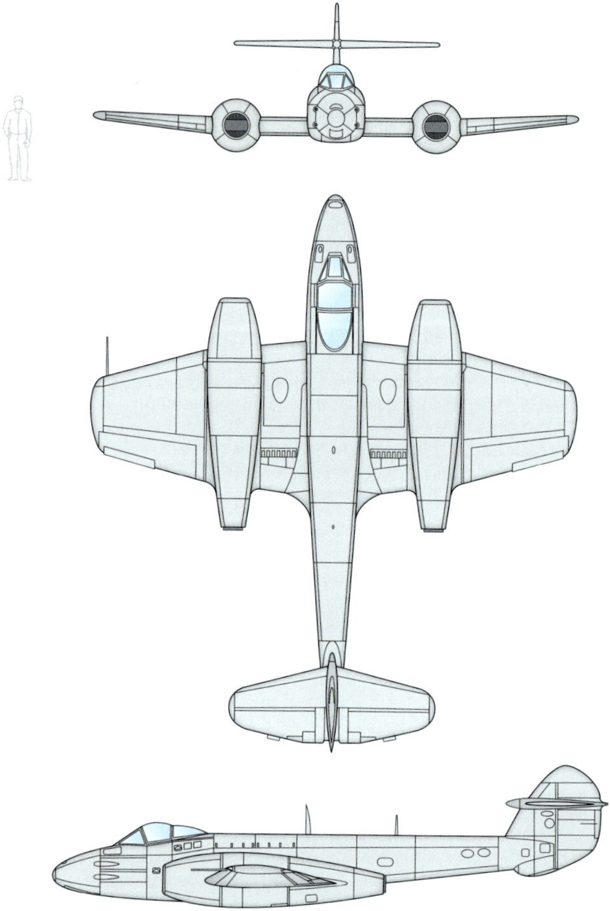

Abmessungen:
Spannweite: 11,32 m
Länge: 13,59 m
Höhe: 3,96 m
Flügelfläche: 32,51 m^2

Gloster Meteor Mk. IV

Gloster Meteor

Ursprungsland: Großbritannien
Kategorie: Jagdflugzeug
Besatzung: 1
Triebwerke: Zwei Radial-Strahltriebwerke Rolls-Royce Derwent 5 mit 15,56 kN Schub.
Leistungen: (Mk. IV) Höchstgeschwindigkeit 930 km/h, Steigzeit auf 12.200 m in 8 min, Dienstgipfelhöhe 12.200 m, Reichweite ca. 1150 km.
Gewichte: (Mk. IV) Leergewicht 5090 kg, Abfluggewicht 6600 kg.
Bewaffnung: (Mk. IV) Vier Maschinenkanonen im Bug.
Entwicklung: Mit der Entwicklung des ersten britischen Strahltriebwerks durch Frank Whittle und dem Erstflug des Versuchsflugzeugs Gloster E28/39 im Mai 1941 begann das britische Jetzeitalter. Die dabei gewonnenen Erkenntnisse flossen in die Entwicklung der zweistrahligen, in konventioneller Ganzmetall-Schalenbauweise hergestellten Meteor ein, die im März 1943 ihren Erstflug absolvierte. Im Juli 1944 waren die ersten von 20 Mk. I-Serienmaschinen einsatzbereit. Verbesserungen an der Zelle und am Triebwerk führten zur Mk.3, von der 210 Stück gebaut wurden und schließlich zur Mk. IV, die ab 1947 in großer Stückzahl (489) produziert wurde. Ein weiterer Sprung war die Mk. VIII, mit verbesserter Zelle, stärkeren Triebwerken, Martin-Baker-Schleudersitz und größerem Kraftstoffvorrat. Weitere zahllose Varianten zeigten, dass das Muster für viele Einsatzzwecke Potenzial hatte: Als Jagdflugzeug, als Allwetter- und Nachtjäger mit Radarnase, Jagdbomber, Aufklärer und doppelsitzigem Strahltrainer.

3947 Meteor aller Varianten wurden bis 1955 in zwei Werken in Großbritannien und unter Lizenz in den Niederlanden hergestellt.
Bemerkungen: Mit der Einführung der Mk.1 im Juli 1944 hatte die RAF einen geeigneten Jäger im Einsatz gegen anfliegende V-1-Marschflugkörper. Auf dem europäischen Festland wurde die Meteor jedoch erst im Februar 1945 eingesetzt. Es gab allerdings keine direkten Auseinandersetzungen mit deutschen Jagdflugzeugen wie z. B. der Me 262. Wie alle Jets zu dieser Zeit, litt auch die Meteor aufgrund der hohen erreichten Geschwindigkeit unter aerodynamischen Problemen. Trotzdem war das Flugzeug ein Verkaufserfolg und wurde in zahlreiche Staaten exportiert. Spätestens ab 1950 während des Koreakriegs, wurde aber deutlich, dass die Meteor moderneren Jets unterlegen war.

Nach unbestätigten Quellen sind noch 5 Meteor in flugfähigem Zustand, zahlreiche aber weltweit in Museen zu besichtigen. Martin-Baker/Großbritannien nutzt noch zwei, um Schleudersitze zu testen.

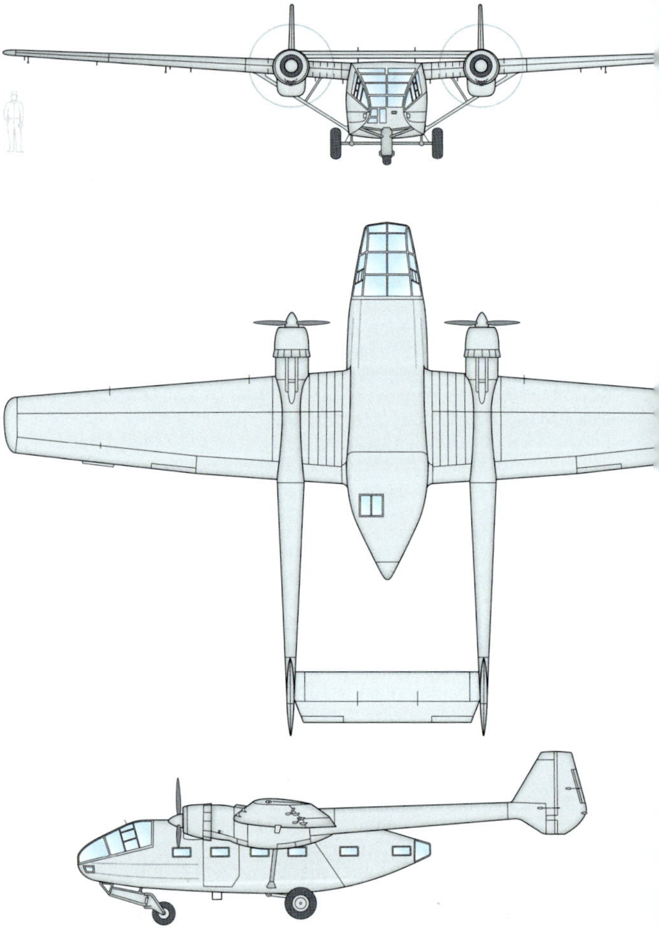

Abmessungen:
Spannweite: 24,50 m
Länge: 15,80 m
Höhe: 4,70 m
Flügelfläche: 64,40 m²

Gotha Go 244

Gotha Go 242/244

Ursprungsland: Deutschland
Kategorie: Lastensegler, Transportflugzeug
Besatzung: 1–2
Triebwerke: Go 244: zwei luftgekühlte 14-Zylinder-Doppelsternmotoren Gnome-Rhône 14M-05 mit 520 kW (700 PS).
Leistungen: Segler Go 242: max. Höchstgeschwindigkeit 300 km/h, Schleppgeschwindigkeit 240 km/h, Gleitzahl 1:15. Go 244: Höchstgeschwindigkeit 270 km/h, Steigzeit auf 1000 m 3 min, Dienstgipfelhöhe 7500 m, Reichweite max. 600 km, Überführungsreichweite 700 km.
Gewichte: Go 242: Leergewicht 3200 kg, max. Abfluggewicht 7100 kg. Go 244: Leergewicht 5100 kg, max. Abfluggewicht 7800 kg.
Bewaffnung: Drei bis vier MGs als Deffensivbewaffnung.
Entwicklung: Die Gothaer Waggonfabrik bekam zu Beginn des Krieges den Auftrag, einen Lastensegler (Bild) für 20 vollausgerüstete Soldaten oder entsprechende Zuladung zu entwickeln. Das Ergebnis war ein bespannter Stahlrohrrumpf mit einem hochklappbaren Heck und Tragflächen aus Holz, an denen die beiden hölzernen Leitwerksträger befestigt waren. Die ersten Prototypen flogen Anfang 1941 und im August 1941 wurden schon die ersten Flugzeuge ausgeliefert. Von der Go 242 A-Reihe mit abwerfbarem Fahrgestell und Landekufen wurden 1250 hergestellt, von der B-Version mit Bugradfahrwerk 188 und von einer C-Version mit schwimmfähigem Rumpf und Stützschwimmern 43 Stück. Nahezu baugleich war die Go 244 (Zeichnung). Mit zwei Motoren ausgerüstet wurde der Segler zum Transportflugzeug. Im März 1942 erstmals ausgeliefert, war jedoch schnell klar, dass das Flugzeug mit den zu schwachen, erbeuteten Gnome-Rhône-Motoren unbrauchbar war. Erbeutete russische Schwezow-Sternmotoren waren zwar leistungsfähiger, aber nicht in genügender Zahl vorhanden. Von vorhandenen Go 242 wurden schließlich 133 motorisiert, 41 wurden neu gebaut. Ein großer Teil davon wurde aber wieder zum Segler zurückgerüstet.

Insgesamt wurde von beiden Baureihen 1522 Flugzeuge hergestellt.

Bemerkungen: Die Go 242 war nach der DFS 230 der Standard-Lastensegler der Luftwaffe und konnte von der He 111, Ju 52 und Ju 87 geschleppt werden. Mit ihrem voluminösen Rumpf und der großen Heckklappe war sie für bis zu 23 Soldaten, vor allem aber für sperrige Lasten gut geeignet und wurde im ganzen Mittelmeerraum und in Nordafrika eingesetzt. Die Go 244 kam auch noch in Südrussland zum Einsatz, entsprach aber wegen ihres schwachen Antriebs bei weitem nicht den Erwartungen, so dass die Produktion schnell eingestellt wurde.

Im Rechliner Museum befindet sich ein Rumpfgerüst einer Go-242.

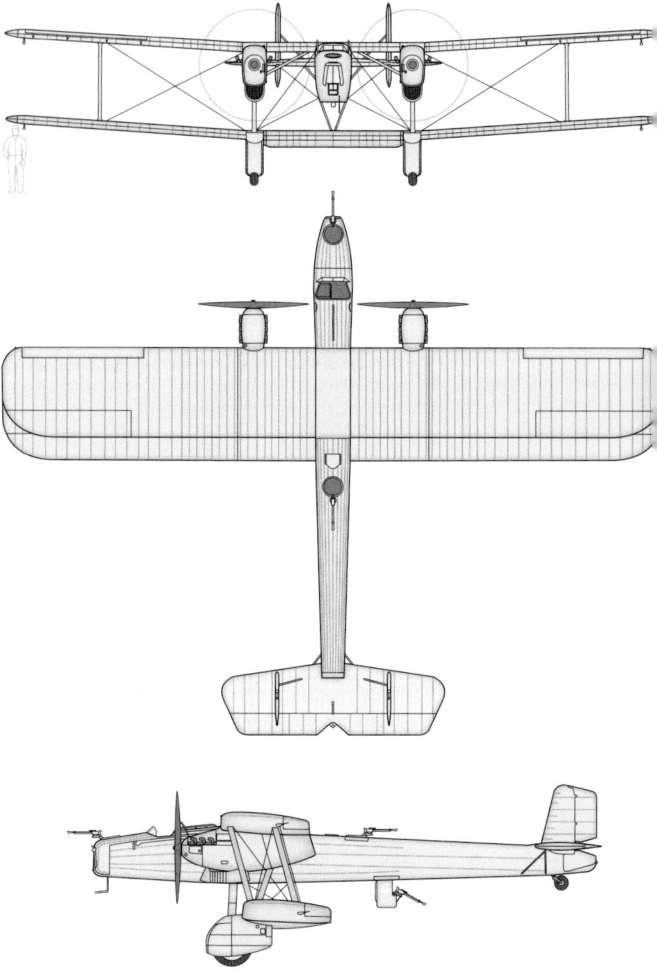

Abmessungen:
Spannweite: 22,86 m
Länge: 17,68 m
Höhe: 5,33 m
Flügelfläche: 136,5 m²

Handley Page H.P. 50 Heyford Mk. 1

Handley Page H.P. 50 Heyford

Ursprungsland: Großbritannien
Kategorie: Schwerer Bomber
Besatzung: 4
Triebwerke: (Mk. I) Zwei flüssigkeitsgekühlte V12-Zylinder-Motoren Rolls-Royce Kestrel II-S mit je 392 kW (525 PS).
Leistungen: Höchstgeschwindigkeit 229 km/h in 4000 m Höhe, Dienstgipfelhöhe 6400 m, Reichweite maximal 1480 km.
Gewichte: Leergewicht 4180 kg, max. Abfluggewicht 7680 kg.
Bewaffnung: Je ein MG im Bug, auf dem Rumpfrücken und in einem ausfahrbaren Waffenstand unter dem Rumpf, maximal 1134 kg Bomben, zum Teil in einem Schacht der Tragfläche zwischen dem Fahrwerk.
Entwicklung: Die Handley Page Heyford wurde als schwerer Nachtbomber nach einer Spezifikation der RAF in den 1930er-Jahren entwickelt. Der Erstflug, noch als H.P. 38, fand im Juni 1933 statt. Der Rumpf war in Gemischtbauweise aus Sperrholz und Aluminium gefertigt, die abgestrebten Flügel aus stoffbespanntem Metall. Die ungewöhnliche Doppeldeckerkonstruktion, bei der der Pilot fast 5 m über dem Boden saß, erlaubte der Bodenmannschaft eine Beladung des unteren Flügels mit Bomben während die Motoren in Betrieb waren. Drei Versionen, die sich nur im Antrieb unterschieden, wurden bis 1936 produziert: die Mk. I und I A waren mit Rolls-Royce-Kestrel-Motoren mit je 525 PS ausgestattet, die Mk. II mit Kestrels zu je 640 PS und die Mk. III mit aufgeladenen Kestrels zu je 695 PS.

Inklusive der Prototypen wurden 125 Heyfords gebaut.

Bemerkungen: Zu ihrer Zeit als schwerer Bomber bezeichnet, wurde die H.P. 50 Heyford als letzte britische Doppeldecker-Konstruktion im November 1933 in Dienst gestellt. Ende 1936 verfügte die RAF über neun Squadrons der Nachtbomber. Zum Einsatz kam die Heyford lediglich bei Nacht-Übungsangriffen. Mit Aufkommen der moderneren Bomber, wie der Vickers Wellesley und der Armstrong Whitworth Whitley verlor der langsame und schwerfällige Doppeldecker schnell an Bedeutung. So wurde er bereits 1939 aus dem aktiven militärischen Dienst zurückgezogen. Ein paar Maschinen wurden noch zur Ausbildung von Bomber- und Bordschützen verwendet, einige für Radar- und Luftbetankungstests. Aber schon im Juli 1941 verschwand die Heyford komplett aus den Beständen der Royal Air Force.

Kein Flugzeug ist erhalten geblieben.

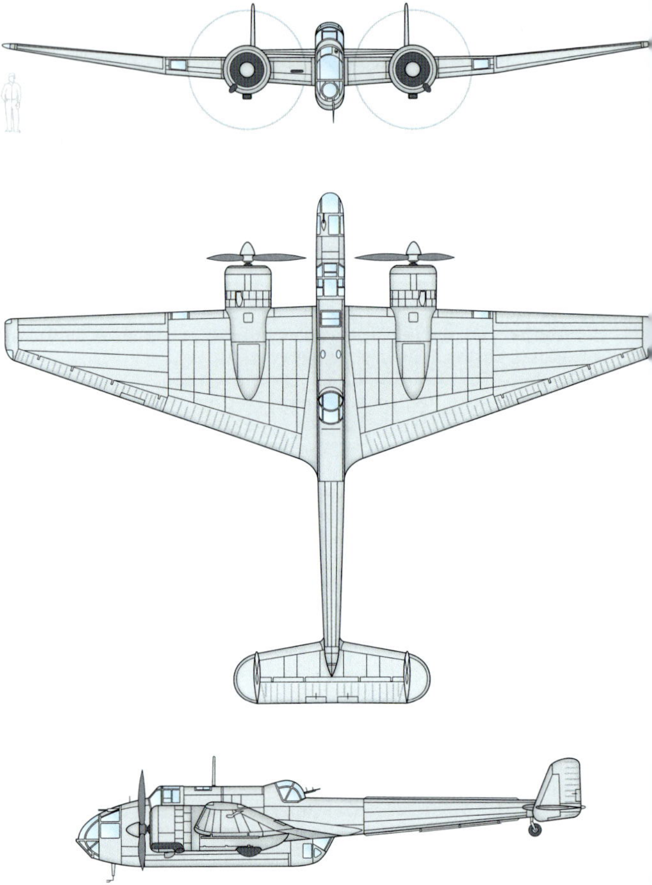

Abmessungen:
Spannweite: 21,08 m
Länge: 16,33 m
Höhe: 4,55 m
Flügelfläche: 62,1 m²

Handley Page H.P. 52 Mk. I Hampden

Handley Page H.P. 52 Hampden

Ursprungsland: Großbritannien
Kategorie: Mittelschwerer Bomber
Besatzung: 4
Triebwerke: Zwei luftgekühlte 9-Zylinder-Sternmotoren Bristol Pegasus XVIII mit je 710 kW (966 PS) Startleistung.
Leistungen: Höchstgeschwindigkeit 398 km/h in 4200 m Höhe, Reisegeschwindigkeit 332 km/h in 4500 m, Dienstgipfelhöhe 5800 m, Reichweite maximal 2770 km.
Gewichte: Leergewicht 5790 kg, max. Abfluggewicht 10.206 kg.
Bewaffnung: Je nach Einsatzzweck 1 festes MG im Bug, ein bewegliches MG im Bug, zwei bis vier MGs im hinteren MG-Stand und unter dem Rumpf. 1814 kg Bomben oder Minen im Rumpf oder ein Torpedo.
Entwicklung: Nach einer Ausschreibung aus dem Jahr 1932 für einen zweimotorigen Tagbomber in Ganzmetallbauweise flog der erste Prototyp erstmals im Juni 1936. Im Juni 1938 wurden die ersten Serienmaschinen Mk. I nach einer Reihe von Modifikationen ausgeliefert. Die von den Kanadiern gebaute Mk. II, mit 9-Zylinder Wright R-1820-Cyclone-Sternmotoren ausgestattet, blieb im Prototypenstadium stecken und wurde nicht in Serie gebaut. 150 Flugzeuge mit 24-Zylinder-H-Reihenmotoren Napier Dagger wurden unter dem Namen „Hereford“ produziert, jedoch wegen der problematischen Motoren wieder auf Bristol Pegasus zurückgerüstet.

Nach 1420 Hampdens endete die Produktion. Kanada produzierte davon 160 Stück in Lizenz.

Bemerkungen: Beengte Platzverhältnisse für die Besatzung im extrem schlanken Rumpf beeinträchtigten den Einsatz des Bombers vor allem bei langanhaltenden Missionen erheblich. Trotzdem wurde das Flugzeug, auch Flying Suitcase genannt, als Nachtbomber und Minenleger eingesetzt. Die letzten Einsätze bei der RAF waren im September 1942, um sie anschließend beim Coastal Command als Langstrecken-Torpedobomber und See-Aufklärer einzusetzen.

Neben Großbritannien wurden Hampdens auch von den Luftstreitkräften Kanadas, Neuseelands, Schwedens und der Sowjetunion (unter dem Lend-Lease-Act) geflogen.

Lediglich zwei Hampden überlebten in nicht flugfähigem Zustand und können im Canadian Museum of Flight/Langley/Kanada und im RAF Museum in Cosford/Großbritannien besichtigt werden.

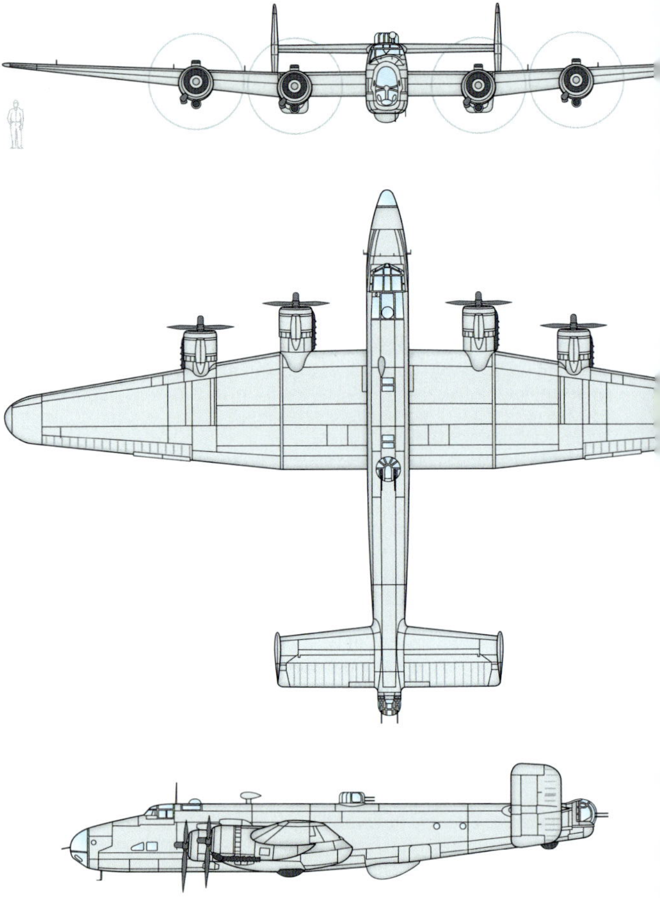

Abmessungen:
Spannweite: 31,75 m
Länge: 21,82 m
Höhe: 6,32 m
Flügelfläche: 111 m^2

Handley Page H.P. 61 Mk. III Halifax

Handley Page H.P. 61 Halifax

Ursprungsland: Großbritannien
Kategorie: Schwerer Bomber
Besatzung: 7
Triebwerke: (Mk. III) Vier luftgekühlte 14-Zylinder-Doppelsternmotoren Bristol Hercules XVI mit je 1204 kW (1615 PS) Startleistung.
Leistungen: (Mk. III) Höchstgeschwindigkeit 454 km/h in 4100 m Höhe, Reisegeschwindigkeit 410 km/h, Dienstgipfelhöhe 7300 m, Reichweite 2990 km.
Gewichte: (Mk. III) Leergewicht 17.178 kg, Abfluggewicht 24.675 kg, maximales Abfluggewicht 29.484 kg.
Bewaffnung: (Mk. III) Ein MG im Bug, ein Vierlings-MG im Drehturm, ein Vierlings-MG im Heckstand. 5897 kg Bomben.
Entwicklung: Ihren Ursprung hatte das Flugzeug in der zweimotorigen H.P. 56. Die deutlich größere viermotorige, in Ganzmetallbauweise hergestellte H.P. 57 Halifax flog im Oktober 1939 zum ersten Mal und bildete die Grundlage aller kommenden Versionen. Die Mk. II (H.P. 59) bekam ein verändertes Seitenleitwerk. Die anfangs mit Rolls Royce Merlin-V12-Motoren (1040 kW/1390 PS) ausgestatteten Flugzeuge waren untermotorisiert und so wurden ab der Mk. III (H.P. 61), die mit 2091 Stück meistgebaute Halifax, Bristol Hercules-Sternmotoren verwendet. Eine Plexiglas-Rumpfnase und ein Radardom unter dem Rumpf zeichnete die Mk. III aus. Die letzte Bomberversion Mk. VI, in geringeren Stückzahlen gebaut, wurde mit einem 1675 PS-starken Hercules 100-Sternmotor ausgeliefert. Mit den zivilen Um- und Neubauten (H.P. 70 Halton) und dem Truppentransporter H.P. 71 lief die Produktion aus.

Bis November 1946 wurden von allen Varianten 6178 Flugzeuge bei mehreren britischen Firmen produziert.

Bemerkungen: Zu den wichtigen Bombern der Royal Air Force, neben der Lancaster und der Stirling gehörte die Halifax. Sie wurde von März 1941 bis zum Kriegsende 1945 in Europa sowie im Mittleren Osten geflogen. Eine große Anzahl wurde beim Küsten- und Transportkommando im U-Boot-Krieg, zur Aufklärung und Wetterbeobachtung, als Schleppflugzeug und für Spezialmissionen eingesetzt. Während der Berlin-Blockade flogen Halifax-Frachter 8100 Fracht- und Diesel-Transporte. Im März 1952 wurde die letzte Halifax außer Dienst gestellt.

Im National Air Force Museum of Canada, Trenton steht eine, im Yorkshire Airmuseum in Großbritannien eine aus Funden zusammengebaute und im RAF Museum London eine unrestaurierte Halifax.

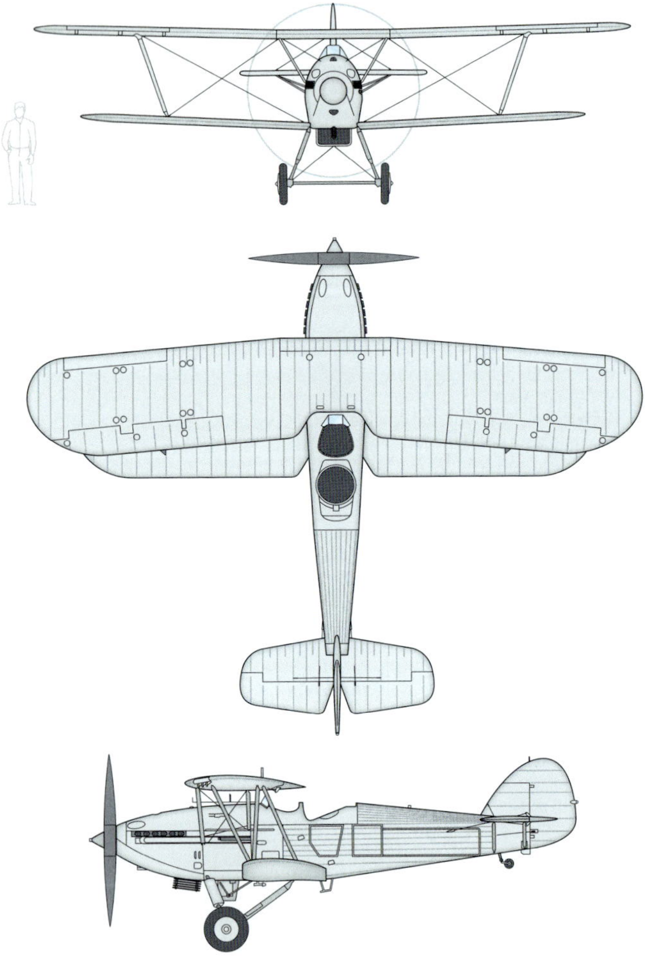

Abmessungen:
Spannweite: 11,35 m
Länge: 8,92 m
Höhe: 3,23 m
Flügelfläche: 32,3 m^2

Hawker Hind

Hawker Hind

Ursprungsland: Großbritannien
Kategorie: Leichter Bomber, Trainer
Besatzung: 2
Triebwerk: Ein flüssigkeitsgekühlter V12-Zylindermotor Rolls-Royce Kestrel V mit 480 kW (640 PS) in 3000 m Höhe.
Leistungen: Höchstgeschwindigkeit 298 km/h in 4700 m Höhe, Dienstgipfelhöhe 8000 m, Reichweite 740 km.
Gewichte: Leergewicht 1449 kg, Abfluggewicht 2112 kg.
Bewaffnung: Eine starres MG seitlich am Rumpf, ein bewegliches MG im hinteren Cockpit, maximal 230 kg Bomben an Flügelstationen.
Entwicklung: Als letzter Doppeldecker-Bomber der RAF war die Hind eine etwas modifizierte Version (Zelle und Antrieb) aus der in großer Stückzahl produzierten Hawker Hart-Reihe mit ihren Derivaten wie z. B. der Demon, Osprey und Audax. Der in Gemischtbauweise hergestellte Doppeldecker, der im September 1934 erstmals flog, hatte einen bespannten und beplankten Rumpf aus Stahlrohr und Holz sowie stoffbespannte Tragflächen. Während die britischen Flugzeuge mit Kestrel-V12-Motoren ausgerüstet wurden, sind in Exportversionen, die nach Portugal (4), Jugoslawien (3), Persien (35), Afghanistan (32), Litauen (3) Irland (6) und die Schweiz (1) gingen, neben dem Kestrel auch Flugzeuge mit 9-Zylinder-Sternmotoren Gnome-Rhone K-9 oder dem Bristol Mercury VIII bzw. IX eingebaut worden. Die Trainer-Version mit Doppelsteuer hatte einen gedrosselten Kestrel mit 600 PS.

Insgesamt sind 582 Doppeldecker von Hawker gebaut worden.

Bemerkungen: Wohl mehr als Zwischenlösung wurde die Hind von der RAF gesehen, bis modernere leichte Bomber verfügbar waren. Ab November 1935 gingen die Flugzeuge in Dienst, wurden aber schon 1937 aus der ersten Linie zurückgezogen und durch die leichten Bomber Fairey Battle und Bristol Blenheim ersetzt. Als Schulflugzeuge für Piloten, die vom Basic Training auf der Tiger Moth kamen, war das Flugzeug nun die nächste Ausbildungsstufe. Einige wurden als Schleppmaschine und Zielschlepper benutzt. Eine größere Anzahl Hinds verbrachte man in die britischen Übersee-Gebiete Neuseeland und Südafrika. Zum harten Einsatz kamen nur die Maschinen in lokalen Auseinandersetzungen wie z. B. in Afghanistan, Kenia oder Iran.

Soweit bekannt sind sieben Hawker Hind in England, Kanada und Neuseeland erhalten geblieben. Eine davon wird von der Shuttleworth Collection in Old Warden/Großbritannien betrieben.

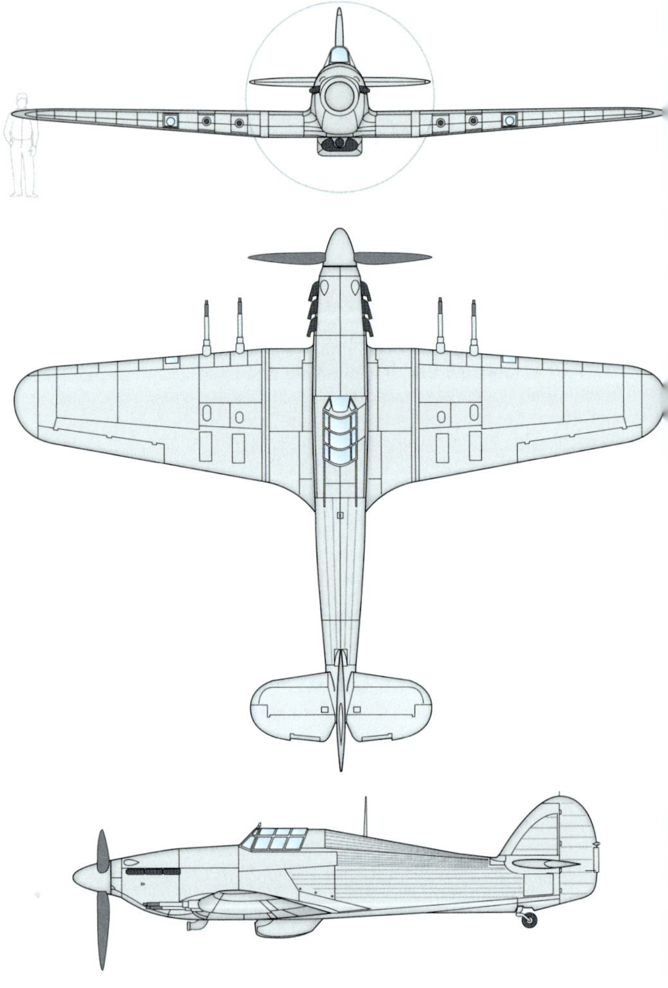

Abmessungen:
Spannweite: 12,19 m
Länge: 9,83 m
Höhe: 4,00 m
Flügelfläche: 23,92 m²

Hawker Hurricane Mk. II C

Hawker Hurricane

Ursprungsland: Großbritannien
Kategorie: Jagdflugzeug
Besatzung: 1
Triebwerk: (II C) Ein flüssigkeitsgekühlter V12-Zylindermotor Rolls-Royce Merlin XX mit 924 kW (1240 PS) in 3000 m Höhe.
Leistungen: (II C) Höchstgeschwindigkeit 550 km/h in 6400 m Höhe, Dienstgipfelhöhe 11.000 m, Reichweite 970 km.
Gewichte: (II C) Leergewicht 2606 kg, Abfluggewicht 3479 kg, max. Abfluggewicht 3951 kg.
Bewaffnung: (II C) Vier Maschinenkanonen im Flügel, maximal 230 kg Bomben an Flügelstationen.
Entwicklung: Eine Eigenentwicklung von Hawker, die 1933 begonnen wurde, war die Hurricane. Im September 1934 begann im Auftrag der Regierung der Bau eines Prototyps, der im November 1935 flog. Im Juli 1936 wurden schon die ersten 600 Flugzeuge bestellt, deren bespannte und beplankte Rümpfe und Flügel aus einem Stahlrohrgerüst mit hölzernen Rippen bestanden. Ab 1939 wurden Ganzmetallflügel eingeführt und früher gebaute Flugzeuge zum Teil damit nachgerüstet. Zahllose Varianten bis zur Mk. V unterschieden sich je nach Einsatzzweck (Tiefangriffsflugzeug, Panzerjäger, Jagdbomber und Aufklärer) hauptsächlich in der Motorisierung und der Bewaffnung. Eine modifizierte, trägergestützte Sea Hurricane wurde mit Beschlägen für den Katapultstart und mit Fanghaken ausgestattet.

In mehreren britischen Werken wurden bis Juli 1944 13.036 Flugzeuge gebaut, 1451 baute Kanada.
Bemerkungen: Die robuste und zuverlässige Hurricane wurde von vielen Ländern auf fast allen Kriegsschauplätzen des 2.Weltkrieges eingesetzt, auch im Fernen Osten gegen Japan. Alleine die Sowjetunion setzte 2950 Hurricanes in ihrer Luftverteidigung ein, die unter dem Lend-lease-Contract von Großbritanien geliefert wurden.

Obwohl das Flugzeug nicht an die Leistungen der Spitfire oder Me 109 herankam, war sie durch ihre starke Bewaffnung und ihre Wendigkeit z. B. für ca. 55 % der Abschüsse in der Luftschlacht um England in den Jahren 1940/41 verantwortlich. Im weiteren Verlauf des Krieges verlor das Flugzeug jedoch seine Bedeutung als Jäger, und wurde vermehrt für Bodenangriffe eingesetzt.

Es sollen 17 Hurricanes, weltweit verteilt, flugfähig sein, und zahlreiche in Museen zu besichtigen sein.

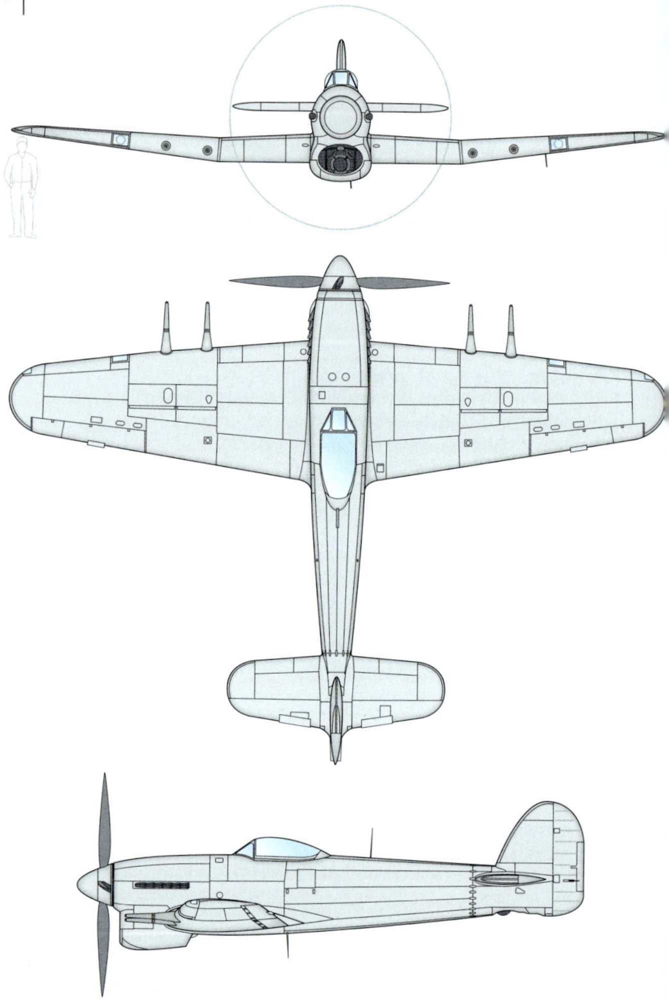

Abmessungen:
Spannweite: 12,67 m
Länge: 9,73 m
Höhe: 4,52 m
Flügelfläche: 25,92 m²

Hawker Typhoon Mk. I B

Hawker Typhoon

Ursprungsland: Großbritannien
Kategorie: Jagdflugzeug, Jagdbomber
Besatzung: 1
Triebwerk: (Mk. I B) Ein flüssigkeitsgekühlter H24-Zylinder-Motor Napier Sabre II A mit 1630 kW (2180 PS) oder II B 1600 kW (2200 PS) oder II C mit 1690 kW (2260 PS).
Leistungen: (Mk. I B) Höchstgeschwindigkeit 663 km/h in 5800 m Höhe, Dienstgipfelhöhe 10.700 m, Reichweite 820 km.
Gewichte: (Mk. I B) Leergewicht 4010 kg, Abfluggewicht 5171 kg, max. Startgewicht 6010 kg.
Bewaffnung: Vier Maschinenkanonen in den Flügeln, acht Luft-Boden-Raketen, maximal 900 kg Bomben an zwei Flügelstationen.
Entwicklung: Unmittelbar nach der Entwicklung der Hurricane begann Hawker im März 1937 mit der Konstruktion der Typhoon. Es wurden zwei Entwürfe (R- und N-Typ), die sich in der Motorisierung unterschieden, als Prototypen gebaut. Der Vorderrumpf bestand aus einem beplanktem und geschweißten Stahlrohrgerüst, das Rumpfende wurde in Halbschalenbauweise hergestellt. Der R-Type, die Tornado, flog im Oktober 1939, der N-Type, die Typhoon, im Februar 1940. Nach anfänglichen aerodynamischen Problemen und Antriebsvibrationen ging schließlich die Typhoon in Serie. Von der ersten 1 A-Serie, die mit zwölf MGs ausgerüstet war, wurden 104 Flugzeuge bis Mai 1941 ausgeliefert. Den Hauptanteil hatte aber die 1 B-Serie, mit vier Maschinenkanonen im Flügel, von der bis Juli 1945 3174 Stück gebaut wurden.

Nur 15 von allen 3278 Typhoons wurden von Hawker gebaut, alle anderen von Gloster Aircraft.

Bemerkungen: Trotz der Leistungsfähigkeit, der für ein Jagdflugzeug relativ großen und sehr gut motorisierten Typhoon, konnte sich der Tiefdecker als Bomber-Begleitjäger wegen seines ungünstigen dickeren Flügelprofils nicht gegen gegnerische Jagdflugzeuge durchsetzen. Mit dem Einsatz der Spitfire hatte die Royal Air Force dafür ein geeigneteres Jagdflugzeug. So wurde das Flugzeug ab ca. 1943 bis zum Kriegsende 1945 als Jagdbomber für Tiefangriffe mit Luft-Boden-Raketen und bis zu 900 kg Bomben auf dem europäischen Festland, vor allem in Nordfrankreich und der Normandie eingesetzt.

Eine komplette Typhoon steht im RAF-Museum in London.

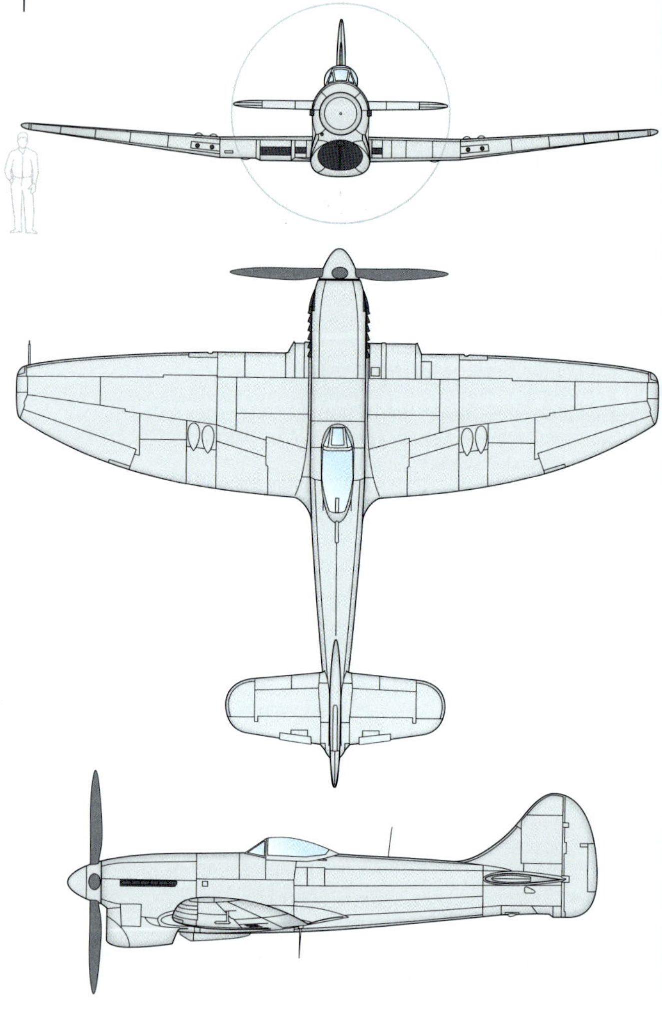

Abmessungen:
Spannweite: 12,50 m
Länge: 10,26 m
Höhe: 4,52 m
Flügelfläche: 28,10 m²

Hawker Tempest Mk. VI

Hawker Tempest

Ursprungsland: Großbritannien
Kategorie: Jagdflugzeug, Jagdbomber
Besatzung: 1
Triebwerk: (Mk. VI) Ein flüssigkeitsgekühlter V24-Zylinder-Motor Napier Sabre V mit 1500 kW (2010 PS) Startleistung, kurzzeitig maximal 1800 kW (2420 PS), 1525 kW (2045 PS) in 4200 m Höhe.
Leistungen: (Mk. VI) Höchstgeschwindigkeit ca. 720 km/h in 4400 m Höhe, 636 km/h auf Meereshöhe, Steigzeit auf 6100 m 4 min, 45 sec, Dienstgipfelhöhe 11.100 m, Reichweite 680 km.
Gewichte: (Mk. VI) Leergewicht 4150 kg, Abfluggewicht 5242 kg.
Bewaffnung: Vier Maschinenkanonen in den Flügeln. Maximal 460 kg Bomben, 24 Luft-Boden-Raketen.
Entwicklung: Eine stark veränderte Weiterentwicklung der Hawker Typhoon war die Tempest mit ihren dünneren elliptischen Laminarprofil-Flügeln. Der Prototyp hob erstmals im September 1942 ab. Probleme mit dem ursprünglich vorgesehenen Sabre IV-Triebwerk zwang Hawker, die Serienfertigung mit der Mk. V (Sabre II b mit 2420 PS) im Juni 1943 zu beginnen. Parallel dazu sollte die Mk. II mit einem Bristol Centaurus IV, der zuverlässiger und einfacher zu warten war, gefertigt werden. Wegen zu geringer Werkskapazitäten bei Hawker konnte die Mk. II jedoch erst im Oktober 1944 ausgeliefert werden. Die Mk. VI mit Sabre V-Motor (Zeichnung), die im Mai 1944 erstmals flog, benötigte neben einem größeren Kühler noch zusätzliche Lufteinläufe an der inneren Flügelvorderkante für den Ölkühler und den Vergaser.

Insgesamt wurden 1395 Tempests gebaut, davon 1 Mk. I, 452 Mk. 2, 800 Mk. V und 142 Mk. VI. Nach dem 2. Weltkrieg wurden noch einige Exemplare zum Zielschlepper umgebaut.

Bemerkungen: Die mit exzellenten Flugeigenschaften ausgestattete Tempest gehörte zu den schnellsten Propeller-Jagdflugzeugen des 2. Weltkrieges. Ihre hohe Geschwindigkeit, gute Manövrierbarkeit in mittleren und niedrigen Höhen und die starke Bewaffnung ermöglichten neben Tieffliegerangriffen auch erfolgreiche Einsätze gegen anfliegende deutsche V-1-Marschflugkörper und die zweistrahlige Me 262.

Nach unbestätigten Angaben befinden sich 6 Tempests in flugfähigem Zustand in USA, Kanada und Großbritannien, drei in Museen in Indien und Großbritannien, drei sind eingelagert.

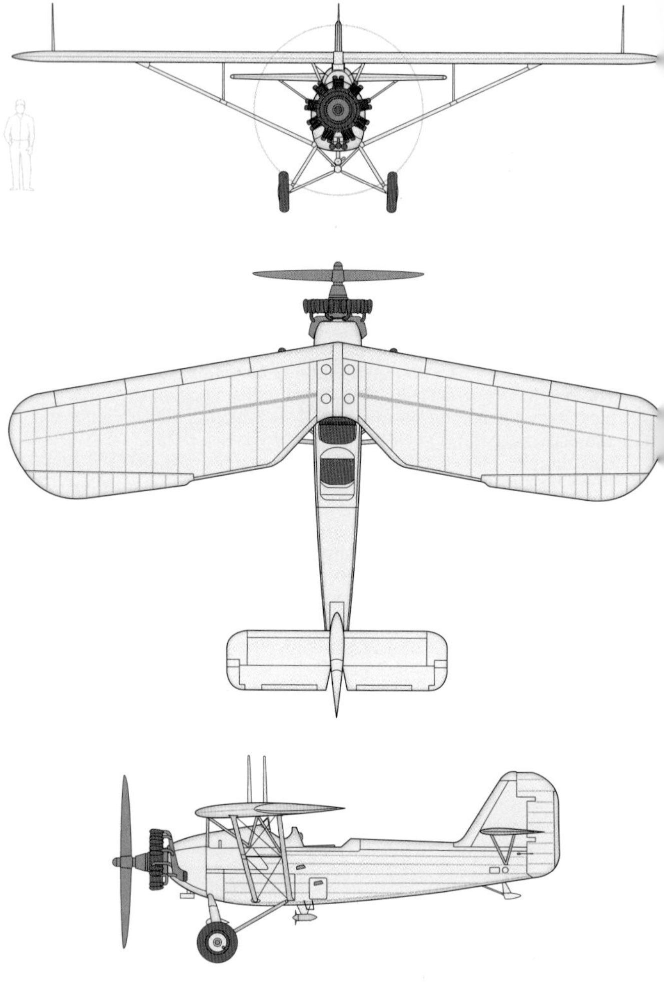

Abmessungen:
Spannweite: 14,00 m
Länge: 9,50 m
Höhe: 3,40 m
Flügelfläche: 32,20 m²

Heinkel He 46 C

Heinkel He 46

Ursprungsland: Deutschland
Kategorie: Nahaufklärungs- und Verbindungsflugzeug
Besatzung: 2
Triebwerk: Ein luftgekühlter 9-Zylinder-Sternmotor Bramo 322 B mit 486 kW (661 PS).
Leistungen: Höchstgeschwindigkeit 250 km/h, Dienstgipfelhöhe 6000 m, Reichweite 1000 km.
Gewichte: Leergewicht 1765 kg, Abfluggewicht 2300 kg.
Bewaffnung: Ein MG am Beobachterstand, max. 200 kg Bomben.
Entwicklung: Ursprünglich 1931 als Doppeldecker entworfen, flog die He 46 erstmals Ende 1931 mit einem 450 PS-Siemens Halske-Sternmotor. Schon beim dritten Versuchsmuster entfernte man den unteren, kürzeren Flügel um das Blickfeld für den Beobachter zu verbessern. Als Parasol-Hochdecker bekam er einen vergrößerten oberen Flügel und einen stärkeren 650 PS-Bramo-Sternmotor. Das in Gemischtbauweise produzierte Flugzeug hatte einen bespannten Stahlrohrrumpf, die leicht gepfeilten und bespannten Flügel wurden aus Holz hergestellt. Mit der C 1, die entweder eine Kamera oder 200 kg Bomben tragen konnte, begann im Februar 1934 die Serienproduktion bei mehreren Herstellern. In geringeren Stückzahlen wurden die D, E und F-Versionen produziert, die sich unter anderem durch Motor und Cowling unterschieden. Einige Quellen berichten von Lieferungen an Spanien, Ungarn und Bulgarien.

Die Produktion endete im Dezember 1936 mit 443 gebauten Flugzeugen aller Varianten.

Bemerkungen: Mit dem Einsatz im Spanischen Bürgerkrieg begann 1936, wie bei vielen deutschen Maschinen dieser Zeit, die He 46 ihre Karriere als Aufklärer. 1937 war der Großteil der deutschen Nahaufklärungsstaffeln mit den Hochdeckern ausgerüstet, wurden aber schon wieder ab Frühjahr 1938 durch die Henschel Hs 126 ersetzt. Allerdings flogen beim Einmarsch in Polen im September 1939 noch immer fünf Aufklärungsstaffeln die He 46. 1940 wurden die Flugzeuge von der Front abgezogen und nur noch unbewaffnet in Schulungsstaffeln verwendet, angeblich auch als Schleppflugzeuge. Bei den nächtlichen Einsätzen der Störkampfstaffeln an der Ostfront wurde das Flugzeug jedoch ab 1943 nochmals aktiviert. Bis September 1944 waren alle erhalten gebliebenen 65 Flugzeuge ausgemustert und verschrottet.

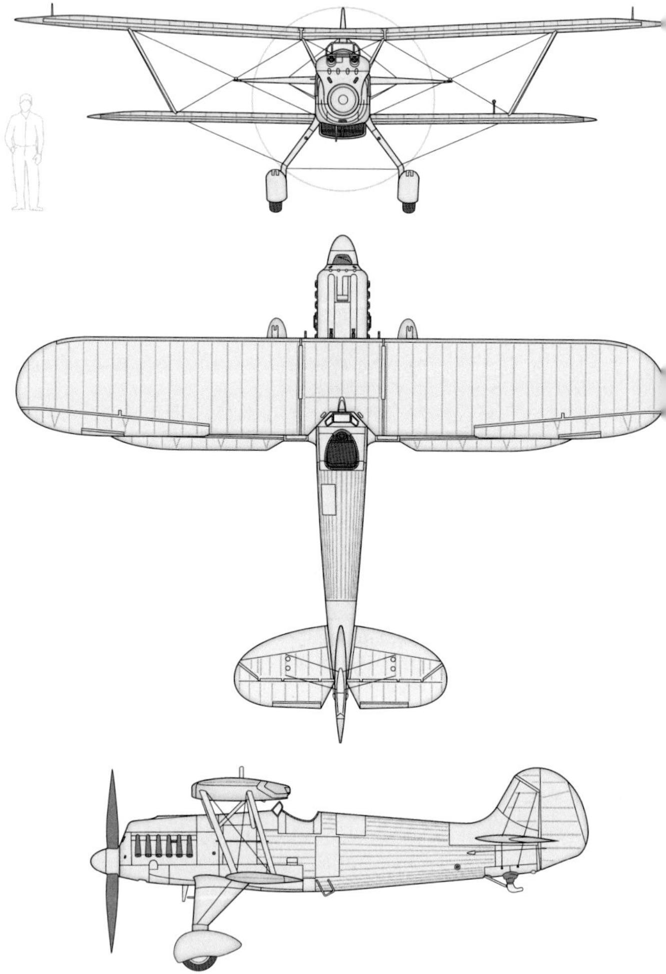

Abmessungen:
Spannweite: 11,00 m
Länge: 8,50 m
Höhe: 3,30 m
Flügelfläche: 27,20 m^2

Heinkel He 51

Heinkel He 51

Ursprungsland: Deutschland
Kategorie: Jagdflugzeug
Besatzung: 1
Triebwerk: (B-1) Ein flüssigkeitsgekühlter V12-Zylinder-Motor BMW VI 7.3 Z mit 559 kW (750 PS).
Leistungen: (B-1) Höchstgeschwindigkeit 330 km/h, Reisegeschwindigkeit 280 km/h, Steigzeit auf 1000 m 1 min, 24 sec, Dienstgipfelhöhe 7700 m, Reichweite 570 km.
Gewichte: (B-1) Leergewicht 1460 kg, Abfluggewicht 1900 kg.
Bewaffnung: (B-1) Zwei MGs über dem Motor.
Entwicklung: Weiterentwickelt aus der He 49 flog das erste Vorserienflugzeug der He 51 im Mai 1933. Der abgespannte Anderthalbdecker wurde in Gemischtbauweise mit einem beplankten und bespannten Stahlrohrumpf und Holzflügeln produziert. Bereits im Juli 1934 lieferte man die ersten Maschinen der A-Serie aus. 52 Flugzeuge von den ca. 500 B-Serienflugzeugen gab es in einer Seeausführung (B-2) mit Doppelschwimmern. Die B-3 als Höhenjäger mit größerer Spannweite blieb ein Versuchsmuster. Als Jagd- und Schlachtflugzeug mit sechs 10 kg-Bomben unter den Flächen, ging die C-Version in Serie.

Da Heinkel nicht die Produktionskapazität besaß, wurde der größte Teil der 722 Flugzeuge bis Anfang 1937 von AGO, Arado und Fieseler gebaut. Zwölf Flugzeuge wurden 1937 nach Bulgarien exportiert.
Bemerkungen: Die ersten He 51 wurden bereits 1934 ausgeliefert, fielen aber eigentlich noch unter das Verbot des Versailler Vertrags, und sind deshalb in der sogenannten „zivilen“ Reklamestaffel Mitteldeutschland geflogen worden. Mit Gründung der Luftwaffe im März 1935 war die Staffel dann praktisch einsatzbereit. Im Spanischen Bürgerkrieg flogen die Doppeldecker in der Legion Condor mit deutschen und spanischen Piloten, hatten aber den überlegenen sowjetischen Jagdflugzeugen nichts entgegenzusetzen. Lediglich die C-Version als Erdkampfflugzeug war erfolgreicher. Die in Deutschland als Jagdflugzeug eingesetzten He 51 wurde nach Auslieferung der ersten Me 109 (ab 1937) bereits an die Jagdfliegerschulen abgegeben und blieben dort auch in den ersten Kriegsjahren im Einsatz. Alle katapultfähigen Schwimmerflugzeuge He 51 A-2 und B-2 wurden an die Küstenjagdstaffeln in Jever und Holtenau ausgeliefert.

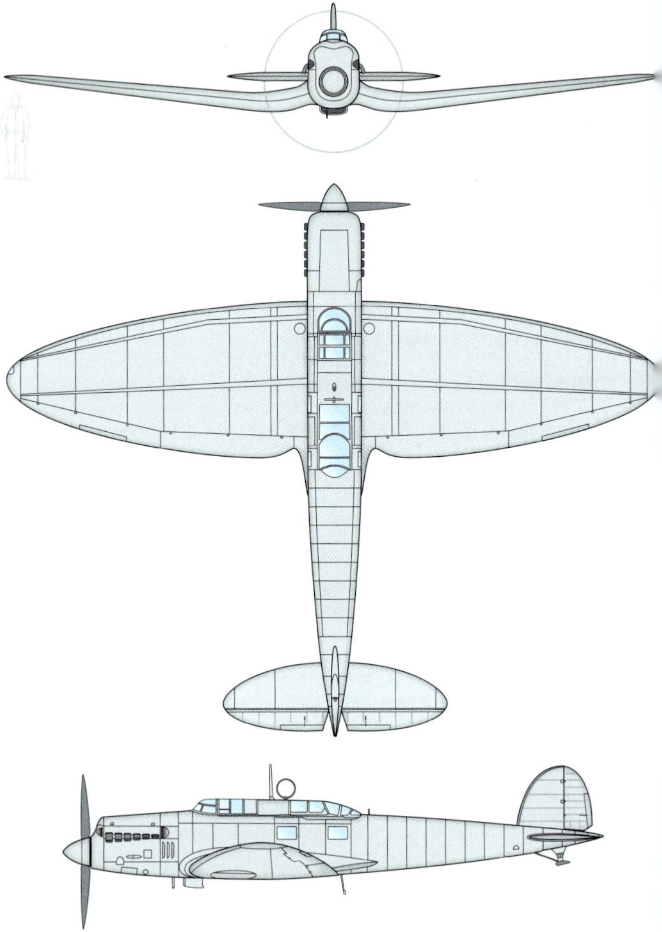

Abmessungen:
Spannweite: 14,80 m
Länge: 11,70 m
Höhe: 3,10 m
Flügelfläche: 36,50 m²

Heinkel He 70 F

Heinkel He 70

Ursprungsland: Deutschland
Kategorie: Mehrzweckflugzeug
Besatzung: 2 bis 5 je nach Einsatzzweck
Triebwerk: (F) Ein flüssigkeitsgekühlter V12-Zylinder-Motor BMW VI 7,3 Z mit 551 kW (750 PS) Startleistung.
Leistungen: (F) Höchstgeschwindigkeit 330 km/h in 4000 m Höhe, Reisegeschwindigkeit 295 km/h, Steigzeit auf 4000 m Höhe 15 min, Dienstgipfelhöhe 5300 m, Reichweite 1820 km.
Gewichte: (F) Leergewicht 2270 kg, Abfluggewicht 3395 kg.
Bewaffnung: (F) Ein MG, als Bomber bis zu 300 kg Bomben.
Entwicklung: Ausschlaggebend für die Konstruktion der He 70 war Mitte 1931 die schnelle Lockheed Vega der Swissair, deren Geschwindigkeit überboten werden sollte. Bereits im Dezember 1932 hob die für ihre Zeit aerodynamisch außergewöhnlich hochwertige Maschine erstmals ab. Der ovale Rumpf wurde in Ganzmetall-Schalenbauweise gefertigt, die elliptischen, freitragenden Flügel und das Leitwerk waren eine Holzkonstruktion. Der Kühler unter dem Rumpf und das Fahrwerk waren einziehbar. Die Lufthansa erhielt die beiden Prototypen und die ersten 10 Serienflugzeuge und nutzte sie als Schnellverkehrsflugzeuge für 5 Passagiere. Bereits der dritte Prototyp, der sich von der Zellenstruktur kaum von der zivilen Version unterschied, war für das Militär vorgesehen. Von der He 70 F liefen für die Luftwaffe bis Juli 1937 44 Behelfskampfflugzeuge, 196 Behelfsaufklärer und 33 Reiseflugzeuge vom Band. Sechs He 70 wurden an Spanien geliefert, je eine an Japan und Großbritannien. Mit einem Gnome-Rhône-Sternmotor bekam Ungarn 18 He 70 K. Anfang 1938 wurde noch eine einzelne He 270 mit einem 1175 PS-DB 601 Motor gebaut, die 460 km/h in 4000 m Höhe erreichte, aber Mangels Nachfrage nicht in Serie ging.

Insgesamt sollen 319 He 70 gebaut worden sein.

Bemerkungen: Die He 70 Blitz gehörte aufgrund ihrer gelungenen Aerodynamik zeitweise zu den schnellsten Verkehrsflugzeugen der Welt. Angeblich war sie auch Vorbild für die britische Spitfire, aber ganz sicher für die Konstruktion der He 111. Als schnelle Aufklärer wurden die im Spanischen Bürgerkrieg geflogenen He 70 Rayo (Blitz) verwendet und bei der deutschen Luftwaffe anfangs als Behelfskampfflugzeuge, später wegen der inzwischen ungenügenden Leistungen, nur noch als Schul-, Kurier- und Reiseflugzeuge bis zum Kriegsende. Die Lufthansa bediente mit der He 70 von 1933 bis 1936 europäische Strecken.

Soweit bekannt ist kein Flugzeug erhalten geblieben.

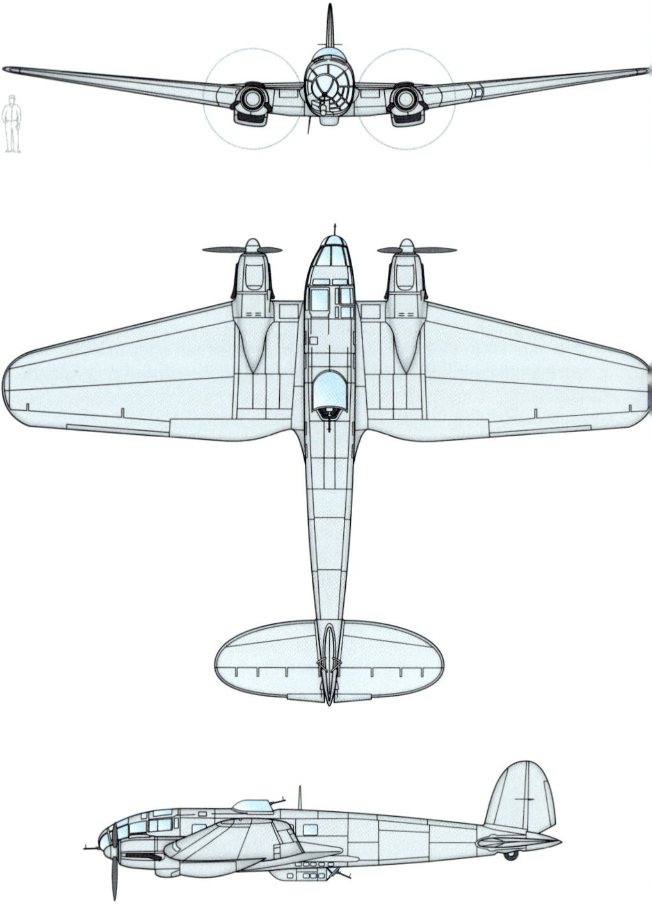

Abmessungen:
Spannweite: 22,50 m
Länge: 16,40 m
Höhe: 3,40 m
Flügelfläche: 87,60 m^2

Heinkel He 111 H

Heinkel He 111

Ursprungsland: Deutschland
Kategorie: Passagierflugzeug, Bomber
Besatzung: Als Bomber 5
Triebwerke: (H 6) Zwei V 12-Zylindermotor Junkers Jumo 211 F-2 mit je 970 kW (1300 PS) Startleistung.
Leistungen: (H 6) Höchstgeschwindigkeit 440 km/h, Dienstgipfelhöhe 6500 m, Reichweite mit max. Kraftstoff 2300 km.
Gewichte: (H 6) Leergewicht 8680 kg, Abfluggewicht 12.030 kg, max. Abfluggewicht 14.000 kg.
Bewaffnung: (H 6) Bis zu sieben MGs: im Bugstand, Bodenwanne, seitlich und auf dem Rücken. Bis zu 2000 kg Bomben intern oder 3600 kg an Außenstationen.
Entwicklung: Basierend auf der He 70 entwickelte Heinkel in den 1930er-Jahren die ursprünglich als schnelles Verkehrsflugzeug konzipierte He 111. Die V-1 flog erstmals im Februar 1935. Der aerodynamisch hochwertige Tiefdecker in Ganzmetallbauweise hatte in den ersten Serien elliptische Flügel, die ab der He 111 F aus produktionstechnischen Gründen begradigt wurden. Neben der geringen Anzahl ziviler Flugzeuge, wurden in verschiedenen Werken eine große Zahl militärischer Varianten für unterschiedliche Einsatzzwecke, auch mit anderer Motorisierung hergestellt. Außergewöhnlich war die 5-motorige Doppelrumpf-He 111 Z als Schleppflugzeug für den Lastensegler Me 321. Hauptsächlich in der Bombervariante, aber auch als Torpedobomber, Transport- und Schleppflugzeug wurden von 1935 bis 1944 rund 7600 Flugzeuge gebaut. Alleine von der H-Variante sind rund 5900 FLugzeuge produziert worden. Spanien baute nach 1945 noch in Lizenz 236 CASA 2.111 mit Rolls-Royce-Merlin-Motoren, die teilweise bis 1973 im Einsatz waren.
Bemerkungen: Wie viele andere deutsche Flugzeuge auch, wurde die damals schnelle und hochmoderne He 111 im Spanischen Bürgerkrieg erprobt. Noch mit geringer Deffensivbewaffnung zeigte sich schon beim Angriff auf Großbritannien, dass leistungsstarke gegnerische Jagdflugzeuge hohe Verluste verursachen können. In der Maschine steckte aber soviel Potenzial, dass sie immer wieder neuen Bedingungen angepasst werden konnte. Der Standardbomber der Luftwaffe wurde deshalb an fast allen deutschen Kriegsfronten eingesetzt.

Erhaltene He 111 stehen in Madrid/Spanien, in Gardermoen/Norwegen und im Royal Airforce Museum in London. Eine CASA 2.111 ist unter anderem im Deutschen Museum in Schleißheim zu finden.

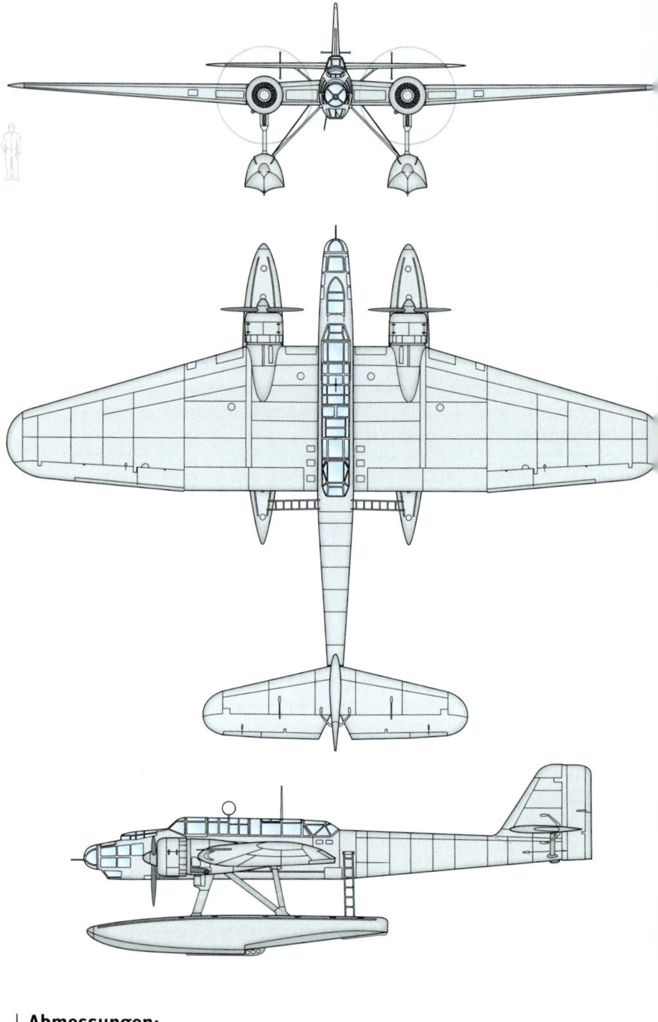

Abmessungen:
Spannweite: 22,28 m
Länge: 17,30 m
Höhe: 6,60 m
Flügelfläche: 86,7 m^2

Heinkel He 115 A2

Heinkel He 115

Ursprungsland: Deutschland
Kategorie: Aufklärungs- und Torpedoflugzeug
Besatzung: 3
Triebwerke: Zwei luftgekühlte 9-Zylinder-Sternmotoren BMW 132 K mit je 706 kW (960 PS) Startleistung.
Leistungen: Höchstgeschwindigkeit 305 km/ in 1000 m Höhe, Reisegeschwindigkeit in 1000 m Höhe 285 km/h, Steigzeit auf 2000 m Höhe 11 min, Dienstgipfelhöhe 5200 m, Reichweite 2800 km.
Gewichte: Leergewicht 6772 kg, Abfluggewicht 10.605 kg.
Bewaffnung: Je ein bewegliches MG im Bug und im hinteren Cockpit. Ein Torpedo oder max. zwei Minen oder eine 500 kg-Sprengbombe.
Entwicklung: Als Ersatz für den betagten Schwimmer-Doppeldecker He 59 begann 1935 die Entwicklung des zweimotorigen Wasserflugzeuges He 115. Der Erstflug war im August 1937. Nach fünf V-Mustern begann die Serienfertigung des in Ganzmetall-Schalenbauweise hergestellten Mitteldeckers mit der A1 im Dezember 1938. Schweden erhielt 10 und Norwegen 6 He 115 A2 bis Anfang 1940. Von der B-Version mit geändertem Leitwerk und größerem Kraftstoffvorrat wurden 122 gebaut, darunter Aufklärer, Bomber, Minenleger und eine Schwimmerversion mit Stahlkufen für Einsätze im eisigen hohen Norden. Auch die C-Versionen unterschieden sich lediglich in der Bewaffnung, bedingt durch Einsatzzweck und -gebiet. Ein Prototyp blieb die viersitzige He 115 D mit zwei 1600 PS-BMW 801-Sternmotoren.

Es sind 223 Flugzeuge bei Heinkel in Rostock gebaut worden.

Bemerkungen: Das hochseefähige Flugzeug hatte seine Haupteinsatzgebiete in der Nordsee, im Nordatlantik und im Mittelmeerraum und wurde zur Seeaufklärung, zum Minenlegen und für Angriffe auf Geleitzüge eingesetzt, für das es wegen seiner geringen Geschwindigkeit allerdings weniger geeignet war. Die letzten beiden Staffeln waren 1942 in Norwegen stationiert um Nordmeergeleitzüge anzugreifen, wurden aber zuletzt nur noch bis 1944 als Aufklärer eingesetzt. Von den Flugzeugen der schwedischen Seeflieger wurden die letzten He 115 erst 1952 ausgemustert. Drei Flugzeuge der norwegischen Staffel konnten beim Einmarsch der Deutschen nach England entkommen, die dann unter anderem für Sondereinsätze, wie das Absetzen von Agenten im feindlichen Hinterland, verwendet wurden.

Kein komplettes Flugzeug ist erhalten geblieben. Ein in einem Fjord gefundenes Wrack soll in Sola/Norwegen restauriert werden.

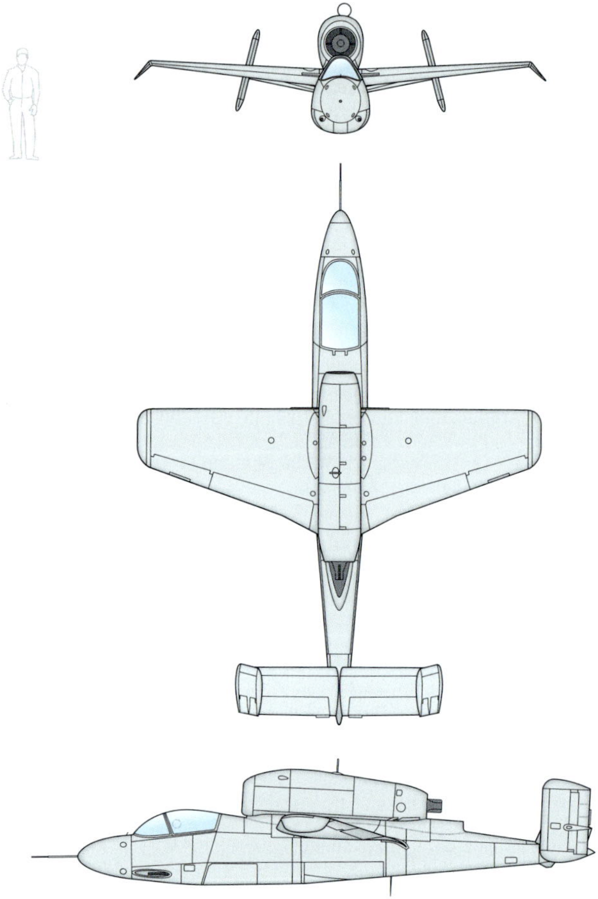

Abmessungen:
Spannweite: 7,20 m
Länge: 9,05 m
Höhe: 2,60 m
Flügelfläche: 11,16 m²

Heinkel He 162 A2

Heinkel He 162

Ursprungsland: Deutschland
Kategorie: Jagdflugzeug
Besatzung: 1
Triebwerk: Ein Axial-Strahltriebwerk BMW 003/E-1 mit 8,09 kN Schub, Notleistung 9,03 kN.
Leistungen: Höchstgeschwindigkeit 838 km/h, mit Notschub 890 km/h in 6000 m Höhe, Steigzeit auf 11.000 m 14 min, Dienstgipfelhöhe ca. 12.000 m, Reichweite maximal 700 km.
Gewichte: Leergewicht 1758 kg, Abfluggewicht 2805 kg.
Bewaffnung: Zwei Maschinenkanonen im Rumpf.
Entwicklung: Auf eine Ausschreibung des RLM Anfang September 1944 an sieben Hersteller, erhielt Heinkel Ende September den Zuschlag für den sogenannten „Volksjäger". Der in Halbschalenbauweise hergestellte Rumpf war mit einem Schleudersitz und einem Bugfahrwerk ausgestattet. Wegen des akuten Rohstoffmangels wurden die Flügel als reine Holz- und das Leitwerk in Alu-Holz-Gemischtbauweise hergestellt. Die Erprobung begann Anfang Dezember 1944. Parallel zur Flugerprobung mit 33 Flugzeugen, die etliche Änderungen mit sich brachte, begann die Serienproduktion der Baureihe A 2. Das erste Serienflugzeug hob im Januar 1945 ab. Vermutlich wurden aber nur 170 Flugzeuge gebaut, davon waren wahrscheinlich nur 116 im Einsatz.
Bemerkungen: Ende 1944 wurde die Situation für Deutschland immer schwieriger. Ständige Bomberangriffe, vorrückende Alliierte, akuter Rohstoffmangel, Pilotenmangel und Treibstoffknappheit führte zur Idee des Volksjägers gegen die Bomberflut. Die Fertigung des einfach konstruierten „Verbrauchsgeräts" sollte mit ungelernten Arbeitskräften in Großserie ab Januar 1945 beginnen. Zur Schnellausbildung junger Piloten war eine zweisitzige Seglerversion und zum Training ein Doppelsitzer geplant. Obwohl die He 162 Salamander in Rekordzeit entwickelt wurde und trotz aller Produktionsanstrengungen konnte 1945 nur eine kleine Anzahl Flugzeuge hergestellt werden. Es gab zwar Einsätze eines Erprobungskommandos, aber keine Feindberührung. Die Alliierten übernahmen nach Kriegsende mehrere Maschinen zur Erprobung, die sie auch durchaus positiv bewerteten, auch wenn die He 162 eigentlich kein Flugzeug für ungeübte Piloten war.

Erhalten geblieben sind 7 Flugzeuge: Eines davon im Technikmuseum Berlin, in Frankreich, Kanada, USA und zwei in Großbritannien.

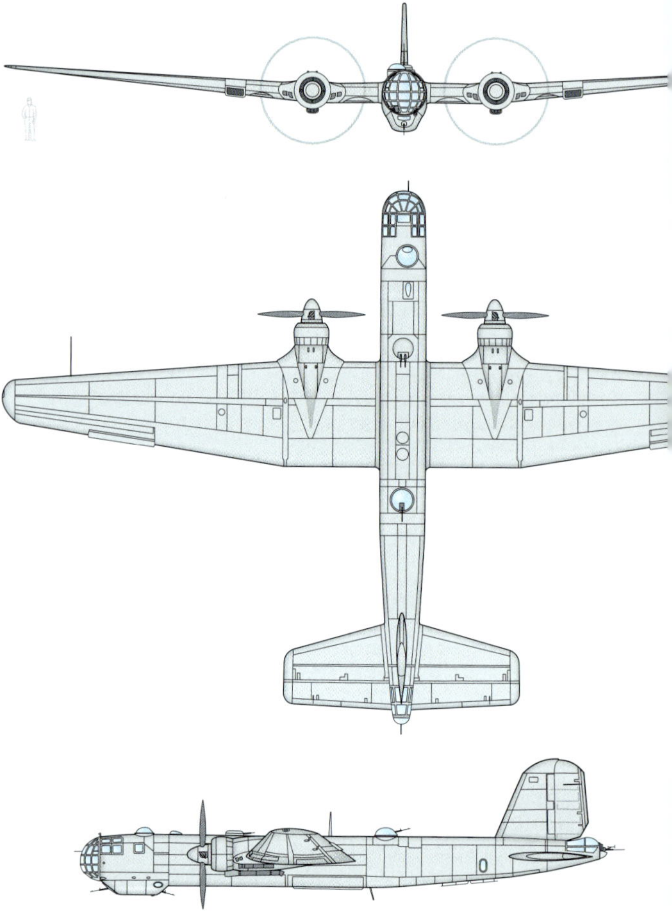

Abmessungen:
Spannweite: 31,44 m
Länge: 22,00 m
Höhe: 6,67 m
Flügelfläche: 100 m^2

Heinkel He 177 A5

Heinkel He 177

Ursprungsland: Deutschland
Kategorie: Schwerer Langstreckenbomber
Besatzung: 6
Triebwerke: Zwei flüssigkeitsgekühlte Doppelmotoren Daimler-Benz DB 610 (je zwei gekoppelte V12-Zylindermotoren DB 605) mit je 2133 kW (2900 PS) Startleistung.
Leistungen: Höchstgeschwindigkeit 565 km/h in 6000 m Höhe, Dienstgipfelhöhe 8000 m, Reichweite maximal 5500 km.
Gewichte: Leergewicht 16.800 kg, Abfluggewicht 32.000 kg.
Bewaffnung: Sechs bis 10 MGs je nach Version. Intern bis zu 7500 kg Bomben oder Seeminen. An Außenstationen drei gelenkte Gleitbomben, Torpedos oder Luft-Seeminen.
Entwicklung: Aus der Forderung des RLM für einen schweren Langstreckenbomber ging Heinkel mit der He 177 als Sieger hervor. Nach einem im November 1937 fertiggestellten Mock-up hob der Prototyp im November 1939 erstmals ab. Das in Ganzmetallbauweise hergestellte Flugzeuge litt schon während der Erprobungsphase an Problemen mit den unzuverlässigen Doppelmotoren, V-förmig gekoppelte DB 605, die über ein Getriebe einen Propeller antrieben. Dazu kam noch die Forderung das Flugzeug sturzkampftauglich zu machen. Mehrere He 177 sind deshalb in der Erprobung verloren gegangen. Erst ab August 1943 war das Flugzeug frontklar. Acht V-Muster wurden gebaut, danach die Vorserie A-0 mit 35 Flugzeugen, gefolgt von der A-1 mit 130 Stück, A-3 mit kurzem Rumpf 247, mit langem Rumpf 365 und der A-5 mit 350 Stück. Zwei Flugzeuge mit vier einzelnen Motoren wurden nach 1945 in Frankreich fertiggebaut, eine davon flog.

Insgesamt wurden in drei Werken 1135 He 177 gebaut.

Bemerkungen: Trotz der gravierenden Probleme flog die He 177 im Januar 1943 ihre ersten Einsätze in Russland. Kampfeinsätze über dem Atlantik und dem Mittelmeer folgten. Im Juli 1944 wurden die letzten Einsätze an der Ostfront geflogen, dann wurden die Geschwader aufgelöst und die meisten Bomber abgewrackt. Einmal mehr zeigte sich hier das Scheitern einer Konstruktion, die neben vielen innovativen Konstruktionsmerkmalen auch ein neues Antriebskonzept und viele nachträgliche Forderungen seitens des Auftraggebers in sich vereinen sollte. Von Piloten bekam die He 177 den Spitznamen „Reichsfeuerzeug" wegen ihrer oft durch brennende Motoren verursachten Abstürze.

Kein Flugzeug blieb erhalten.

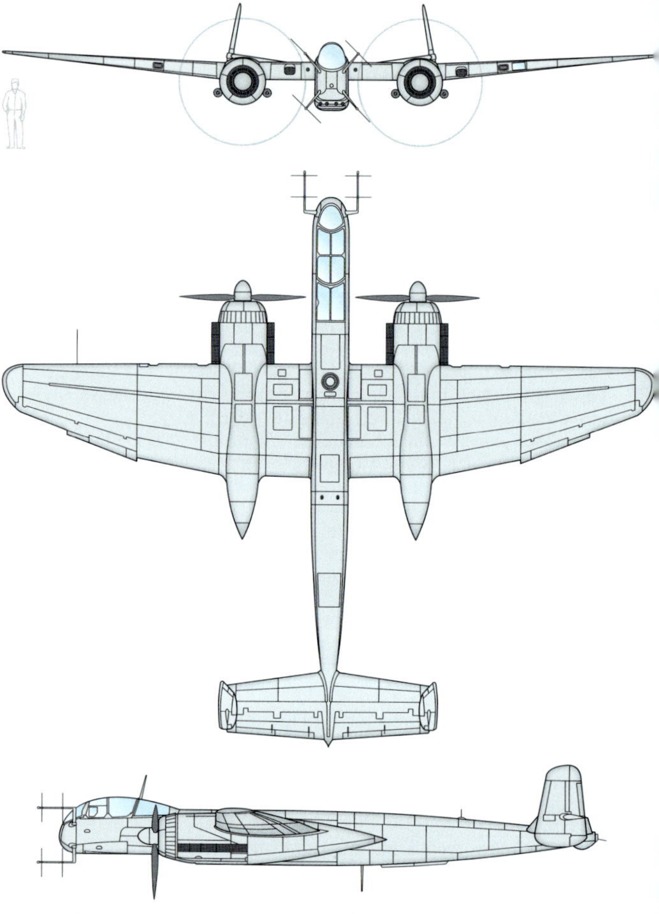

Abmessungen:
Spannweite: 18,50 m
Länge: 16,34 m
Höhe: 4,10 m
Flügelfläche: 44,50 m^2

Heinkel He 219 A 7

Heinkel He 219

Ursprungsland: Deutschland
Kategorie: Nachtjäger
Besatzung: 2 je nach Einsatzzweck
Triebwerke: (A 7) Zwei flüssigkeitsgekühlte V12-Zylinder-Motoren Daimler Benz 603 E mit je 1323 kW (1800 PS) Startleistung, 1011 kW (1375 PS) Dauerleistung.
Leistungen: (A 7) Höchstgeschwindigkeit 585 km/h in 6300 m Höhe, ohne Antennen und Flammenvernichter 625 km/h, Reisegeschwindigkeit 510 km/h, Dienstgipfelhöhe 9800 m, max. Reichweite 1870 km.
Gewichte: (A 7) Leergewicht 8345 kg, Abfluggewicht 15.100 kg.
Bewaffnung: (A 7) Zwei MGs im Flügel, vier MGs in der Rumpfwanne, zwei Maschinenkanonen schräg nach oben (Schräge Musik).
Entwicklung: Die Entwicklungsarbeiten zur He 219 hatten schon 1940 ihren Ursprung in einem schnellen Mehrzweckflugzeug, das mit im Rumpf integrierten Motoren ausgestattet war, was im August 1941 aber zugunsten einer herkömmlichen Konstruktion aufgegeben wurde. Nach einem Attrappenbau flog die V1 im November 1942 zum ersten Mal. Das in Ganzmetall gebaute Flugzeug war mit gepanzerter Kabine und einem Bugfahrwerk ausgestattet. Die ersten A0-Serienflugzeuge verließen im Juli 1943 das Werk. Eine nicht immer nachvollziehbare Variantenvielzahl wurde gebaut. Unter anderen die Hauptserie A 2 mit DB 603 A, die A 6 als erleichterter Moskito-Jäger, die mit den 2100 PS-DB 603 L-Motoren bis zu 700 km/h erreichte und die A 7 als Höhen-Nachtjäger. Viele Weiterentwicklungen wie z. B. mit dem 24-Zylinder-Reihensternmotor Jumo 222 und größerer Besatzung scheiterten an Entwicklungsproblemen und Materialknappheit.

Sich widersprechende Quellen berichten von bis zu 294 ausgelieferten Flugzeugen. Rechnet man die V-Muster hinzu so sollen etwa 280 oder 340 He 219 hergestellt worden sein.
Bemerkungen: Die He 219 Uhu wird als einer der besten zweimotorigen Nachtjäger des 2. Weltkriegs beschrieben und war den Nachtjägervarianten der Bf 110 und Ju 88 deutlich überlegen. Das zu seiner Zeit modernste Flugzeug war schnell und wendig und in schwierigen Nachteinsätzen sicher zu fliegen. Es war zudem mit einem Lichtenstein-Bordradar, einer enormen Bewaffnung, die blendfrei unter dem Rumpf lag und als erstes Flugzeug serienmäßig mit Pressluft-Schleudersitzen für beide Piloten ausgerüstet.

Eine He 219 A 2 wird im Steven F. Udvar-Házy National Air and Space Museum in Washington D.C./USA ausgestellt.

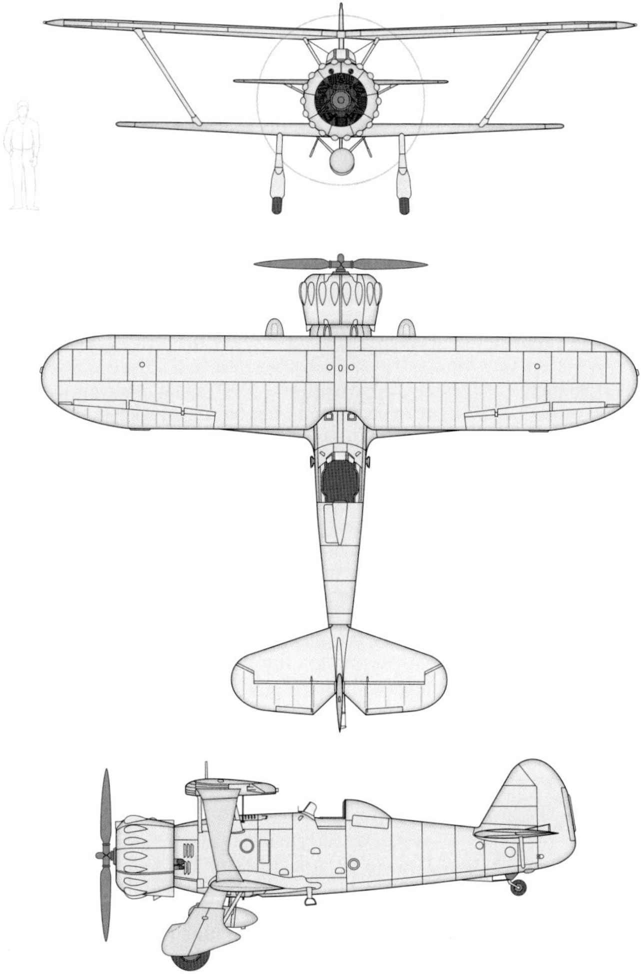

Abmessungen:
Spannweite: 10,50 m
Länge: 8,33 m
Höhe: 3,20 m
Flügelfläche: 24,85 m²

Henschel Hs 123 A1

Henschel Hs 123

Ursprungsland: Deutschland
Kategorie: Sturz- und Erkampfflugzeug
Besatzung: 1
Triebwerk: (A 1) Ein luftgekühlter 9-Zylinder-Sternmotor BMW 132 Dc mit 647 kW (880 PS).
Leistungen: (A 1) Höchstgeschwindigkeit 340 km/h in 1200 m Höhe, Dienstgipfelhöhe 9000 m, Reichweite ca. 855 km mit Zusatztank.
Gewichte: (A 1) Leergewicht 1500 kg, Abfluggewicht 2215 kg.
Bewaffnung: (A 1) Zwei MGs über dem Motor, maximal 450 kg Bomben oder 200 kg Bomben und Zusatztank.
Entwicklung: Aus einem Konstruktionswettbewerb 1934, an dem auch Fieseler und Blohm & Voss teilnahmen, ging die Hs 123 von Henschel als Siegerin hervor. Im April 1935 war der Erstflug des Anderthalbdeckers. Das in Ganzmetallbauweise konstruierte Flugzeug hatte noch ein offenes Cockpit und abgestrebte, teilweise bespannte Flügel. Nach einer Reihe von Prototypen und Vorserienmustern ging die Maschine 1936 in Serienproduktion. Das Flugzeug wurde in der A- und B-Reihe produziert, die sich lediglich durch die Blechbeplankung der Tragflächen unterschieden. Eine geplante Weiterentwicklung mit geschlossener Kabine und einem 960 PS-BMW 123 K Sternmotor wurde aufgegeben, da schon wesentlich modernere Maschinen in den Startlöchern standen. 1938 sind noch 12 Hs 123 A nach China exportiert worden und 12 wurden an Spanien übergeben.

Bis Dezember 1937 sind 265 Flugzeuge gebaut worden.

Bemerkungen: Erprobt wurde die Maschine im Spanischen Bürgerkrieg, zunächst als Jagdbomber dann als Sturzkampfbomber. Mit Erscheinen der Ju 87 war die Hs 123 zwar veraltet, konnte aber durch ihre robuste und einfache Bauweise von vorgeschobenen Feldflugplätzen operieren und so direkt den Bodentruppen beistehen. Die wendige Maschine wurde bei der Besetzung der Tschechei und Polens sowie auch in Frankreich und auf dem Balkanfeldzug eingesetzt. Ebenso bis 1944 an der Ostfront mit Erdkampfeinsätzen und nächtlichen Störangriffen. Ein von der Truppe geforderter Neubau blieb aus, weil die dazu benötigten Werkzeuge verschrottet waren.

Soweit bekannt ist kein Flugzeug erhalten geblieben.

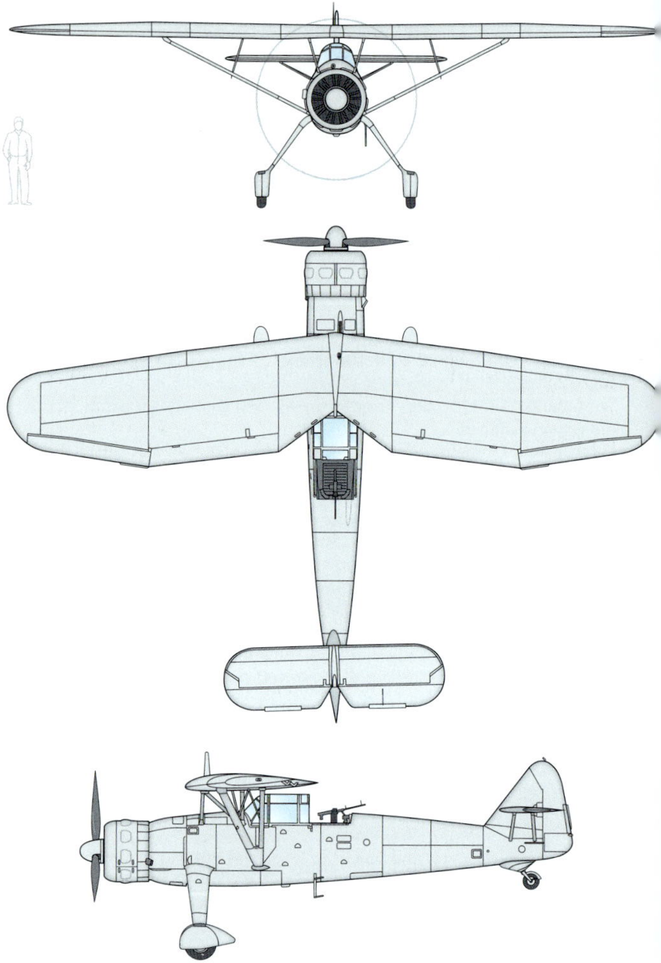

Abmessungen:
Spannweite: 14,50 m
Länge: 10,85 m
Höhe: 3,75 m
Flügelfläche: 31,60 m^2

Henschel Hs 126 B1

Henschel Hs 126

Ursprungsland: Deutschland
Kategorie: Nahaufklärungsflugzeug
Besatzung: 2
Triebwerk: (B-1) Ein luftgekühlter 9-Zylinder-Sternmotor Bramo 323 A-1 mit je 625 kW (850 PS).
Leistungen: (B-1) Höchstgeschwindigkeit 310 km/h in Bodennähe, 365 km/h in 3000 m Höhe, Reisegeschwindigkeit 315 km/h, Steigzeit auf 3000 m 14 min, Dienstgipfelhöhe 8530 m, Reichweite ca. 1000 km.
Gewichte: (B-1) Leergewicht 2032 kg, max. Abfluggewicht 3270 kg.
Bewaffnung: (B-1) Ein MG über dem Motor, 1 MG hinter dem Cockpit, maximal 50 kg Bomben.
Entwicklung: Nach einer Anfrage des RLM entwickelte Henschel auf Basis der Hs 122 die in Ganzmetallbauweise hergestellte Hs 126. Der abgestrebte Hochdecker in Baldachinbauweise flog im Herbst 1936 erstmals mit einem britischen Rolls-Royce Kestrel-Motor. Erst die V3 entsprach mit dem nun verfügbaren Bramo 323 dem Serienstandard. Das mit sehr guten Langsamflug- und STOL-Eigenschaften ausgestattete relativ große Flugzeug ging nach der A-0-Vorserie Anfang 1938 mit der A-1 (133 Flugzeuge) in die Serienproduktion. Von der B-Serie mit dem Bramo 323 und Verstellpropeller wurden 771 Flugzeuge gebaut.

In zwei Werken sind bis 1941 935 Hs 126 hergestellt worden. Davon wurden 16 nach Griechenland exportiert. Weitere nach Bulgarien, Kroatien, Estland und Spanien.
Bemerkungen: Die Hs 126 wurde, wie andere deutsche Flugzeuge auch, als Aufklärer erstmals im Spanischen Bürgerkrieg getestet. Im Herbst 1938 wurde begonnen, die deutschen Aufklärungsstaffeln mit dem neuen Flugzeug auszustatten. Mit Beginn des 2. Weltkrieges ist der robuste Nahaufklärer mit STOL-Eigenschaften zudem auch als Verbindungsflugzeug und zur direkten Luftunterstützung an fast allen Fronten eingesetzt worden. Allerdings zeigte sich schnell, dass die Hs 126 gegnerischen Jagdflugzeugen deutlich unterlegen war. Sie wurde aber trotzdem weiterhin in Nordafrika und an der Ostfront verwendet. Nach hohen Verlusten wurde der Hochdecker ab 1942 nur noch zur Schulung, als Schleppflugzeug und in Nachtschlachtgruppen geflogen.

Soweit bekannt ist kein Flugzeug erhalten geblieben.

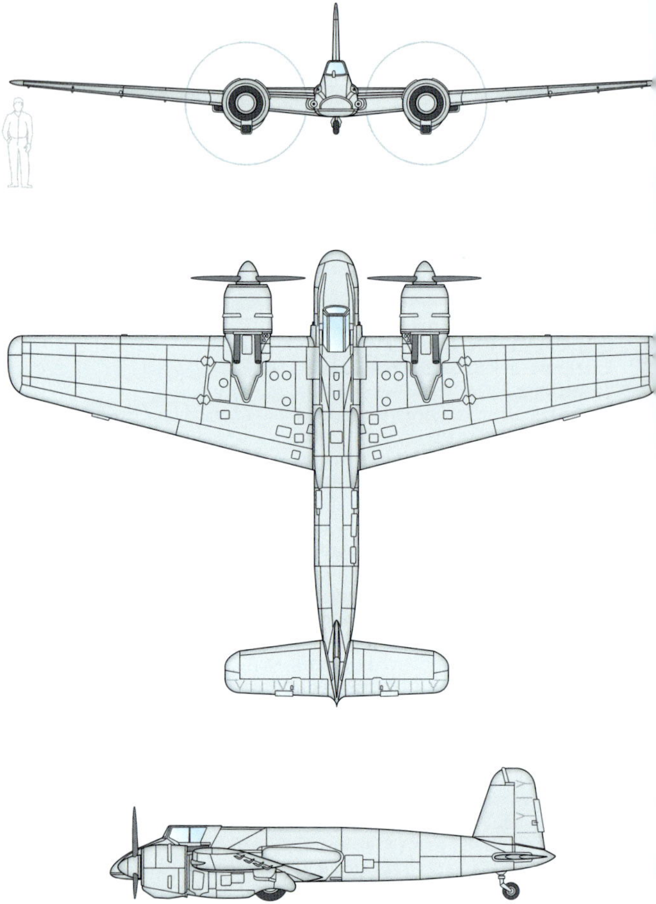

Abmessungen:
Spannweite: 14,20 m
Länge: 9,73 m
Höhe: 3,25 m
Flügelfläche: 29,0 m^2

Henschel Hs 129 B

Henschel Hs 129

Ursprungsland: Deutschland
Kategorie: Erdkampfflugzeug
Besatzung: 1
Triebwerke: (B) Zwei luftgekühlte 14-Zylinder-Doppelsternmotoren Gnome-Rhône 14M mit je 515 kW (700 PS).
Leistungen: (B) Höchstgeschwindigkeit 407 km/h in 3800 m Höhe, Dienstgipfelhöhe 9000 m, Reichweite 690 km.
Gewichte: (B) Leergewicht 3810 kg, max. Abfluggewicht 5243 kg.
Bewaffnung: (B) Zwei MGs und zwei 17 mm-Maschinenkanonen, je nach Variante unter dem Rumpf zusätzlich eine 30 mm-Maschinenkanone, bei der B 3 eine 75 mm-Panzerabwehrkanone. Rüstsätze für Bomben, Kanonen und Reihenbildgeräte zur Aufklärung.
Entwicklung: Nach einer Ausschreibung im Jahr 1937 wurden Henschel und Focke Wulf beauftragt einen Prototyp zu entwickeln. Henschel erhielt, trotz noch erheblicher Mängel, den Zuschlag wegen der wesentlich geringeren Produktionskosten. Der Erstflug erfolgte im Mai 1939. Die A-Serie war wegen mangelnder Leistung des Zwölfzylinder-Motors Argus 410, eingeschränkter Sicht und viel zu enger Kabine unausgereift und wurde von der Luftwaffe nicht abgenommen. Mit einem neu konstruierten Bug und Panzercockpit, überarbeiteten Fenstern und der Verwendung wesentlich stärkerer französischer Gnome-Doppelsternmotoren konnte die B 1- und B 2-Baureihe schließlich überzeugen. Deren Serienbau lief im Dezember 1941 an. Eine 75 mm-Panzerabwehrkanone unter dem Rumpf wurde in 25 Hs 129 B 3 eingebaut, die sich aber wegen des enormen Rückstoßes der Kanone nicht bewährte. Die Versionen C und D mit anderer Bewaffnung und stärkeren Motoren kamen nicht über das Projektstadium hinaus

Insgesamt wurden bis September 1944 bei Henschel 882 Hs 129 gebaut, davon 62 Stück für die rumänische Luftwaffe.
Bemerkungen: Nach anfänglichen Problemen mit der A-Serie und wesentlichen Verbesserungen trafen Anfang Januar 1942 die ersten Maschinen der B-Serie bei der Luftwaffe ein. Diese Versionen wurde in Rumänien und Nordafrika eingesetzt, aber vor allem an der Ostfront. Schnell entwickelte sich das stark gepanzerte Flugzeug als nützliche Waffe gegen russische Panzer, was ihr den Namen „Büchsenöffner" einbrachte. Die Hs 129 war mit 400 km/h Höchstgeschwindigkeit jedoch für gegnerische Jagdflugzeuge leicht erreichbar und erforderte somit Schutz durch eigene Jagdflugzeuge.

Soweit bekannt ist kein Flugzeug erhalten geblieben.

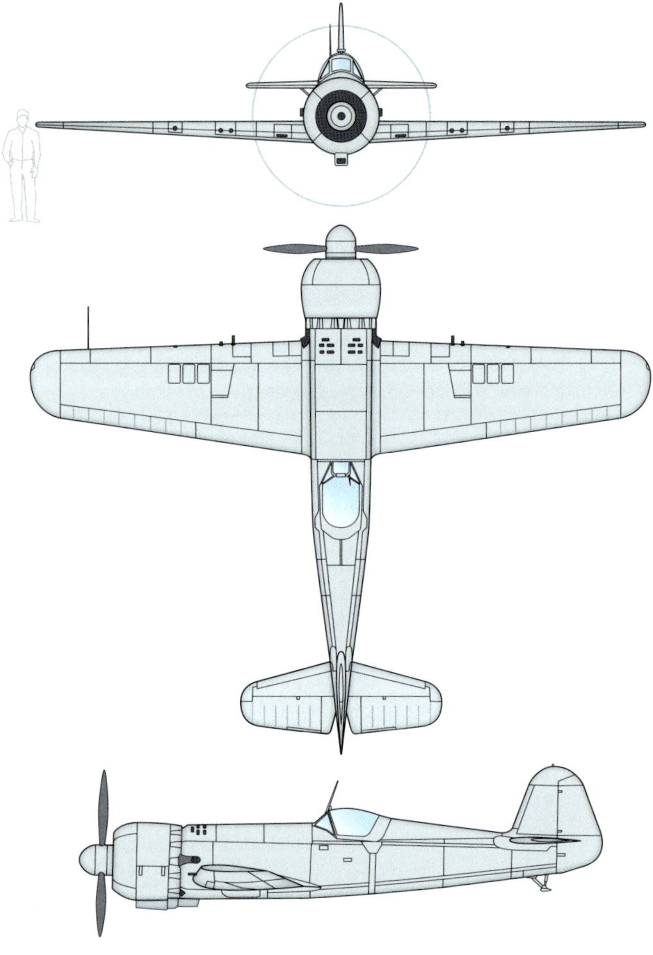

Abmessungen:
Spannweite: 10,52 m
Länge: 8,97 m
Höhe: 3,52 m
Flügelfläche: 15,97 m^2

IAR 80 A

IAR 80/81

Ursprungsland: Rumänien
Kategorie: Jagdflugzeug
Besatzung: 1
Triebwerk: (81 A) Ein luftgekühlter 14-Zylinder-Doppelsternmotor IAR 14K-IV mit 764 kW (1025 PS).
Leistungen: (81 A) Höchstgeschwindigkeit ca. 485 km/h in 5000 m Höhe, Steigzeit auf 5000 m 6 min, 30 sec, Dienstgipfelhöhe 10.000 m, Reichweite 730 km, mit Zusatztanks 1330 km.
Gewichte: (81 A) Leergewicht 2190 kg, max. Abfluggewicht 3190 kg.
Bewaffnung: (je nach Typ) Vier bis sechs MGs in den Flügeln. 250 kg Bomben unter dem Rumpf, zwei 50 kg-Bomben an Flügelstationen.
Entwicklung: Bereits Ende 1937 begannen die Arbeiten am Prototypen, der Erstflug war allerdings erst im April 1939. Der Rumpf vor dem Cockpit war eine aluverkleidete Stahlrohrkonstruktion, das Heck wurde in Schalenbauweise hergestellt. Im Frühjahr 1940 startete die Produktion, aber erst im Februar 1941 begann die Auslieferung. Schon im April wurde nach der 50. Maschine die 80 A mit einem stärkerem Triebwerk und 6 MGs in den Flächen produziert. Die 80 B bekam einen etwas größeren Flügel und eine geänderte Bewaffnung. Als Sturzkampfbomber wurde die IAR 81 eingesetzt. Sie unterschied sich lediglich durch vier Bombenaufhängungen unter den Flügeln. Die 81er-Versionen A, B, und C waren Bewaffnungsvarianten. Nach Kriegsende wurden etliche Flugzeuge zum Trainings-Doppelsitzer IAR 80 DC umgebaut.

Bis 1944 liefen 436 Flugzeuge aller Varianten vom Band.

Bemerkungen: Schon in der Erprobungsphase zeigte die IAR 80 im Vergleich zur He 112, von der 30 Flugzeuge an Rumänien geliefert wurden, respektable Leistungen, konnte aber trotzdem nicht ganz mit den damaligen modernen Jagdflugzeugen mithalten.

Als Jäger und Jagdbomber wurde die IAR 80 im Krieg gegen die Sowjetunion in der Ukraine eingesetzt. Zum Schutz der eigenen Ölfelder in Ploiesti sind 1943 schließlich alle Flugzeuge nach Rumänien zurückbeordert worden. Bei den dortigen Einsätzen im August 1943 gegen schwere amerikanische B-24-Bomber und im Juni 1944 gegen P-38 Lightnings der USAF erzielten die IARs aufgrund ihrer Wendigkeit in niedriger Höhe außergewöhnlich hohe Abschusszahlen.

Im Nationalen Militärmuseum in Bukarest/Rumänien steht eine IAR 80, zurückgebaut aus einer IAR 80 DC.

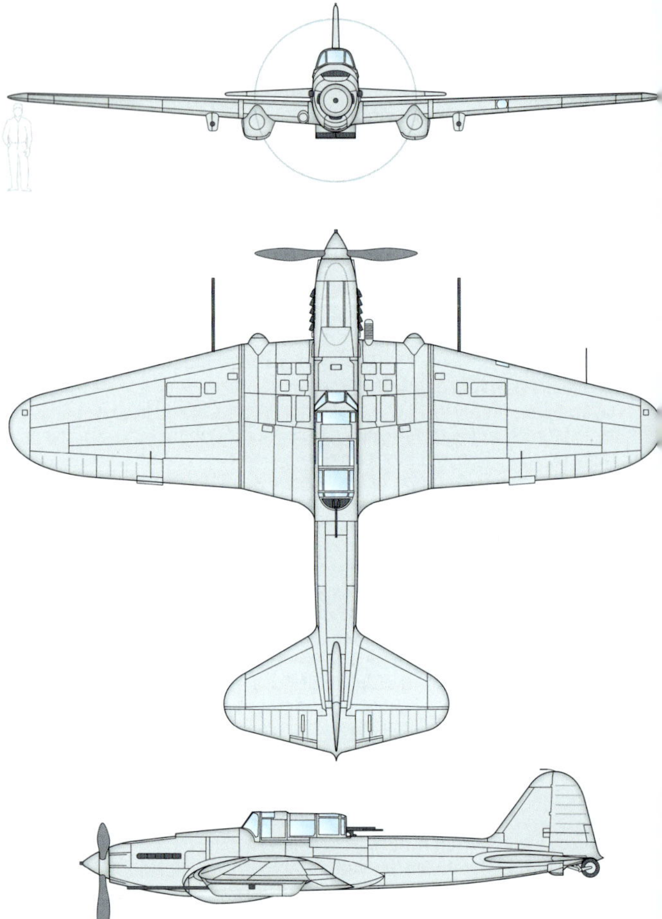

Abmessungen:
Spannweite: 14,60 m
Länge: 11,65 m
Höhe: 4,17 m
Flügelfläche: 38,50 m²

Iljuschin IL-2 M

Iljuschin Il-2

Ursprungsland: Sowjetunion
Kategorie: Schlachtflugzeug
Besatzung: 2
Triebwerk: (Il-2 M) Ein flüssigkeitsgekühlter V12-Motor Mikulin AM 38F mit 1270 kW (1700 PS) Startleistung.
Leistungen: (Il-2 M) Höchstgeschwindigkeit ca. 410 km/h in 1500 m Höhe, Steigzeit auf 5000 m 15 min, Dienstgipfelhöhe 4525 m, Reichweite 765 km.
Gewichte: (Il-2 M) Leergewicht 4525 kg, max. Abfluggewicht 6360 kg.
Bewaffnung: (Il-2 M) Je nach Version zwei MGs und zwei Maschinenkanonen in, oder unter den Tragflächen, ein MG im Heckstand, bis zu 600 kg Bomben und Raketen im Bombenschacht und extern.
Entwicklung: Der Entwurf der Il-2 ging auf einen Aufruf der sowjetischen Regierung aus dem Jahr 1936 zurück. Bis 1938 dauerten die Konstruktionsarbeiten an, und der erste zweisitzige Prototyp flog im Oktober 1939. Die Forderung des Militärs nach einer einsitzigen Maschine wurde einhergehend mit dem Einbau des stärkeren Mikulin AM 38 erfüllt. Im März 1941 flog die erste Serienmaschine. Der in Gemischtbauweise hergestellte Tiefdecker hat einen stahlgepanzerten Vorderrumpf, Metalltragflächen und ein aus verklebten Holzhalbschalen hergestelltes Heck. Zahlreiche Varianten, darunter Schulflugzeuge, Torpedo- und Jagdbomber wurden bis 1945 produziert.

Die Angaben der Produktionszahlen schwanken zwischen 31.000 und 36.163 Exemplaren. Abnehmerländer waren China, Nordkorea, Polen, Tschechoslowakei und Ungarn.
Bemerkungen: Zu den meistgebauten Flugzeugen der Welt gehört die Sturmovik, die durch ihre Robustheit und Unempfindlichkeit gegen Beschuss berühmt wurde. Trotzdem musste die Il-2 anfangs wegen mangelhafter Pilotenausbildung, fehlender Heckbewaffnung usw. hohe Verluste hinnehmen. Mit der zweisitzigen Version, besserer Ausbildung und neuen Kampftaktiken änderte sich das. Die Erfolge und die Effektivität des „fliegenden Panzers“ sind allerdings nicht unumstritten, sondern werden oft weniger der Qualität des Flugzeuges, sondern eher der großen Anzahl eingesetzter Maschinen zugeschrieben.

Es sind relativ viele IL-2 in Museen in Bulgarien, China, Tschechien, Ungarn, Norwegen, Polen, USA und Russland erhalten geblieben. Vier Il-2 sind in den USA und Russland in flugfähigem Zustand.

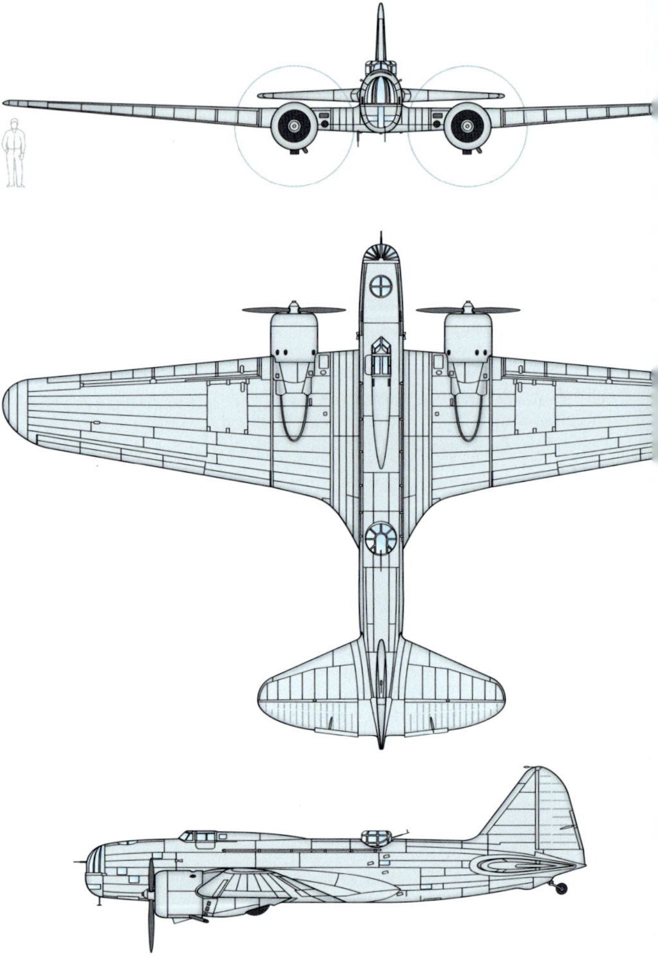

Abmessungen:
Spannweite: 21,44 m
Länge: 14,22 m
Höhe: 4,19 m
Flügelfläche: 65,60 m^2

Iljuschin DB-3 B

Iljuschin DB-3

Ursprungsland: Sowjetunion
Kategorie: Langstreckenbomber
Besatzung: 3
Triebwerke: Zwei luftgekühlte 14-Zylinder-Doppelsternmotoren Tumansky M-88 B mit 809 kW (1100 PS) Startleistung und 699 kW (950 PS) Dauerleistung.
Leistungen: Höchstgeschwindigkeit 439 km/h in 4900 m Höhe, Steigzeit auf 7000 m 25 min, 20 sec, Dienstgipfelhöhe 9600 m, Reichweite ca. 3800 km.
Gewichte: Leergewicht 5030 kg, Abfluggewicht 7745 kg, max. 9450 kg.
Bewaffnung: Drei MGs an den Rumpfstationen, ein bewegliches MG nach Bedarf. Bis zu 2500 kg Bomben im Bombenschacht.
Entwicklung: Im Konstruktionsbüro Iljuschin begann 1934 die Entwicklung. Der noch in Holz-Metall-Gemischtbauweise hergestellte Prototyp Bezeichnung ZKB-26 flog im Juni 1935 zum ersten Mal. Bereits im März 1936 wurde das erste Serienmuster, nun als DB-3, in Ganzmetallbauweise produziert. 1937 übernahmen die sowjetischen Luftstreitkräfte die ersten Maschinen. Mit Doppelsternmotoren Tumansky M-86 als Antrieb wurde die Baureihe DB-3 B begonnen. Weitere verbesserte Tumansky-Motorvarianten kamen dabei abwechselnd zum Einbau. Erst ab 1940 wurden in den letzten Varianten der Tumansky M-88 eingebaut. Eine Marine-Variante (DB-3 T), die Torpedos und Minen tragen konnte wurde ab Herbst 1939 produziert. Ein Prototyp einer Schwimmerversion (DB-3 TP) wurde gebaut, ging aber nicht in Serie und eine vergrößerte Version (DB-4) mit neuem Rumpf und Leitwerk kam nicht über das Prototypenstadium hinaus.

1941 endete die Produktion nach 1528 hergstellten Flugzeugen.

Bemerkungen: Schon im Prototypenstadium wurden mit der DB-3 mehrere Reichweiten-, Nutzlast-, Höhen- und Geschwindigkeits-Weltrekorde aufgestellt. Im 2. Weltkrieg flog der Bomber im Sowjetisch-Finnischen Winterkrieg und ab 1941 gegen die vorrückenden deutschen Truppen. Auch bei der ersten Bombardierung Berlins im August 1941 durch die Sowjets wurde das Flugzeug eingesetzt. China nutzte das Flugzeug im chinesisch-japanischen Krieg. Finnland, das fünf DB-3 erbeutete und weitere sechs von den Deutschen übernommene DB-3 bekam, griff damit wiederum die sowjetischen Streitkräfte im Sowjetisch-Finnischen Winterkrieg an.

Die einzige wiederaufgebaute DB-3 wird im Zentralen Luftwaffenmuseum in Monino/Moskau ausgestellt.

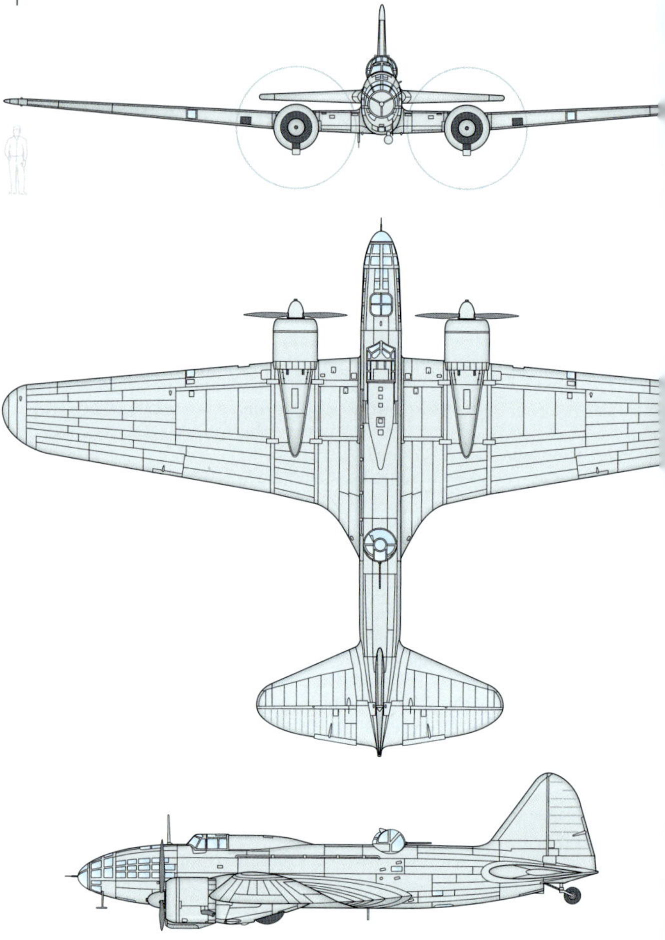

Abmessungen:
Spannweite: 21,44 m
Länge: 14,76 m
Höhe: 4,10 m
Flügelfläche: 66,70 m²

Iljuschin IL-4

Iljuschin IL-4

Ursprungsland: Sowjetunion
Kategorie: Mittelschwerer Bomber
Besatzung: 3
Triebwerke: Zwei luftgekühlte 14-Zylinder-Doppelsternmotoren Tumanski M-88 B mit 809 kW (1100 PS) Startleistung.
Leistungen: Höchstgeschwindigkeit 410 km/h in 6500 m Höhe, Steigzeit auf 5000 m 13 min, 45 sec, Dienstgipfelhöhe 8700 m, Reichweite 2600 km beladen, maximale Reichweite 3800 km.
Gewichte: Leergewicht 5800 kg, maximales Abfluggewicht 12.120 kg.
Bewaffnung: Je ein MG im Drehturm, im Bug und in einer Bodenluke. Bis zu 2500 kg Bomben oder Minen, oder maximal 2 Torpedos.
Entwicklung: Aus dem direkten Vorgängermodell Iljuschin DB-3, wurde die komplett überarbeitete Version DB-3 F, später IL-4 genannt, entwickelt. Mitte 1939 flog der zweimotorige Tiefdecker zum ersten Mal und Anfang 1940 begann bereits die Serienproduktion. Bei einigen Versionen des sonst in Ganzmetallbauweise hergestellten Flugzeuges wurden, um Rohstoffe einzusparen, die Außenflügel und Teile des Rumpfbugs und -hecks aus Holzpressteilen gebaut, was jedoch Leistungseinbußen mit sich brachte. Auch als Langstrecken-Aufklärer und Minenleger konnte der ab 1940 produzierte Torpedobomber IL-4 T verwendet werden. Ein Experiment blieb der 1943 gebaute Höhenbomber IL-4 TK. Einige ausgemusterte Flugzeuge sind noch nach dem Krieg zum Fotoaufklärer umgebaut worden.

Bis Ende 1946 liefen 5256 IL-4 vom Band. Bis 1949 wurden fast alle IL-4 ausgemustert. Nur die Torpedoversion blieb bis 1952 im Dienst.
Bemerkungen: Nach Berichten war die IL-4 kein einfach zu fliegendes Flugzeug. Einhergehend mit der Produktionsverlegung in den Osten des Landes traten erhebliche Produktionsmängel auf und anfänglich falsche Einsatztaktiken führten zu hohen Verlusten. Trotzdem wurde das Flugzeug auf allen Kriegsschauplätzen an der deutsch-sowjetischen Front, oft zur Luftnahunterstützung der eigenen Bodentruppen, eingesetzt. Als strategischer Bomber flog die IL-4 schon 1941 Fernangriffe auf Berlin. Die Torpedobomber operierten hauptsächlich in der Ostsee, im Schwarzen Meer, an der Pazifikküste und in der Barentssee. Vier von den Deutschen erbeutete IL-4 übernahm die finnische Luftwaffe (Bild), die sie wieder gegen die Rote Armee einsetzte.

Ein Flugzeug steht im Zentralmuseum des Großen Vaterländischen Krieges in Moskau.

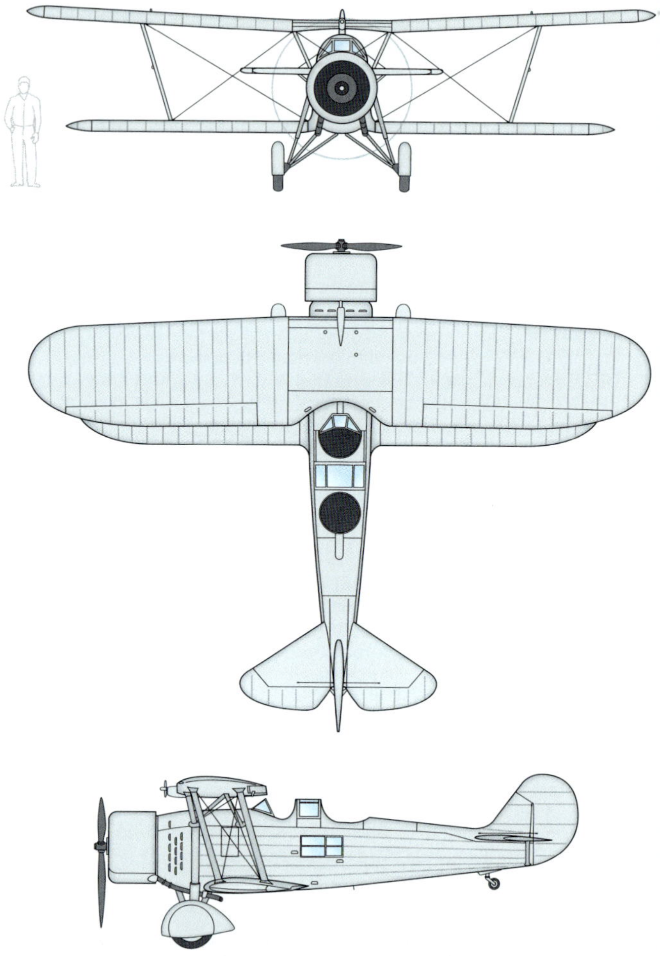

Abmessungen:
Spannweite: 11,08 m
Länge: 8,56 m
Höhe: 3,11 m
Flügelfläche: 32 m^2

IMAM Ro. 37 bis

IMAM Ro. 37

Ursprungsland: Italien
Kategorie: Aufklärungsflugzeug, leichter Bomber
Besatzung: 2
Triebwerk: (RO.37 bis) Ein luftgekühlter 9-Zylinder-Sternmotor Piaggio Stella P.IX R.C.40 mit ca. 418 kW (561 PS).
Leistungen: (RO.37 bis) Höchstgeschwindigkeit 330 km/h in 5000 m Höhe, Steigzeit auf 3000 m Höhe ca. 11 min, Dienstgipfelhöhe 7200 m, Reichweite ca. 1100 km.
Gewichte: (RO.37 bis) Leergewicht 1587 kg, Abfluggewicht 2420 kg.
Bewaffnung: Zwei MGs über dem Motor, ein MG im Waffenstand hinter dem Cockpit. Maximal 180 kg Bomben unter dem Rumpf.
Entwicklung: Nach einem verlorenen Wettbewerb für ein Aufklärungsflugzeug der italienischen Luftwaffe entwickelte IMAM eine völlig neue Version, die Ro. 37, deren Prototyp 1933 zum ersten Mal abhob. Der in Holz-Metall-Gemischtbauweise hergestellte Doppeldecker wurde zu Beginn der Produktion mit einem weniger zufriedenstellenden, flüssigkeitsgekühlten 600 PS-Fiat-V-Reihenmotor ausgestattet. Um die Flugleistungen in Bodennähe zu verbessern hat man nach 160 produzierten Ro. 37 auf die Ro. 37 bis, mit oben beschriebenem Piaggio-Sternmotor umgestellt und davon nochmals 475 Flugzeuge gebaut.

Weiterentwicklungen waren die Ro.43, ein Wasserflugzeug mit Zentralschwimmer, die Ro. 44 als Jagdflugzeug mit einem Zentralschwimmer und die Ro. 45 als Langstreckenaufklärer und leichter Bomber.

Angeblich wurden bis 1939 ca. 620 Maschinen gebaut, andere Quellen sprechen von 569. Exportiert wurde die Ro. 37 nach Afghanistan, Ungarn und in einige Ländern Südamerikas.

Bemerkungen: Ende 1936 setzte man die Maschine im Spanischen Bürgerkrieg ein. Mit Beginn des 2.Weltkriegs aber hauptsächlich in Afrika in verschiedenen Rollen, auch als leichter Bomber zur Bodenunterstützung. Später aber nur noch als Verbindungs- und Ambulanzflugzeug. Bis zum Waffenstillstand im September 1943 waren alle Ro. 37 aus dem aktiven Dienst zurückgezogen worden.

Eine Ro. 37 bis und eine Ro. 43 stehen im Italienischen Luftfahrtmuseum Vigna di Valle in Bracciano/Italien.

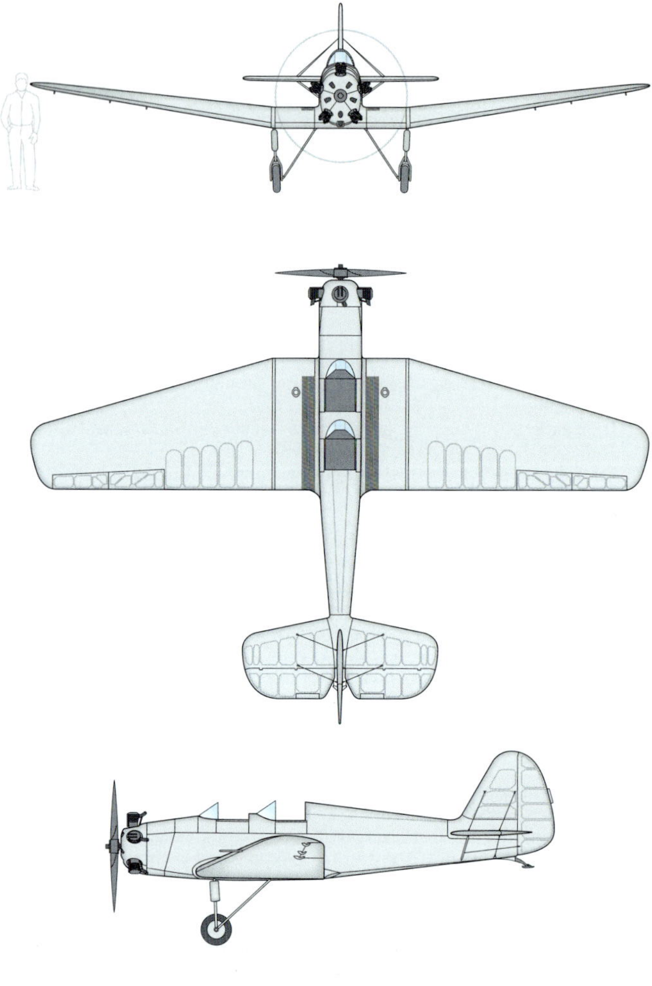

Abmessungen:
Spannweite: 10,20 m
Länge: 7,00 m
Höhe: 3,00 m
Flügelfläche: 17,12 m^2

Jakowlew UT-2 M

Jakowlew UT-2

Ursprungsland: Sowjetunion
Kategorie: Schulflugzeug
Besatzung: 2
Triebwerk: Ein luftgekühlter 5-Zylinder-Sternmotor Schwezow M-11 D mit ca. 93,2 kW (125 PS).
Leistungen: Höchstgeschwindigkeit 210 km/h, Reisegeschwindigkeit 160 km/h, Dienstgipfelhöhe 3500 m, Reichweite ca. 500 km.
Gewichte: Leergewicht 616 kg, max. Abfluggewicht 856 kg.
Bewaffnung: (UT-2 MV) Acht Raketen und zwei bis vier 50 kg-Bomben.
Entwicklung: Als leistungsfähigerer Nachfolger für den PO-2-Doppeldecker wurde die Jakowlew UT-2, ursprünglich AIR-20 genannt, aus der AIR-10 entwickelt. Der Prototyp hatte seinen Jungfernflug im Juli 1935. Der in Gemischtbauweise hergestellte Tiefdecker hatte einen bespannten Stahlrohrrumpf, einen metallbeplankten Rumpfbug und beplankte und bespannte Flügel aus Holz. Die Serienproduktion begann bereits im September 1937. Mit der Absicht, bessere Flugeigenschaften zu erzielen, wurde 1941 mit umkonstruiertem, leicht gepfeiltem Flügel, Leitwerk und Fahrwerk die UT-2 M aufgelegt. Neben der Standardvariante sind etliche UT-2 zu leichten Kampfflugzeugen mit zwei MGs und/oder Unterflügelstationen für Raketen und Bomben umgerüstet worden. Es gab eine Schwimmerversion (UT-2 WT) und eine stark überarbeitete Version mit Kanzelhaube (UT-2 L), die Urversion der Jak-18.

Bis zum Produktionsende 1948 wurden in fünf sowjetischen Werken 7243 Flugzeuge produziert.

Bemerkungen: In der Ursprungsversion war das Schulflugzeug laut Berichten nicht einfach zu fliegen und neigte zu Spins. Mit der Überarbeitung zur UT-2 M wurden dieses Manko jedoch behoben. Als Standardtrainer der sowjetischen Luftwaffe ist die UT-2 erst in den 1950er-Jahren durch die Jak-11 und Jak-18 abgelöst worden. Ungarn, Polen, die Mongolei, Rumänien und Jugoslawien nutzten das Flugzeug ebenso zur Pilotenausbildung, wie die unzähligen Aeroclubs in der Sowjetunion bis in die 1950er-Jahre.

Im Zentralen Museum der Luftstreitkräfte der Russischen Föderation in Monino, im Technischen Museum Moskau und im technischen Museum in Zagreb/Kroatien steht je ein Exemplar. Ein Nachbau einer UT 2B einer russischen Firma flog im Oktober 2016 zum ersten Mal.

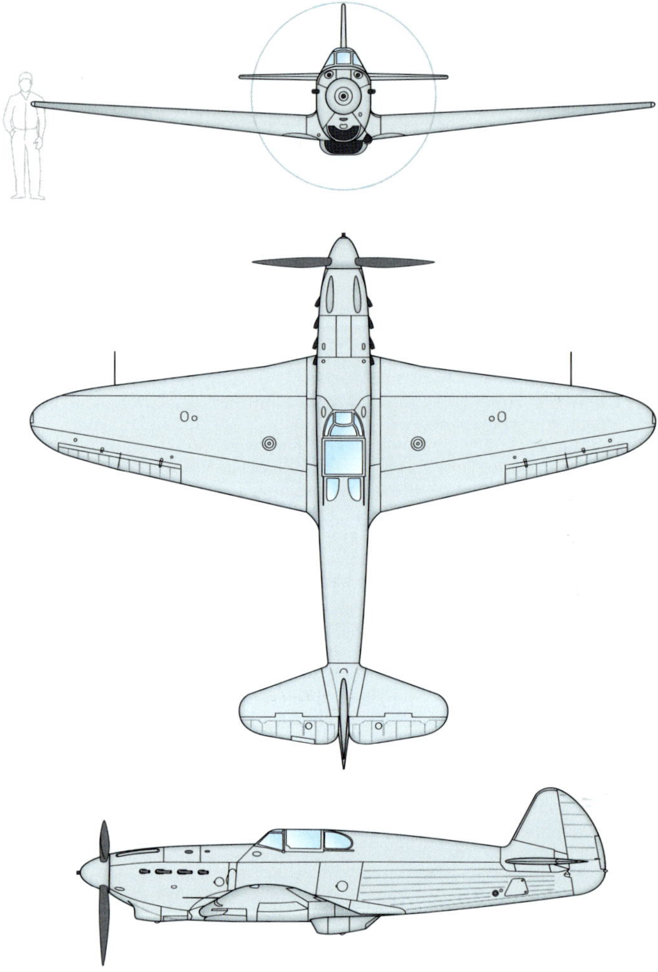

Abmessungen:
Spannweite: 10,0 m
Länge: 8,47 m
Höhe: 2,64 m
Flügelfläche: 17,15 m^2

Jakowlew Jak-1

Jakowlew Jak-1

Ursprungsland: Sowjetunion
Kategorie: Jagdflugzeug
Besatzung: 1
Triebwerk: (Jak-1) Ein flüssigkeitsgekühlter V12-Zylinder-Motor Klimow WK-105P mit ca. 772 kW (1050 PS).
Leistungen: (Jak-1) Höchstgeschwindigkeit 550 km/h in 4500 m Höhe, Steigzeit auf 5000 m Höhe ca. 7 min, Dienstgipfelhöhe 9500 m, Reichweite ca. 760 km.
Gewichte: (Jak-1) Leergewicht 2445 kg, Abfluggewicht 2950 kg.
Bewaffnung: Eine Maschinenkanone durch die Propellernabe, zwei MGs über dem Motor (Jak-1B ein MG über dem Motor). 200 kg Bomben oder vier Raketen an Flügelstationen.
Entwicklung: Die Jak-1 war das Ergebnis einer Ausschreibung für ein modernes Jagdflugzeug, das die in die Jahre gekommenen Flugzeuge I-15, I-16 usw. ersetzen sollte. Im Januar 1940 startete der erste Prototyp und die Serienfertigung des in Gemischtbauweise (beplankter und bespannter Stahlrohrrumpf und Holzflügel) hergestellten Flugzeuges begann schon im Dezember des selben Jahres. Mitte 1941 wurde die 1 B (Bild) mit abgesenktem Rumpfrücken, geändertem Flügel und einem 1240 PS-starken V12-Zylinder Klimov eingeführt. Von der leichtesten und leistungsstärksten Jak-1 M wurde nur 2 Exemplaren hergestellt. Sie war das Ausgangsmuster, andere Quellen sprechen von einer Parallelentwicklung, für die in großer Stückzahl (4848) ab Mitte 1944 und in Ganzmetallbauweise hergestellten Jak-3. Ein direkter Ableger war die doppelsitzige Jak-7 als Trainer, die dann doch wegen der guten Leistungen hauptsächlich als einsitziges Jagdflugzeug Jak-7 B in großer Stückzahl produziert wurde (ca. 6400) wurde.

Bis 1944 wurden insgesamt 8721 Jak-1 aller Varianten hergestellt.
Bemerkungen: Eine gelungene Konstruktion mit großem Entwicklungspotenzial und guten Flugeigenschaften begann mit der Jak-1 und damit eine ganze Reihe von äußerst erfolgreichen Jakowlew-Jagdflugzeug-Konstruktionen, die mit der Jak-9 endete. Außer in der Sowjetunion flog das bei Piloten sehr geschätzte und bei seinen Gegner geachtete Jagdflugzeug noch in Polen und in Jugoslawien.

Neben Restaurierungsprojekten ist die einzige originale Jakowlew Jak-1B im Siegespark in Saratow/Russland zu sehen.

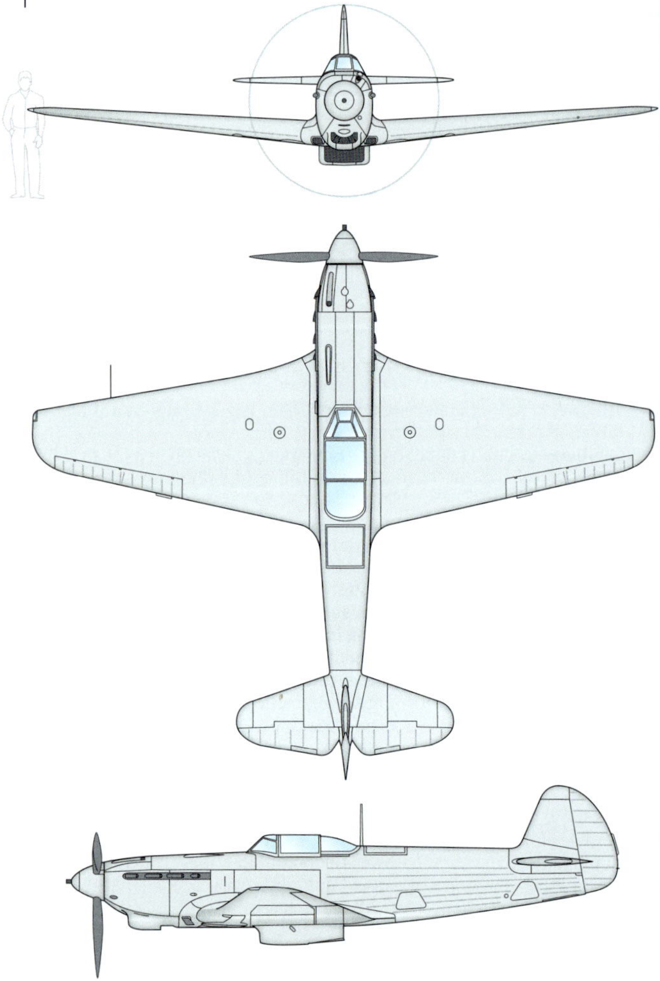

Abmessungen:
Spannweite: 9,74 m
Länge: 8,66 m
Höhe: 3 m
Flügelfläche: 17,15 m^2

Jakowlew Jak-9 T

Jakowlew Jak-9

Ursprungsland: Sowjetunion
Kategorie: Jagdflugzeug
Besatzung: 1
Triebwerk: (Jak-9T) Ein flüssigkeitsgekühlter V12-Zylinder-Motor Klimov M 105PF mit ca. 927 kW (1260 PS).
Leistungen: (Jak-9T) Höchstgeschwindigkeit 597 km/h in 3250 m Höhe, Steigzeit auf 5000 m 5 min, 30 sec, Dienstgipfelhöhe 10.000 m, Reichweite ca. 735 km.
Gewichte: (Jak-9T) Leergewicht 2298 kg, Abfluggewicht 3025 kg.
Bewaffnung: (Jak-9T) Eine Maschinenkanone durch die Propellerwelle, ein Maschinengewehr über dem Motor.
Entwicklung: Eine modifizierte und leistungsgesteigerte Jak-7 war die Grundlage der Jak-9, die im Oktober 1942 bei der Streitkräften eingeführt wurde. Während des Krieges wurden zahlreiche Varianten in zum Teil sehr hohen Stückzahlen gebaut. Die Flugzeuge unterschieden sich hauptsächlich in der Bewaffnung und Motorisierung oder waren strukturelle oder aerodynamische Zellenmodifikationen, um deren Einsatzzweck vom Jagdflugzeug, Langstrecken-Begleitjäger, Erdkampfflugzeug bis zum leichte Bomber sicherzustellen. Auch eine zweisitzige Trainerversion wurde gebaut. Letzte und leistungsstärkste Variante während des Krieges war die Jak 9 U, mit einem 1595 PS-starken Klimov VK 107 ausgestattet, die nahezu 700 km/h erreichte. Die Jak-9 P war die letzte Serienvariante, die bis Ende 1948 hergestellt wurde.

In der Zeit von 1942 bis 1945 wurden 14.579 Jak-9, und bis 1948 nochmals 2190 Flugzeuge gebaut.

Bemerkungen: Zum erfolgreichsten Jagdflugzeug der Sowjetunion im 2. Weltkrieg wurde die Jak-9, nicht nur als meistproduzierter Jäger, sondern wegen ihrer überragenden Flugeigenschaften, was von vielen Piloten auf beiden Seiten bestätigt wurde. Trotz der stetigen technischen Probleme, vor allem mit dem Antrieb, war das Flugzeug seinen Gegnern ebenbürtig, wenn nicht gar überlegen. Eine große Anzahl wurde in den Nachkriegsjahren an Albanien, China, Jugoslawien, Nordkorea, Polen und Ungarn ausgeliefert. Die letzten Kriegseinsätze wurden im Koreakrieg 1950 von der nordkoreanischen Luftwaffe geflogen.

Etliche Jak-9 sind in Museen in Bulgarien, Polen, Russland, Ukraine und USA zu finden. Eine Kleinserie mit amerikanischen V12-Zylinder-Motoren Allison V-1710 wurde 1996 in Russland wieder aufgelegt und weltweit als Bausatz verkauft.

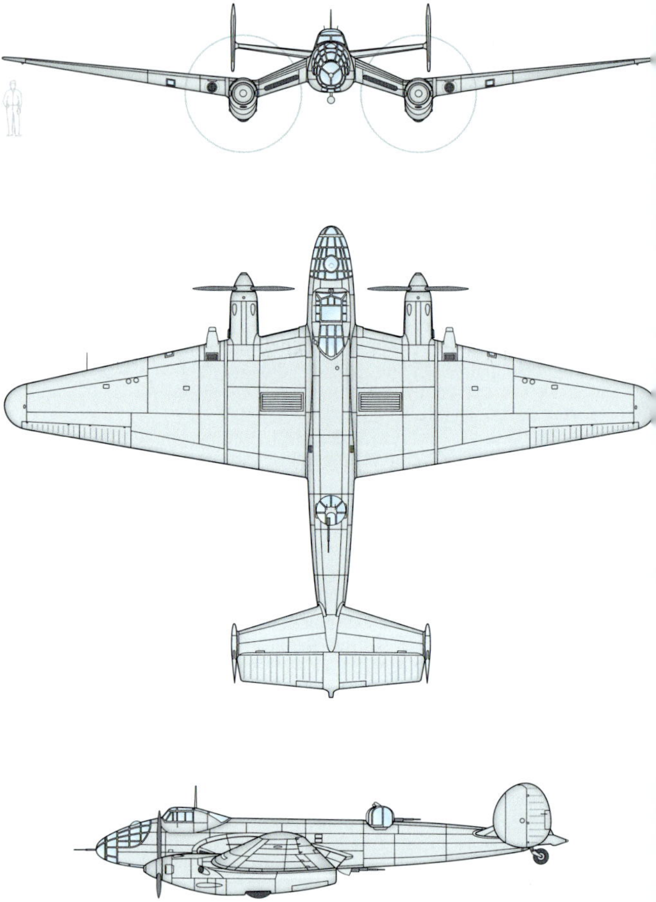

Abmessungen:
Spannweite: 23,00 m
Länge: 16,40 m
Höhe: 6,85 m
Flügelfläche: 73,10 m²

Jermolayew Jer-2

Jermolayew Jer-2

Ursprungsland: Sowjetunion
Kategorie: Mittelschwerer Langstreckenbomber
Besatzung: 4–5
Triebwerke: Zwei flüssigkeitsgekühlte, aufgeladene V12 Zylinder-Dieselmotoren Charomskiy ACh-30B mit 1100 kW (1500 PS).
Leistungen: Höchstgeschwindigkeit 420 km/h in 6000 m Höhe, Reisegeschwindigkeit 335 km/h, Dienstgipfelhöhe 7200 m, Reichweite 5500 km.
Gewichte: Leergewicht 10.455 kg, maximales Abfluggewicht 18.580 kg.
Bewaffnung: Je ein MG im Bug und unter dem Rumpf, eine Maschinenkanone im Drehturm auf dem Rumpfrücken. Bis zu 5000 kg Bomben.
Entwicklung: Grundlage der Jer-2 war das leistungsfähige Passagierflugzeug Stal-7. Der Konstrukteur W. G. Jermolayew nutzte dies für die Konstruktion des ursprünglich DB-240 genannten Fernbombers, der im Mai 1940 erstmals flog. Das Ganzmetallflugzeug mit Knickflügeln wurde in den ersten Serien mit V12-Zylinder-Klimow M-105 Motoren (809 kW/1100 PS) ausgestattet. Nach den ersten 144 Flugzeugen begann mit der kriegsbedingten Verlagerung des Werkes in das weiter östlich liegende Omsk erst Ende 1943 die Produktion von rund 300 etwas schwereren Jer-2. Einhergehend mit dem Einbau des wesentlich stärkeren, aber sparsameren Dieselmotors von Charomsky wurde das Cockpit verbreitert und die Flügel vergrößert (Zeichnung). Drei Flugzeuge wurden zum unbewaffneten 12-sitzigen VIP-Transporter umgebaut. Neben einigen Prototypen zur Erprobung stärkerer Motoren wurde Ende 1943 die Jer-4 mit etwas mehr Spannweite, höherem Abfluggewicht und verbesserter Bewaffnung getestet, ging aber nicht in Serie.

Die Quellen der Produktionszahlen schwanken zwischen 360–370 und 447.

Bemerkungen: Obwohl als Fernbomber entworfen, wurden mit dem zweimotorigen Tiefdecker in der Anfangsphase des Krieges auch Missionen zur Unterstützung der eigenen Bodentruppen geflogen, allerdings mit großen Verlusten. Einige Jermolayews nahmen im August 1941 von Leningrad aus am ersten Luftangriff auf Berlin teil. Die Flugzeuge aus der Produktion des Omsker Werks Ende 1943 kamen nur noch in geringer Stückzahl zum Kriegseinsatz und wurden schließlich nach 1947 unter anderem durch die viermotorige Tupolew TU-4 (eine nachgebaute Boeing B-29) ersetzt.

Soweit bekannt ist kein Flugzeug erhalten geblieben.

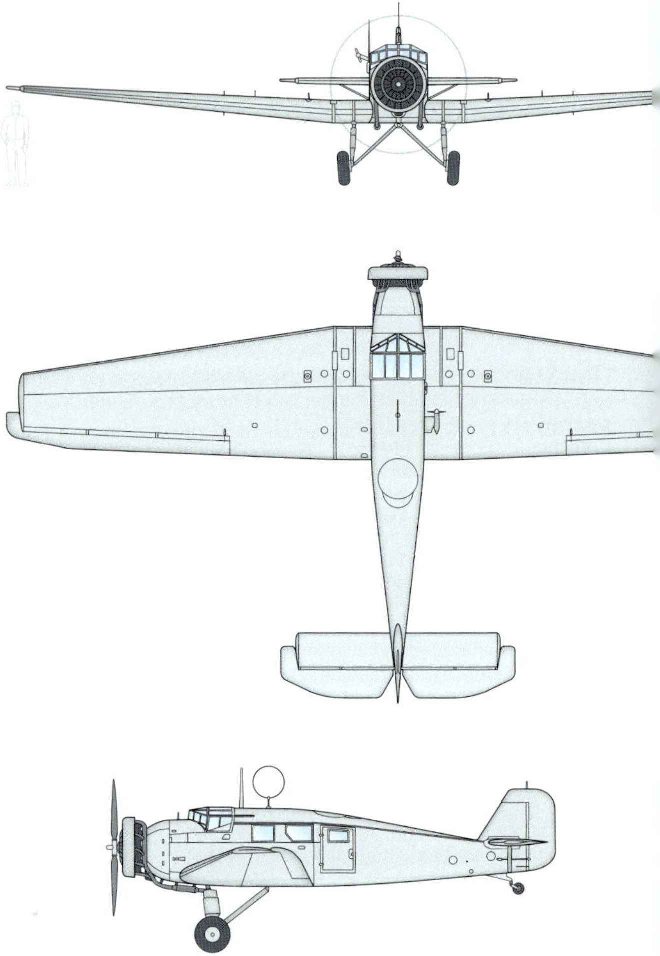

Abmessungen:
Spannweite: 18,48 m
Länge: 10,27 m
Höhe: 3,53 m
Flügelfläche: 44,00 m^2

Junkers W 34 hi

Junkers W 34

Ursprungsland: Deutschland
Kategorie: Mehrzweckflugzeug
Besatzung: 2
Triebwerk: (hi) Ein luftgekühlter 9-Zylinder-Sternmotor BMW 132A mit 480 kW (660 PS).
Leistungen: (hi) Höchstgeschwindigkeit 265 km/h auf Meereshöhe, Steigzeit auf 1000 m Höhe ca. 3 min, Dienstgipfelhöhe 6300 m, Reichweite ca. 900 km.
Gewichte: (hi) Leergewicht 1700 kg, Abfluggewicht 3200 kg.
Bewaffnung: Einige Varianten mit 2 MGs und bis zu 300 kg Bomben.
Entwicklung: Bereits im Juli 1926 flog die W 34 mit Sternmotor als Parallelentwicklung zur W 33 mit Reihenmotor. Das in typischer Junkersbauweise hergestellte Ganzmetallflugzeug mit Rohrholmen und Wellblechbeplankung konnte mit Motoren von Armstrong, Gnome-Rhône, Bristol, Pratt & Whitney, Siemens sowie BMW entsprechend den Kundenwünschen ausgestattet werden. Es gab Flugzeuge mit Schwimmern und Kufen, Expeditions-, Luftbild-, Fracht- und Passagierflugzeuge für bis zu 6 Passagiere. Mit den rund 20 gebauten Varianten und unterschiedlichen Motorisierungen änderten sich entsprechend Aussehen, Abmessungen, Gewichte und Leistungen. Unter der Bezeichnung K 43 (Bild) wurden bis Ende der 1920er-Jahre im Junkers-Zweigwerk in Schweden Aufklärer und leichte Bomber für den Export umgerüstet. Ab 1933 bekam die deutsche Luftwaffe insgesamt 2024 Flugzeuge der beiden Versionen W 34 hi mit BMW-Motor (Zeichnung) und hau mit 715 PS-Bramo und Vierblattpropeller.

Rund 3000 Flugzeuge aller Varianten sind produziert worden.

Bemerkungen: Die meisten der etwa 2000 Flugzeuge der deutschen Luftwaffe wurden zur Piloten- und Funkerausbildung eingesetzt. Die universelle Verwendbarkeit des äußerst robusten Tiefdeckers machte die W 34 in den 1920er- und 30er-Jahren aber auch zum erfolgreichen Exportmodell für zivile und militärische Zwecke auf allen Kontinenten. Abnehmer waren hauptsächlich Schweden, Finnland, Argentinien und Portugal. Außer bei der Deutschen Lufthansa flog das Flugzeug auch bei Airlines in Kanada, Schweden, Persien, Bolivien und Guinea. Die letzten W 34 in Kanada und Schweden wurden erst 1961 stillgelegt. Neben einigen Nutzlast- und Geschwindigkeitsrekorden stellte die W 34 1929 auch einen Höhenweltrekord mit 12.739 Metern auf.

Nur drei W 34 sind in Museen in Stockholm-Arlanda/Schweden, Ottawa/Kanada und Bogota/Kolumbien erhalten geblieben.

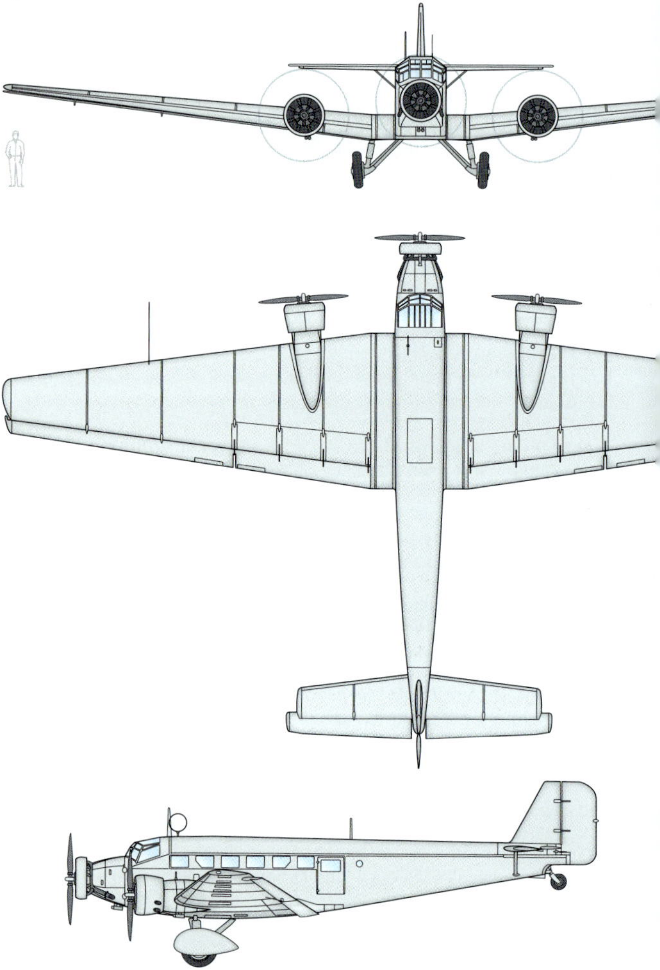

Abmessungen:
Spannweite: 29,25 m
Länge: 18,50 m
Höhe: 6,10 m
Flügelfläche: 110,50 m²

Junkers Ju 52/3m

Junkers Ju 52

Ursprungsland: Deutschland
Kategorie: Verkehrs- und Transportflugzeug
Besatzung: 3
Triebwerke: (G3e) Drei luftgekühlte 9-Zylinder-Sternmotoren BMW 132 A-3 mit 541 kW (725 PS).
Leistungen: (G3e) Höchstgeschwindigkeit 265 km/h in Meereshöhe, Steigzeit auf 1000 m Höhe ca. 17 min 30 sec, Dienstgipfelhöhe 5900 m, Reichweite ca. 1000 km.
Gewichte: (G3e) Leergewicht 5720 kg, Abfluggewicht 9500 kg, maximals Abfluggewicht 10.500 kg.
Bewaffnung: (G3e als Behelfsbomber) Ein MG auf dem Rücken, ein MG im unteren einziehbaren Waffenstand, bis zu 500 kg Bomben.
Entwicklung: Bereits 1929 begann Junkers mit der Entwicklung der einmotorigen Ju 52/1 m, von der sechs Stück gebaut wurden. Erstmals 3-motorig flog die Ju 52/3 m im März 1932. Bei dem in Ganzmetall gebauten robusten Tiefdecker mit seiner typischen Wellblechbeplankung und den auftriebserhöhenden Junkers-Doppelflügeln wurde bereits in der Grundkonstruktion die spätere militärische Verwendung als Bomber und Transporter berücksichtigt. Das Flugzeug wurde zum Standardtransportflugzeug der Luftwaffe und in unzähligen militärischen Varianten mit unterschiedlichen Motorisierungen gebaut. Darunter waren bewaffnete Behelfsbomber, Schleppflugzeuge, Seeversionen mit Schwimmern und Minensucher mit einer Ringmagnetspule.

Schätzungsweise sind bis 1944 insgesamt 4500 Flugzeuge in mehreren deutschen Werken, und in Frankreich rund 930 gebaut worden. CASA in Spanien baute 170 Flugzeuge in Lizenz.
Bemerkungen: Neben der weltweiten Nutzung als Passagierflugzeug spielte die Ju 52 schon im Spanischen Bürgerkrieg eine militärische Rolle als Bomber, war aber wegen ihrer geringen Geschwindigkeit verwundbar. Mit Beginn des 2. Weltkrieges ist die Ju 52 dann zum unverwüstlichen Transporter mit Kurzstart- und Landefähigkeiten geworden und zeichnete sich durch ihre Einsätze auch unter widrigsten Bedingungen aus. Auf allen Kriegsschauplätzen Europas und des Mittelmeerraumes war das Flugzeug zu finden. Frankreich flog die Amiot AAC.1 Toucan genannte Maschine bis Ende der 1960er-Jahre. Bis 1974 waren in Spanien noch einige als Militär-Transporter im Einsatz.

Alleine in Deutschland werden in fast allen bedeutenden Technik-Museen die Dreimots präsentiert. Einige Exemplare flogen 2020 noch in Südafrika, Frankreich und den USA.

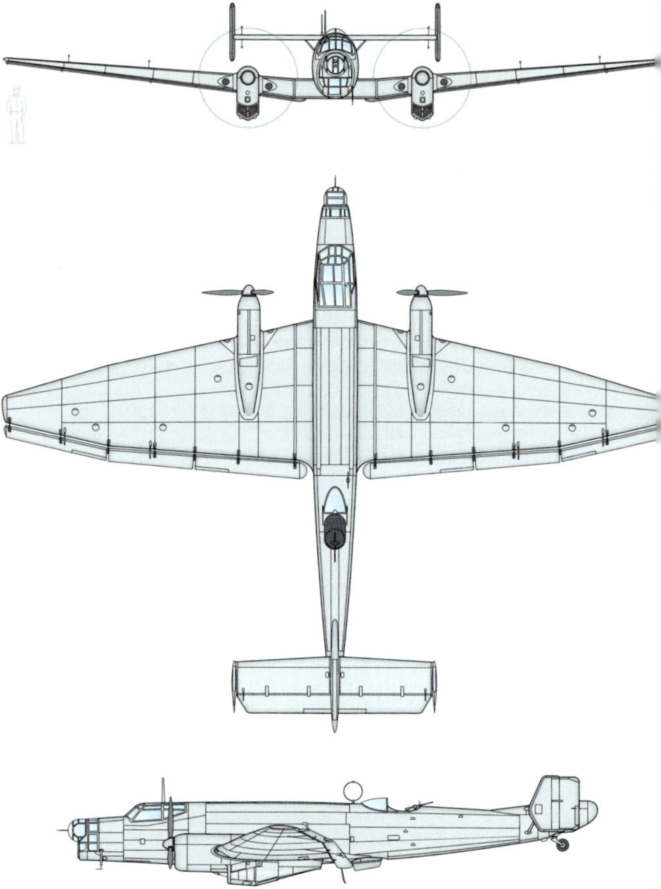

Abmessungen:
Spannweite: 22,50 m
Länge: 17,87 m
Höhe: 5,06 m
Flügelfläche: 82 m^2

Junkers Ju 86 D 1

Junkers Ju 86

Ursprungsland: Deutschland
Kategorie: Bomber, Transport- und Aufklärungsflugzeug
Besatzung: 4
Triebwerke: (D-1) Zwei flüssigkeitsgekühlte 6-Zylinder-Gegenkolben-Dieselmotoren Junkers Jumo 205 C-4 mit je 447 kW (600 PS).
Leistungen: (D-1) Höchstgeschwindigkeit 325 km/h in 3000 m Höhe, Dienstgipfelhöhe 5900 m, Reichweite 1500 km.
Gewichte: (D-1) Leergewicht 5150 kg, max. Abfluggewicht 8200 kg.
Bewaffnung: (D-1) Im Bug, Rücken und unten im ausfahrbaren Waffenstand je 1 MG. 800 kg Bomben im Schacht, maximal 1000 kg extern.
Entwicklung: Bereits 1933 begannen die Entwicklungen für ein mittelschweres Kampfflugzeug bei Heinkel (He 111), Dornier (Do 17) und Junkers. Erstflug der Militärversion war im November 1934, im März 1935 startete die parallel entwickelte Passagierversion. Der Serienbau des in Ganzmetall-Schalenbauweise hergestellten Tiefdeckers begann im Juni 1936, aber entgegen aller Erwartungen brachten die Dieselmotoren keine Vorteile und die Produktion wurde gestoppt. Junkers hatte aber schon Ju 86 mit Sternmotoren gebaut und ab der G-Serie war dies dann neben einer Vollsichtkanzel Standard. Ständige Umbauten und Änderungen, je nach Einsatzzweck, führten am Ende zu 19 verschiedenen Versionen, die zum Teil in geringer Stückzahl und mit unterschiedlicher Motorisierung produziert wurden. Hervorzuheben wäre aber der dieselangetriebene und technisch anspruchsvolle Höhenaufklärer und -bomber (P- und R-Reihe) mit größerer Spannweite und Druckkabine für Pilot und Beobachter, der bis zu 15.000 m Gipfelhöhe erreichte.

Gebaut wurden etwa 900 Flugzeuge, davon wurden 171 Flugzeuge unter anderem nach Schweden, Südafrika, Ungarn und Mandschuko exportiert. 16 Flugzeuge baute Schweden bis 1941 in Lizenz.

Bemerkungen: Die Ju 86 flog hauptsächlich als Bomber, Transporter und Schulflugzeug und als ziviles Passagierflugzeug. Nach ihren Erfahrungen im Spanischen Bürgerkrieg setzte die deutsche Luftwaffe ihre Ju 86 ab 1939 nur noch als Transporter und Höhenbomber sowie -aufklärer ein. Die RAF allerdings fing mit speziellen Leichtbau-Spitfires diese Höhenflugzeuge ab, so dass sie nur noch ungestört über der Sowjetunion operieren konnten. Bei den wenigen Einsätzen der Transportgruppen an der Ostfront gab es hohe Verluste, zudem war die Ju 86 für diese Bedingungen wenig geeignet. Teilweise flogen sie noch in C-Flugschulen für mehrmotorige Flugzeuge und in Funker-Flugschulen.

Die einzige erhaltene Ju 86 K-4 steht im Flygvapenmuseum in Malmen/Schweden.

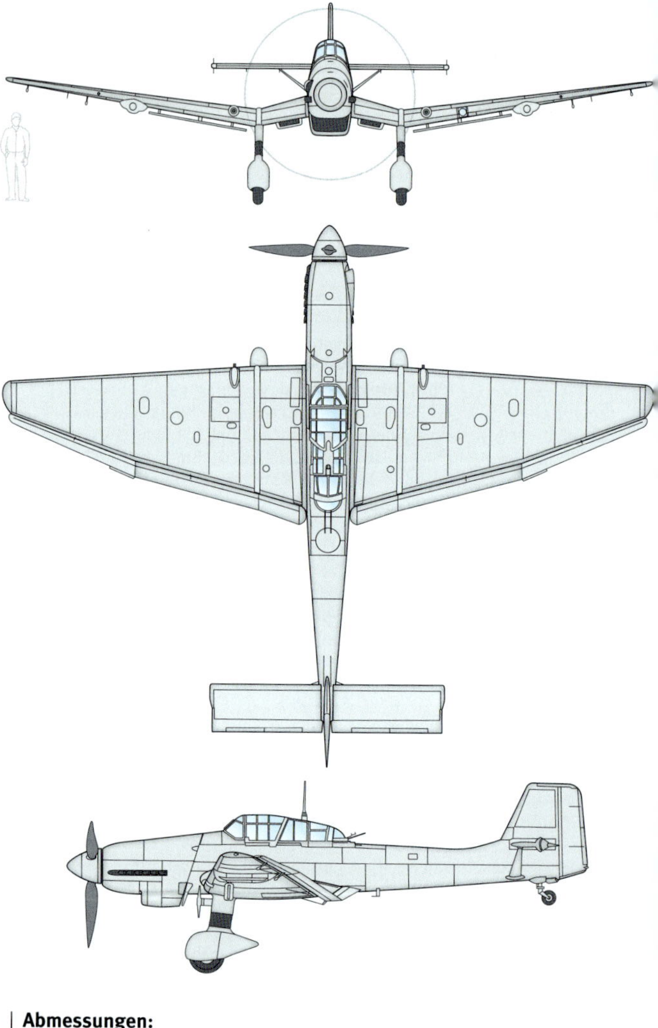

Abmessungen:
Spannweite: 15,00 m
Länge: 11,50 m
Höhe: 3,90 m
Flügelfläche: 33,6 m²

Junkers Ju 87 D 2

Junkers Ju 87

Ursprungsland: Deutschland
Kategorie: Sturzkampfflugzeug
Besatzung: 2
Triebwerk: (D) Ein flüssigkeitsgekühlter V12-Zylinder-Motor Jumo 211 J-1 mit 1044 kW (1420 PS) Startleistung.
Leistungen: (D) Höchstgeschwindigkeit 408 km/h, Dienstgipfelhöhe 7320 m, Reichweite ca. 820 km.
Gewichte: (D) Leergewicht ca. 2750 kg, max. Abfluggewicht je nach Variante bis zu 6585 kg.
Bewaffnung: (D) Zwei MGs in den Tragflächen, ein MG im Heckstand. Verschiedene Bomben mit bis zu 1400 kg unter dem Rumpf und an vier Flügelstationen Bomben oder Abwurfbehälter oder MGs.
Entwicklung: Eine Ausschreibung von 1935 des RLM für einen Sturzkampfbomber, an dem auch Arado und Heinkel teilnahmen, gewann Junkers mit der Ju 87. Die in Ganzmetall gebaute V1 flog erstmals im September 1935, noch mit Doppelleitwerk und einem Rolls-Royce Kestrel-Motor. Nach einigen Änderungen war die V4 mit einem 680 PS-Jumo 210 das Muster für die A-Serie(260 Stück). Neben Zellenänderungen und einer Automatik zum sicheren Hochziehen nach dem Sturz wurde in der B-Baureihe (920 Exemplare) ein stärkerer Jumo 211 verbaut, der bessere Flugleistungen und eine höhere Zuladung brachte. Nach der C-Reihe (5 Stück) für den geplanten Flugzeugträgereinsatz war die aerodynamisch überarbeitete D-Reihe mit stärkerem Motor und nochmals gesteigerter Nutzlast das mit rund 3640 Flugzeugen meistgebaute Modell. Die G-Version (Bild) wurde, nur mit zwei Kanonen unter den Flächen, als reiner Panzerjäger (ca. 200 Stück) gebaut. 720 Stukas der R-Reihe liefen mit Zusatztanks und höherer Reichweite, aber geringerer Zuladung vom Band.

Bis November 1944 wurden 5752 Flugzeuge produziert.

Bemerkungen: Die typischen Knickflügel und die Sturzkampfeigenschaften machten die Stuka weltbekannt. Auch dieses Flugzeug wurde zuerst im Spanischen Bürgerkrieg erprobt. Erfolgreich im Polen- und Frankreichfeldzug eingesetzt, führte der Angriff auf England zu hohen Verlusten der langsamen und gering bewaffneten Ju 87, die eigentlich Jägergeleitschutz benötigte. Danach wurde das Flugzeug hauptsächlich zur Luftnahunterstützung der Bodentruppen und Panzerbekämpfung im Mittelmeerraum, in Afrika und an der Ostfront eingesetzt.

Neben Wracks existieren noch zwei Ju 87 im Museum of Science, Chicago/USA und im RAF-Museum in Hendon/Großbritannien.

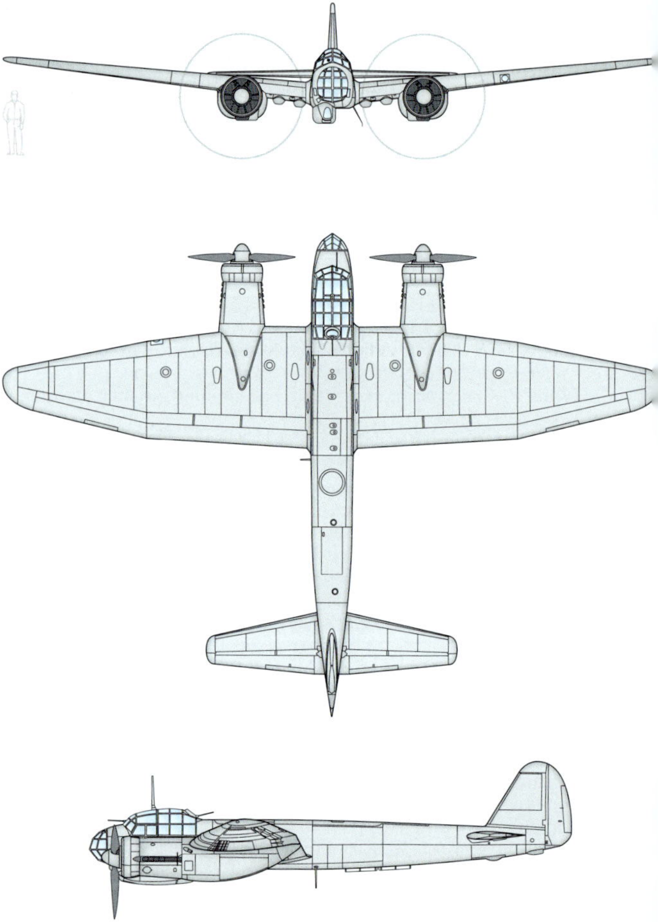

Abmessungen:
Spannweite: 20,08 m
Länge: 14,45 m
Höhe: 5,07 m
Flügelfläche: 54,7 m^2

Junkers Ju 88 A4

Junkers Ju 88

Ursprungsland: Deutschland
Kategorie: Kampfflugzeug
Besatzung: 4
Triebwerke: (A4) Zwei flüssigkeitsgekühlte V12-Zylinder-Motoren Jumo 211 J-1 mit je 1044 kW (1420 PS) Startleistung oder 211 F2 mit je 1350 PS.
Leistungen: (A4) Höchstgeschwindigkeit ca. 450 km/h (unbeladen), Dienstgipfelhöhe 8500 m (unbeladen), Reichweite mit zwei Bomben als Außenlast 2030 km, mit einer Bombe und Zusatztanks 3150 km.
Gewichte: (A4) Leergewicht 8620 kg, max. Abfluggewicht 13.750 kg.
Bewaffnung: (A4) Ein MG im Cockpit nach vorn, zwei MGs im hinteren Cockpit, ein Doppel-MG in der Bodenwanne. Bis zu 3000 kg Bomben.
Entwicklung: 1935 gab das RLM eine Ausschreibung für einen mittleren Bomber heraus, die Junkers mit der Ju 88 gewann. Bereits im Dezember 1936 flog die V1. Die V3, nun mit Jumo 211-Motoren, flog im September 1937 erstmals und übertraf die von den Konstrukteuren erwarteten Leistungsdaten. Eine neue Forderung zur Sturzkampffähigkeit zwang zu Umkonstruktionen und führten über die V6 zum Serienbau, der Mitte 1939 mit der A1 begann. Das in Ganzmetall-Schalenbauweise hergestellte, hoch belastbare Flugzeug hatte nun eine Sturzflug-Abfangautomatik und wurde in Großserie in mehreren Werken produziert. Alleine von der A4 wurden 2332 Flugzeuge produziert. Zu den unzähligen Varianten und Untervarianten, z. T. mit/ohne Sturzkampffähigleit oder Bodenwannen, gehörten Bomber, Aufklärer, Zerstörer und Nachtjäger sowie Umbauten zum Schulflugzeug oder Torpedoflugzeug.

Insgesamt sind bis April 1945 14.882 Ju 88 ausgeliefert worden.

Bemerkungen: Die Ju 88 war ein kompaktes, schnelles und vielseitiges Standard-Kampfflugzeug der deutschen Luftwaffe. Es wurde auf allen Kriegsschauplätzen eingesetzt: Über der Nordsee und dem Atlantik, im Westen gegen Großbritannien und über Frankreich, im ganzen Mittelmeerraum und an der Ostfront. Mit den ersten Bomberangriffen auf Deutschland wurden auch Ju 88 anfangs ohne, später mit Radaranlagen zur Nachtjagd herangezogen, allerdings unter hohen Verlusten. Umbauten zu Mistelgespannen mit einer Me 109 oder Fw 190 und der Ju 88 als Sprengstoffträger blieben weitgehend erfolglos.

Komplett erhalten geblieben sind nur 2 Maschinen, die im Airforce Museum in Dayton/USA und im RAF Museum in Hendon/Großbritannien präsentiert werden. Aufgefundene Wracks befinden sich in Restauration oder in Museen, z. B. im Technik-Museum in Berlin.

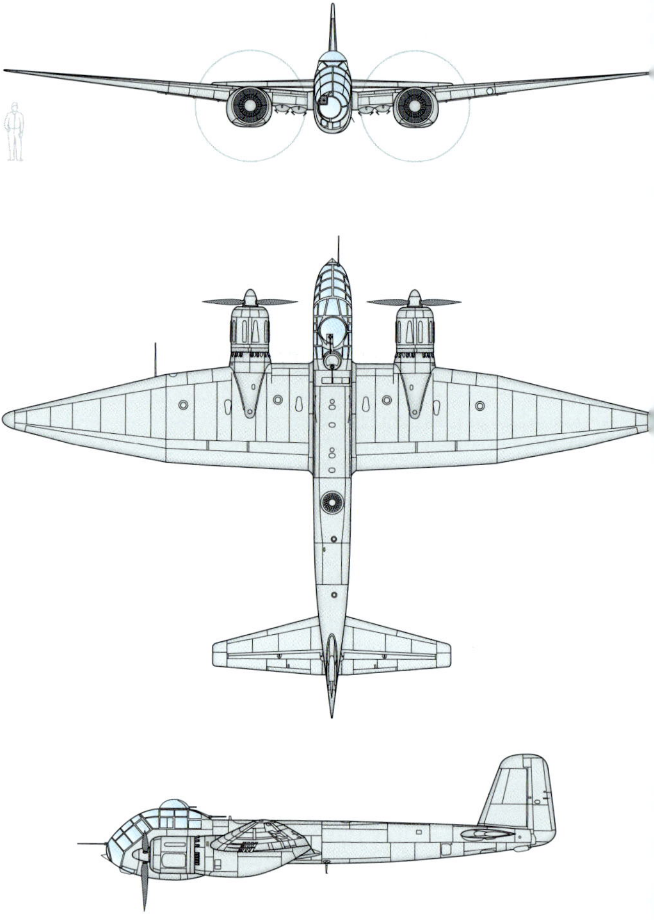

Abmessungen:
Spannweite: 22,00 m
Länge: 14,95 m
Höhe: 4,45 m
Flügelfläche: 55,99 m^2

Junkers Ju 188 E1

Junkers Ju 188

Ursprungsland: Deutschland
Kategorie: Kampfflugzeug
Besatzung: 4
Triebwerke: (E 1) Zwei luftgekühlte 14-Zylinder-Doppelsternmotoren BMW 801 D-2 mit 1300 kW (1700 PS) Startleistung.
Leistungen: (E 1) Höchstgeschwindigkeit ca. 500 km/h in 6000 m Höhe, Reisegeschwindigkeit in 5000 m Höhe 375 km/h, Steigzeit auf 6100 m 17 min 42 sec, Dienstgipfelhöhe 9350 m, Reichweite 2500–3120 km je nach Beladung.
Gewichte: (E 1) Leergewicht 8200 kg, max. Abfluggewicht 14.575 kg.
Bewaffnung: (E 1) MGs im Bug, Wanne und über dem Cockpit, eine MK im hinteren Cockpit. Bis zu 3000 kg Bomben oder Torpedos.
Entwicklung: Das Flugzeug war eine notgedrungene Weiterentwicklung der Ju 88, nachdem die Entwicklung der Ju 288 nicht voran kam. Die V1, die 1941 erstmals flog, war eine modifizierte Ju 88. Unter anderem mit neuer Kanzel, Leitwerk und Tragflächen und ebenso sturzfluggeeignet. Das erste, in Ganzmetall-Schalenbauweise produzierte Serienflugzeug, flog im Juni 1942 und im Sommer 1943 kamen die ersten Maschinen zu den Verbänden. Neben dem anfangs nicht verfügbaren Jumo 213 A mit 1750 PS kam der BMW 801 in der Serie zum Einsatz. Hauptbaureihen waren die A 2/A 3 als Bomber, Torpedobomber mit Radar mit Jumo 213 (345 Stück), D 1/D 2 als Fern-/Seeaufklärer (404), E 1/E 2 mit BMW 801 als Bomber, Torpedobomber mit Radar (263) und F als Fernaufklärer (222). Umstritten ist, ob von der S- und T-Version jemals Flugzeuge gebaut wurden. Mit zwei 2000 PS-Jumo 213 C sollten sie als Schnell-Höhenbomber und Höhenaufklärer mit Druckkabine bis zu 700 km/h erreichen. Weitere geplante Projekte als Höhenzerstörer, Nachtjäger, (Höhen-)Fernaufklärer und Schnellbomber blieben entweder in der Planungsphase oder dem Prototypenstadium stecken oder wurden in der Ju 388, von der 94 Stück gebaut wurden, weiterverfolgt.
Von Februar 1943 bis Februar 1945 wurden 1234 Ju 188 ausgeliefert.
Bemerkungen: Mit der Ju 188 wurde eine schnell realisierbare Übergangslösung bis zur Serienproduktion (die nie erfolgte) der Ju 288 gefunden. Überwiegend als Bomber und Aufklärer produziert und ab 1943 bis zum Kriegsende eingesetzt, wurden Stückzahlen wie bei der Ju 88 jedoch bei weitem nicht erreicht.
Nur eine Ju 388 ist erhalten geblieben. Sie wird im National Air and Space Museum/Steven F. Udvar-Hazy Center, Chantilly/USA gelagert.

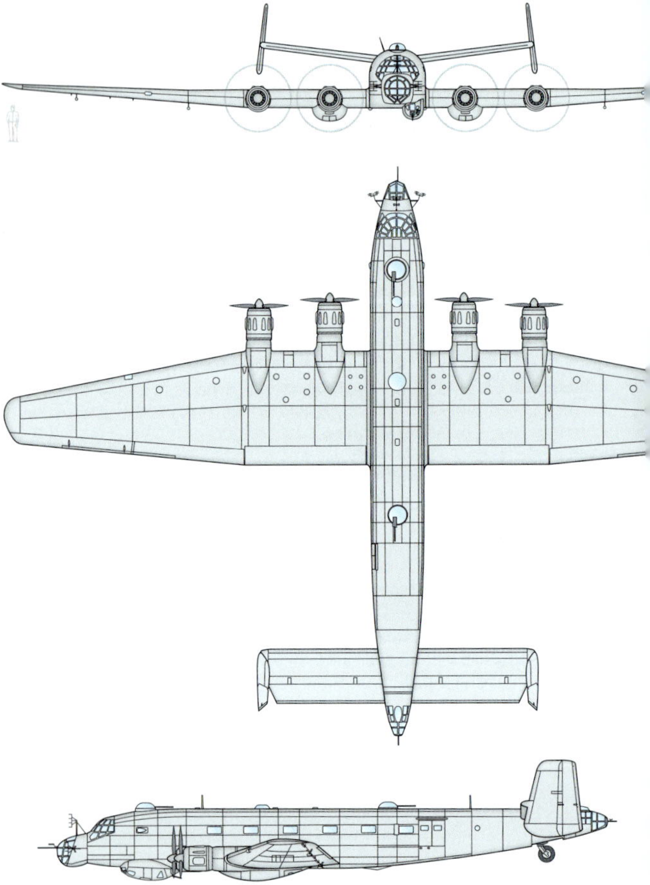

Abmessungen:
Spannweite: 42,00 m
Länge: 28,64 m
Höhe: 6,83 m
Flügelfläche: 205,30 m²

Junkers Ju 290 A7

Junkers Ju 290

Ursprungsland: Deutschland
Kategorie: Transporter, Fernaufklärer
Besatzung: 9
Triebwerke: (A 5) Vier luftgekühlte 14-Zylinder-Doppelsternmotoren BMW 801 D mit je 1250 kW (1700 PS).
Leistungen: (A 5) Höchstgeschwindigkeit 439 km/h in 5800 m Höhe, Reisegeschwindigkeit 360 km/h, Steigzeit auf 1900 m 9 min 48 sec, Dienstgipfelhöhe 6000 m, maximale Reichweite 6150 km.
Gewichte: (A 5) Leergewicht 24.000 kg, Abfluggewicht 40.970 kg, maximales Abfluggewicht 44.970 kg.
Bewaffnung: Je nach Version je 1 MG in zwei Rückendrehtürmen, im Heckstand, im Bug, 2 MGs in der Bodenwanne und an seitlichen Fensterlafetten. Maximal 3000 kg Bomben oder bis zu 3 ferngesteuerte Gleitbomben Fritz X oder Henschel Hs 293.
Entwicklung: Wegen des Bedarfs an Transportflugzeugen und eines Fern- und Seeaufklärers wurde aus dem Passagierflugzeug Ju 90 die Ju 290 entwickelt. Mit einem längeren Rumpf, einer Heckladeklappe, stärkeren Motoren und größeren Tragflächen startete die in Ganzmetall gebaute V1 erstmals im Juli 1942. Im Dezember 1942 flog das erste Serienflugzeug, ein Transporter der A 1-Reihe. Von den acht gebauten Flugzeugen wurden später drei zum Aufklärer umgerüstet. Alle weiteren Reihen bis zur A 9, die bis Juli 1944 hergestellt wurden, waren Aufklärer. Sie unterschieden sich vor allem in der Ausstattung, Treibstoffkapazität und Bewaffnung, wie z. B. durch das Schiffssuchgerät Hohentwiel und die ferngelenkten Anti-Schiffs-Lenkwaffen Fritz X und Hs 293. Von einer sechsmotorigen Version, der Ju 390, wurden 2 gebaut, von denen eine flog.

Angeblich sind 44 Flugzeuge hergestellt worden, andere Quellen sprechen von 51 und 65.
Bemerkungen: Erste Einsätze erfolgten im Januar 1943 als Transporter an der Ostfront und im Mittelmeerraum. Der größte Teil der Fernaufklärer hatte sein Einsatzgebiet über dem Atlantik von Frankreich aus. Einige Flugzeuge wurden wegen ihrer großen Reichweite angeblich auch zum Absetzen von Agenten im feindlichen Hinterland verwendet. Im Oktober 1944 erhielt die Lufthansa drei A 5, die nach Spanien eingesetzt wurden. Ein Flugzeug, das in Barcelona strandete, wurde nach Kriegsende repariert und von 1950 bis 1953 von der spanischen Luftwaffe weiter verwendet. Eine A 4 wurde in die USA überführt und 1946 verschrottet, eine baute Letov in Prag 1946 aus vorhandenen Teilen als Passagierflugzeug, wurde aber mangels Zulassung abgewrackt.

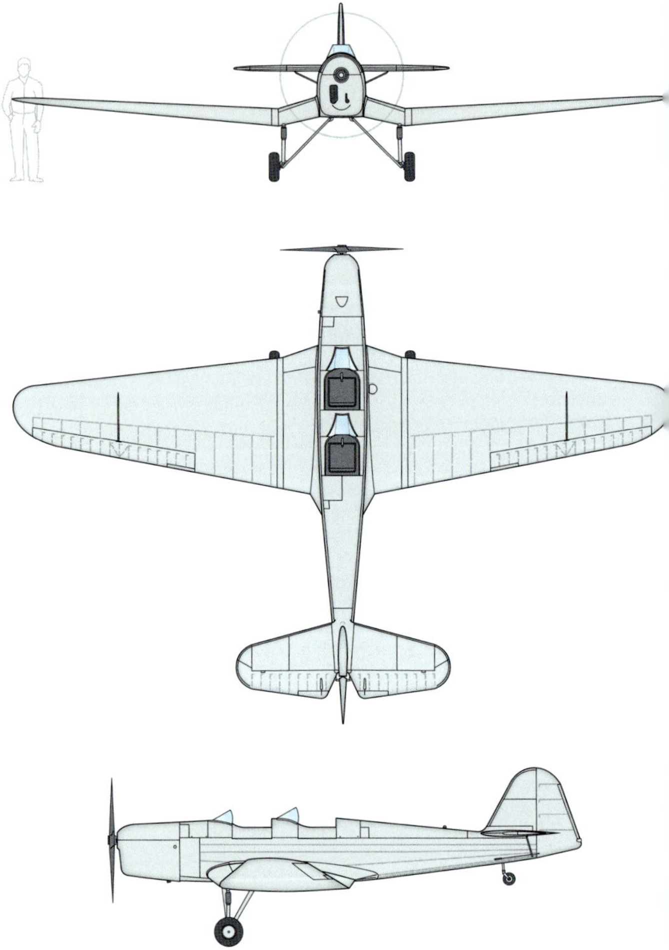

Abmessungen:
Spannweite: 10,40 m
Länge: 7,35 m
Höhe: 2,05 m
Flügelfläche: 15,20 m^2

Klemm Kl 35

Klemm Kl 35

Ursprungsland: Deutschland
Kategorie: Schul- und Sportflugzeug
Besatzung: 2
Triebwerk: Ein luftgekühlter 4-Zylinder-Reihenmotor Hirth HM 504 A 2 mit 77 kW (105 PS).
Leistungen: Höchstgeschwindigkeit 208 km/h, Reisegeschwindigkeit 198 km/h, Dienstgipfelhöhe 4600 m, Reichweite 600 km.
Gewichte: Leergewicht 520 kg, maximales Abfluggewicht 780 kg.
Entwicklung: Bereits 1934 entwickelte die Leichtflugzeugbau Klemm die Kl 35 im Auftrag des RLM. Nach dem Erstflug im Februar 1935 ging das Flugzeug zur Erprobungsstelle der Luftwaffe und bereits im Januar 1937 wurden die ersten Flugzeuge ausgeliefert. Der voll kunstflugtaugliche, freitragende Tiefdecker wurde in Gemischtbauweise hergestellt. Der Rumpf bestand aus einer bespannten Stahlrohrkonstruktion und die Motorverkleidung aus Leichtmetall. Bespannte und vorne beplankte Holz-Knickflügel ermöglichten ein kurzes, stabiles und gefedertes Einbein-Fahrwerk. Die A-Variante nutzte noch den Hirth HM 60 R mit 80 PS Startleistung, während alle folgenden Varianten mit dem HM 504 gebaut wurden. Ab der D-Version wurde ein gedämpftes Fahrwerk mit drei Streben verbaut. Das Flugzeug war aber auch mit Schwimmern oder Kufen ausrüstbar und es gab Rüstsätze für die Montage einer geschlossenen Kabinenhaube.

Aufgrund der hohen Bestellzahlen wurden Flugzeuge auch bei Fieseler (365) und bei Zlin in Prag (329) gebaut, während Klemm selbst 735 herstellte. Rund 200 Flugzeuge gingen in den Export, davon alleine 96 nach Schweden. Insgesamt also 1429 Flugzeuge. Andere Quellen sprechen aber von über 2000 produzierten Flugzeugen.
Bemerkungen: Das einmotorige Flugzeug fand schnell Interesse bei Privatleuten, der deutschen Luftwaffe, aber vor allem bei den Luftwaffen von Schweden, Ungarn, Slowakei und Rumänien. Militärisch eingesetzt wurde das Flugzeug für die Pilotenausbildung und als Verbindungsflugzeug. Berühmt wurde die Kl 35 jedoch durch ihre Siege bei den Deutschlandflügen 1937 und 1938. Eine Schwimmer-Kl 35 mit einem 160 PS-Motor errang im September 1938 mehrere Geschwindigkeits- und Höhenweltrekorde für Wasserleichtflugzeuge.

Eine relativ große Anzahl flugtüchtiger Kl 35 aus Schweden (Luftwaffen-Klemms scheinen nicht erhalten geblieben zu sein) sind heute noch auf Flugtagen zu finden, einige in Museen, z. B. im Technik-Museum Berlin aber auch z. B. aktiv im Fliegenden Museum in Großenhain.

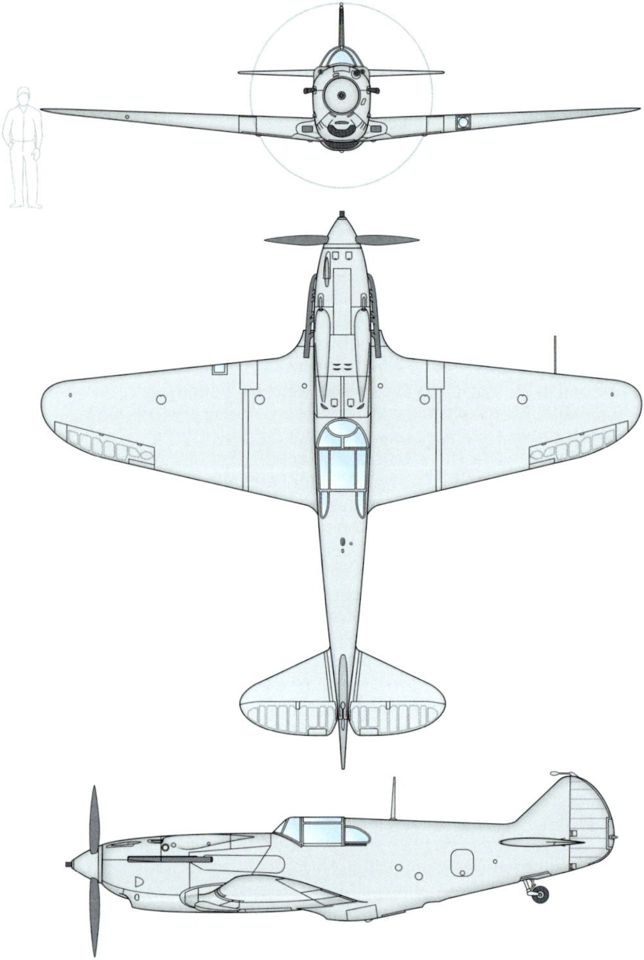

Abmessungen:
Spannweite: 9,80 m
Länge: 8,81 m
Höhe: 3,34 m
Flügelfläche: 17,51 m^2

Lawotschkin LaGG-3

Lawotschkin LaGG-3

Ursprungsland: Sowjetunion
Kategorie: Jagdflugzeug
Besatzung: 1
Triebwerke: (Serie 66) Ein flüssigkeitsgekühlter V12-Zylinder-Motor Klimow M-105PF mit 924 kW (1239 PS).
Leistungen: Höchstgeschwindigkeit 589 km/h, Dienstgipfelhöhe 9700 m, Reichweite 1000 km.
Gewichte: (Serie 66) Leergewicht 2205 kg, Abfluggewicht 2620 kg, maximales Abfluggewicht 3190 kg
Bewaffnung: (Serie 66) Eine Maschinenkanone durch die Propellernabe, ein MG über dem Motor. Zwei 50 kg-Bomben oder Zusatztanks oder Raketen unter dem Flügel.
Entwicklung: Die Grundidee war ein Jagdflugzeug aus billigerem, kunstharzgetränktem Birkenschichtholz zu bauen, das leichter als Duraluminium und gut formbar war. Unter dem Kürzel I-22 startete im März 1940 die später LaGG-1 bezeichnete Maschine erstmals. Eine überhastet gestartete Serie führte schnell zu einer konstruktiven Überarbeitung und im Juni 1940 flog erstmals die LaGG-3. Der in Schalen-Ganzholzbauweise produzierte Tiefdecker mit Einziehfahrwerk wurde von Anfang 1941 bis Anfang 1944 in mehreren Serien gebaut. Sie unterschieden sich hauptsächlich in der Motorisierung, Bewaffnung und kleineren Modifikationen, wie z. B. dem Einbau von automatischen Vorflügeln ab der 35. Serie. Das ständige Bestreben nach mehr Leistung brachte mehrere Prototypen mit anderen Motoren und Bewaffnungen hervor, von denen jedoch keiner in Serie gebaut wurde.

Angeblich sind aus vier Werken 6528 LaGG-3 ausgeliefert worden.

Bemerkungen: Durch den Rohstoffmangel wurde auch in der Sowjetunion ständig nach neuen Werkstoffen geforscht. Trotz anfänglicher Probleme gelang es, Jagdflugzeuge in sehr großer Stückzahl aus dem neuartigen Pressholz-Werkstoff zu produzieren. Die LaGG-3 war eines der modernsten sowjetischen Jagdflugzeuge zu Beginn des Krieges. Sie war robust und widerstandsfähig, litt aber stets an zu geringer Motorleistung, zu hohem Gewicht, an Produktions- und Konstruktionsmängeln und war deshalb auch bei ihren Piloten nicht gerade beliebt. Der Jäger war zwar effektiv gegen Bomber, aber zum Beispiel der Me 109 G unterlegen. Das Bild zeigt eine Beutemaschine Finnlands.

Eine LaGG-3 kann im Zentralmuseum des Großen Vaterländischen Krieges in Moskau besichtigt werden.

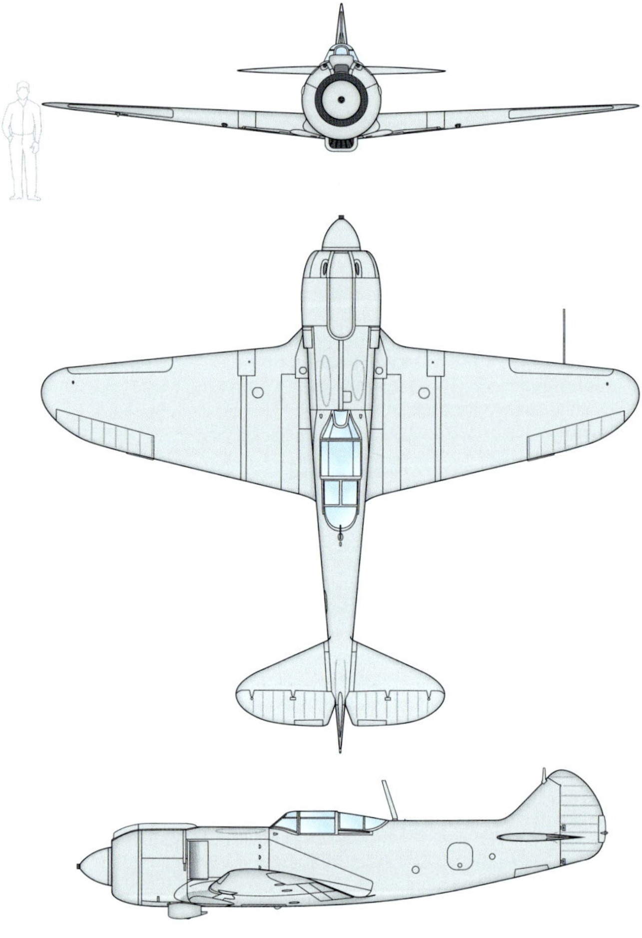

Abmessungen:
Spannweite: 9,80 m
Länge: 8,67 m
Höhe: 3,40 m
Flügelfläche: 17,6 m^2

Lawotschkin La-5 FN

Lawotschkin La-5

Ursprungsland: Sowjetunion
Kategorie: Jagdflugzeug
Besatzung: 1
Triebwerk: (FN) Ein luftgekühlter 14-Zylinder-Doppelsternmotor Schwezow ASch-82FN mit ca. 1440 kW (1960 PS).
Leistungen: (FN) Höchstgeschwindigkeit 648 km/h in 6250 m, 583 km/h in Bodennähe, Steigzeit auf 5000 m 5 min, 12 sec, Dienstgipfelhöhe 11.000 m, Reichweite 765 km.
Gewichte: (FN) Leergewicht 2706 kg, max. Abfluggewicht 3402 kg
Bewaffnung: Zwei Maschinenkanonen über dem Motor, max. 100 kg Bomben oder ungelenkte Raketen.
Entwicklung: Bereits 1941 begann S. A. Lawotschkin einen Nachfolger, der auf der LaGG 3 basiert, zu entwickeln. Der Einbau eines Doppelsternmotors bedingte jedoch eine Neukonstruktion der Zelle. Die Pressholz-Bauweise, analog zur LaGG 3 wurde aber beibehalten. Erstflug war im März 1942 und die Erprobung brachte sehr gute Flugleistungen zutage. Schon im Juli begann die Großserienfertigung und im September 1942 waren bereits 1125 La-5 ausgeliefert. Die F-Serie (Bild) mit 4147 produzierten Flugzeugen, bekam einen stärkeren Motor und hinter dem Cockpit wurde der Rumpfrücken für eine bessere Rundumsicht etwas abgesenkt. In die gewichtsreduzierte und leistungsstärkste La-5 FN (Zeichnung) wurde ein verbesserter ASch-82 mit Direkteinspritzung installiert. Sie lief 4817 mal vom Band. Vom zweisitzigen Trainer UTI-5 wurde 28 Stück gebaut. Weitere aerodynamische Änderungen, Gewichtsreduktion und die Verlegung der Kühlereinläufe führten schließlich zu einem der leistungsfähigsten Jagdflugzeug des 2. Weltkriegs, der La-7, von der 5753 Flugzeuge hergestellt wurden.

Es gibt Angaben über 9920 gebaute La-5, aber auch über 10.000.

Bemerkungen: Mit der La-5 bekam die sowjetische Luftwaffe 1943 ein Jagdflugzeug, das sich mit der Me 109 und FW 190 leistungsmäßig vor allem in Bodennähe und mittleren Höhen messen konnte. Dies wurde auch durch Tests erbeuteter Maschinen von der deutschen Gegenseite bestätigt und änderte allmählich die Lufthoheit zugunsten der Sowjetunion. Die La-5 wurde bei allen großen Schlachten ab 1943 in der Sowjetunion eingesetzt, hatte aber auch eine der höchsten Verlustraten unter den sowjetischen Jagdflugzeugen.

Ein Replika steht im Zentralmuseum des Großen Vaterländischen Krieges in Moskau.

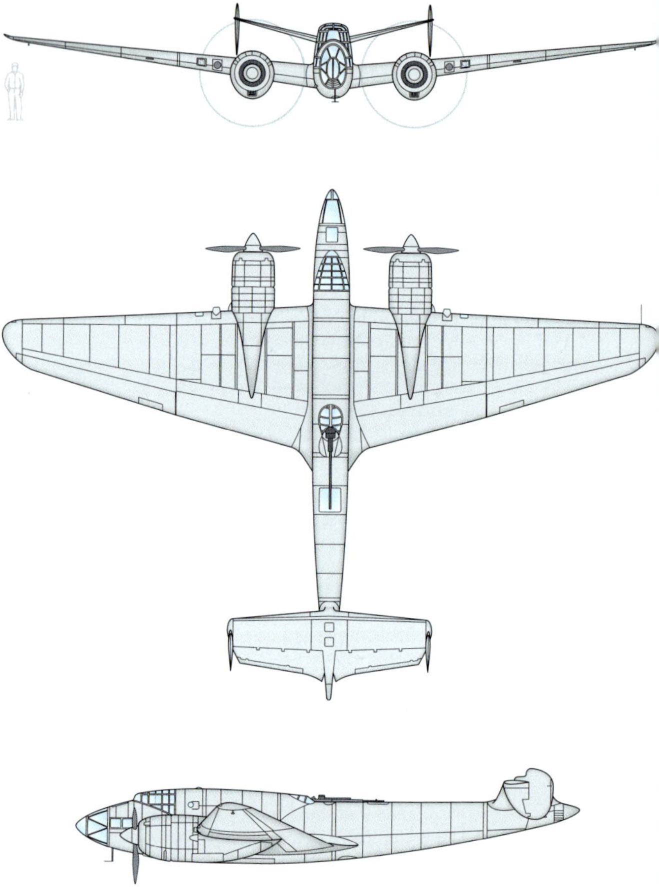

Abmessungen:
Spannweite: 22,52 m
Länge: 17,17 m
Höhe: 5,24 m
Flügelfläche: 66,00 m^2

Lioré & Olivier LeO 451

Lioré & Olivier LeO 451

Ursprungsland: Frankreich
Kategorie: Mittelschwerer Bomber
Besatzung: 4
Triebwerke: Zwei luftgekühlte 14-Zylinder-Doppelsternmotoren Gnome-Rhône 14N mit je 790 kW (1060 PS).
Leistungen: Höchstgeschwindigkeit 495 km/h in 4000 m Höhe, Reisegeschwindigkeit 420 km/h, Steigzeit auf 5000 m 14 min, Dienstgipfelhöhe 9000 m, Reichweite 2300 km.
Gewichte: Leergewicht 6370 kg, maximales Abfluggewicht 11.400 kg.
Bewaffnung: Ein MG nach vorn, ein ausfahrbares MG unten und eine Maschinenkanone hinter dem Cockpit, ca. 1500 kg Bomben intern.
Entwicklung: . Die LeO 45 war die Antwort auf eine Forderung der Armée de l'Air nach einem modernen Bomber in Ganzmetallbauweise mit guten Leistungen. Der Prototyp flog erstmals im Januar 1937 mit Hispano-Suiza-Triebwerken, die aber nicht überzeugten. Mit dem 1938 beginnenden Serienbau der nun LeO 451 genannten Tiefdecker, wurden einige Modifikationen und Gnome-Rhône-Sternmotoren eingeführt. Wegen Zulieferproblemen konnten erst im April 1939 die Auslieferung von 120 bestellten Maschinen begonnen werden. Aufgrund der guten Flugleistungen wurden weitere 737 Flugzeuge bestellt. Zum Zeitpunkt des Waffenstillstandes waren allerdings erst 452 LeO fertiggestellt worden. Weitere 168 Exemplare wurden unter Aufsicht der deutschen Besatzer produziert. Etliche Weiterentwicklungen z. B. mit Bristol-Hercules-Motoren oder eine Höhenversion mit Lader-Motoren blieben im Prototypen- oder Kleinserienstadium stecken. Angeblich wurden nach dem Krieg noch 40 LeO 453 zu schnellen Transport- und Rettungsflugzeugen mit Pratt & Whitney-Triebwerken umgebaut und fünf zum Photoflugzeug für das Institut Géographique National.

Von allen Baureihen sind 561 Flugzeuge hergestellt worden.
Bemerkungen: Mit dem Angriff der Deutschen auf Frankeich im Mai 1940 waren ungefähr 220 LeO 451 einsatzbereit. Ca. 130 Maschinen gingen vor allem bei der Unterstützung der eigenen Bodentruppen verloren. Ein Teil der Flugzeuge wurden wegen des schnellen Vormarsches der Angreifer nach Nordafrika evakuiert. Rund 100 LeOs flogen aber anschließend noch für Vichy-Frankreich. Nach der Besetzung Restfrankreichs nutzte die deutsche und italienische Luftwaffe noch einige LeO 451 als Transporter bis zum Kriegsende. Erst 1957 wurden die letzten LeO 451 von der neuen französischen Luftwaffe ausgemustert.

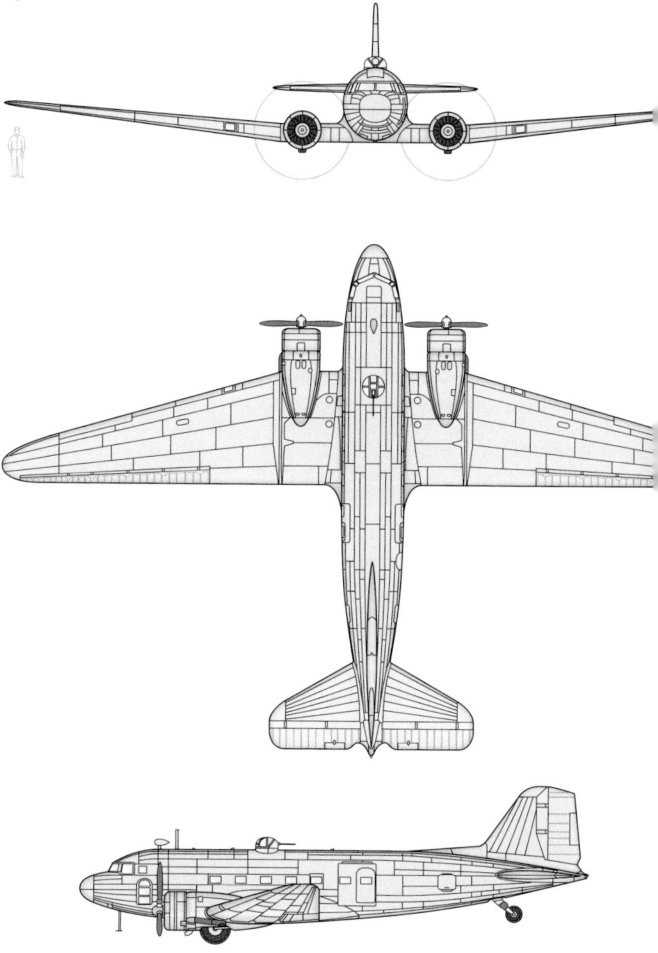

Abmessungen:
Spannweite: 28,81 m
Länge: 19,65 m
Höhe: 5,15 m
Flügelfläche: 91,70 m^2

Lissunow Li-2 D

Lissunow Li-2

Ursprungsland: Sowjetunion
Kategorie: Passagier- und Transportflugzeug
Besatzung: 4–6
Triebwerke: Zwei luftgekühlte 9-Zylinder-Sternmotoren Schwezow ASch-62IR mit ca. 746 kW (1014 PS) Startleistung und 634 kW (862 PS) Dauerleistung.
Leistungen: Höchstgeschwindigkeit 270 km/h, Reisegeschwindigkeit 240 km/h, Dienstgipfelhöhe 5600 m, Reichweite max. 2200 km.
Gewichte: Leergewicht 7650 kg, maximales Abfluggewicht 11.700 kg
Bewaffnung: (D) Je nach Einsatzzweck ein MG im Waffenstand auf dem Rumpfrücken. Li-2 WW als Bomber: Je ein MG im Bug und im Waffenstand auf dem Rumpfrücken, zwei MGs seitlich am Rumpfende und bis zu 1000 kg (max. 2000 kg) Bomben als Außenlast.
Entwicklung: Nach dem Kauf von einigen Douglas DC-2 und DC-3 erwarb die Sowjetunion 1936 die Lizenzrechte zum Bau der Maschine. Eine Anpassung der Konstruktion an das metrische System, eine etwas geringere Spannweite und leistungsschwächere russische Motoren führten neben vielen kleineren Änderungen zum Serienbau der in Ganzmetallbauweise hergestellten PS-84 als Verkehrsflugzeug für 14 bis 28 Passagiere. Mit Kriegsbeginn 1941 wurde das nun Li-2 genannte Flugzeug bewaffnet und zum Standard-Transportflugzeug der Streitkräfte in mehreren Versionen als Transporter, Fallschirmabsetzer, Bomber und Wetterflugzeug in großer Stückzahl produziert.

Gebaut wurden je nach Quelle 4937 oder 6157 Flugzeuge.

Bemerkungen: Wie ihr amerikanisches Gegenstück Douglas DC-3 war die Li-2 eines der wichtigsten militärischen Transportflugzeuge der Sowjetunion. Sie bewährte sich auch in extremen russischen Wintern als zuverlässige Militärmaschine und als Kurz- und Mittelstreckenpassagierflugzeug der Aeroflot. Nach dem Kriegsende 1945 sind viele Militärmaschinen zurückgerüstet worden. Sie wurden nun auch in den anderen Staaten des Ostblocks in großer Zahl zivil und militärisch eingesetzt. Angeblich wurden die robusten Flugzeuge bis in die 1980er-Jahre in China und Nordvietnam geflogen und in Nordkorea bis heute.

Zahlreiche Li-2 sind in Museen der östlichen Nachbarländer und China zu finden. Eine restaurierte und flugfähige Li-2 wird noch in Ungarn betrieben.

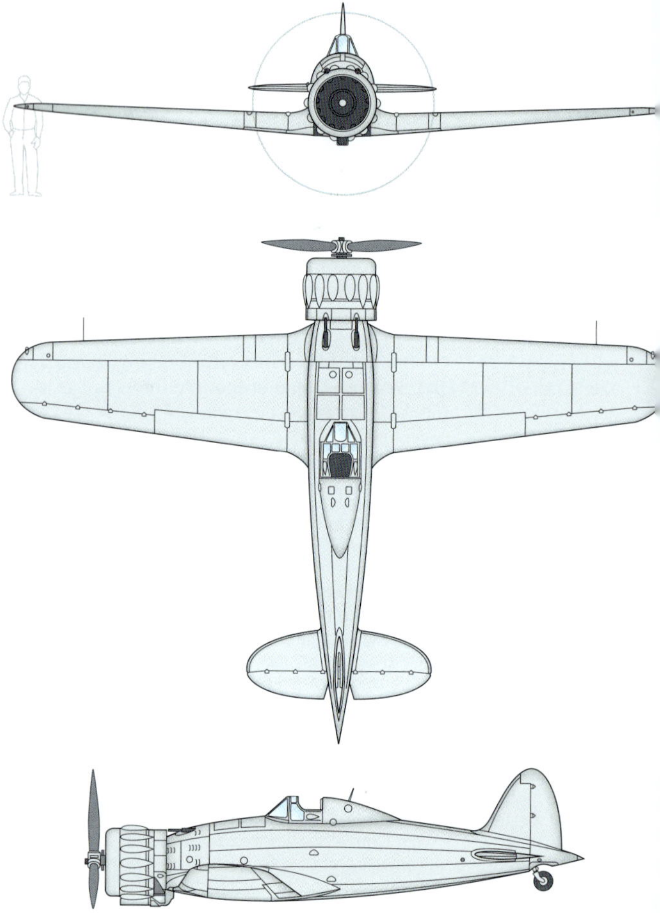

Abmessungen:
Spannweite: 10,58 m
Länge: 8,25 m
Höhe: 3,05 m
Flügelfläche: 16,82 m²

Macchi MC. 200

Macchi MC. 200

Ursprungsland: Italien
Kategorie: Jagdflugzeug
Besatzung: 1
Triebwerk: Ein luftgekühlter 14-Zylinder-Doppelsternmotor Fiat A.74-RC 38 mit 649 kW (882 PS) Startleistung.
Leistungen: Höchstgeschwindigkeit 502 km/h in 6000 m Höhe, Reisegeschwindigkeit 455 km/h, Steigzeit auf 5000 m 5 min, 52 sec, Dienstgipfelhöhe 8900 m, Reichweite 570 km.
Gewichte: Leergewicht 1964 kg, maximales Abfluggewicht 2590 kg.
Bewaffnung: Zwei Maschinenkanonen über dem Motor. Jagdbomber (MC.200 CB) mit Flügelstationen für maximal 320 kg Bomben.
Entwicklung: Zurückgehend auf Designstudien von Macchi im Jahr 1935, und auf eine Ausschreibung der italienischen Regierung im Februar 1936, startete im Dezember 1937 der Prototyp zu seinem Erstflug. Nach einem Vergleichsfliegen 1938 wurden 99 Flugzeuge bestellt. Bei dem in Ganzmetall-Schalenbauweise hergestellten Flugzeug wurde 1939/1940 nach einer Reihe von Spin-Unfällen das Flügelprofil verändert und in der Serie übernommen. Nach 240 gebauten Flugzeugen wurde auf Wunsch vieler Piloten wieder ein offenes Cockpit eingeführt. Erstaunlich wenige Varianten gab es während der Bauzeit: die MC. 200 bis als Prototyp mit einem 1180 PS-Motor, und die MV. 200 CB in einer Tropenausführung. Die Entwicklung der MC.201 mit einem überarbeiteten Rumpf und stärkerer Motorisierung wurde wegen der wesentlich leistungsstärkeren MC.202 eingestellt.

Es wurden 1153 MC.200 in zwei verschiedenen Werken gebaut.

Bemerkungen: Die MC. 200 Saetta (Pfeil, Blitz) war wegen ihrer Robustheit, ihrer guten Flugeigenschaften und Wendigkeit zu Beginn ihrer Laufbahn eines der besten italienischen Jagdflugzeuge. Mit der leichten Bewaffnung und ihrem aerodynamisch ungünstigen Sternmotor war sie allerdings schnelleren Jagdflugzeugen deutlich unterlegen. Eingesetzt wurde die MC. 200 im Mittelmeerraum, Nordafrika und Jugoslawien, aber ab 1941 auch, jedoch mit hohen Verlusten, an der deutschen Ostfront als Jagdbomber.

Saettas sind zu finden im Caproni Museum in Trento, im Italian Airforce Museum in Bracciano/Italien und im National Museum of the United States Air Force auf der Wright-Patterson AFB, Dayton/USA.

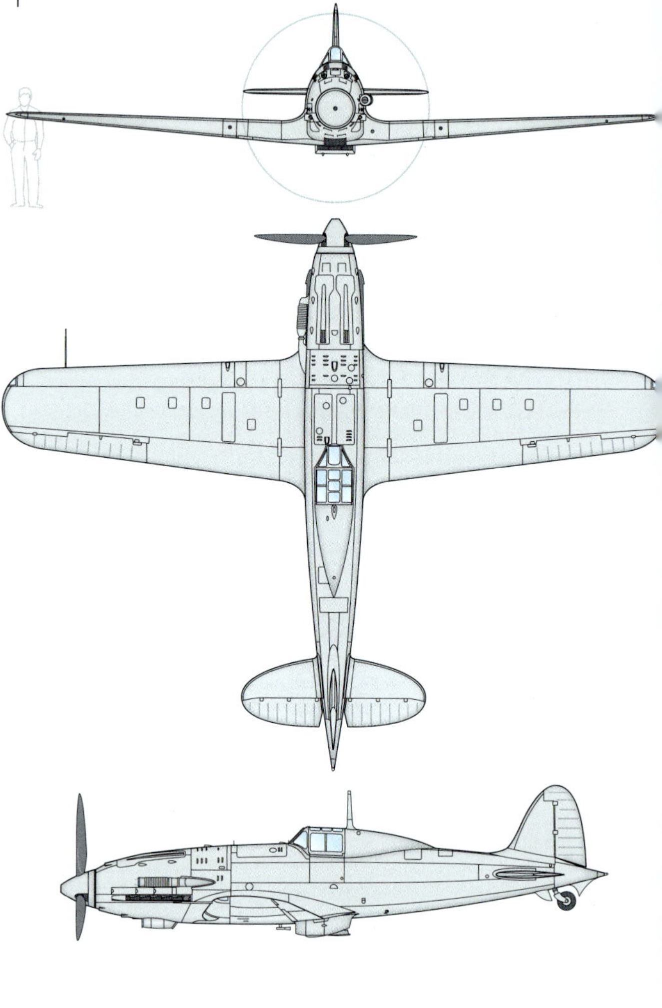

Abmessungen:
Spannweite: 10,58 m
Länge: 8,85 m
Höhe: 3,49 m
Flügelfläche: 16,82 m^2

Macchi MC. 202

Macchi MC. 202

Ursprungsland: Italien
Kategorie: Jagdflugzeug
Besatzung: 1
Triebwerk: Ein flüssigkeitsgekühlter V12-Zylinder-Motor Alfa Romeo RA 1000 R.C. Monsone mit 864 kW (1159 PS) Startleistung.
Leistungen: Höchstgeschwindigkeit 600 km/h in 5600 m Höhe, Steigzeut auf 5500 m 6 min, Dienstgipfelhöhe 11.500 m, Reichweite 765 km.
Gewichte: Leergewicht 2491 kg, maximales Abfluggewicht 2930 kg.
Bewaffnung: Zwei MGs über dem Motor, 2 MGs im Flügel. An Flügelstationen maximal 160 kg Bomben oder Zusatztanks.
Entwicklung: Basierend auf der MC. 200 mit Sternmotor, flog der erste Prototyp mit einem V12-Daimler-Benz DB 601 im August 1940. Die Leistungssteigerung war überzeugend und das Flugzeug konnte auf den Produktionsanlagen der MC. 200 gebaut werden. Noch mit importierten Daimler-Benz 601-Motoren begann 1940 die Produktion des Ganzmetall-Tiefdeckers, während später auf den Alfa-Romeo RA 1000 (lizenzierter DB 601) umgestellt wurde. Mit der MC. 202AS wurden für den Nordafrika-Einsatz Sandfilter eingeführt, die CB bekam Aufhängepunkte für Bomben und Zusatztanks unter den Flügeln und die RF wurde mit Kameras als Aufklärer gebaut. Einzelstücke blieben Flugzeuge z. B. als Mistelgespann und zur Erprobung anderer Motoren. Mit Verfügbarkeit des DB 605 wurde die nochmals leistungsgesteigerte MC. 205 Veltro entwickelt, von der ca. 260 Stück gebaut wurden.

In mehreren Werken in Italien wurden 1106 MC. 202 gebaut.

Bemerkungen: Mit der Einführung der MC. 202 Folgore (Donnerschlag) glich Italien sein Defizit im Jagdflugzeugbau wieder aus. Trotz der im Vergleich zu anderen Jagdflugzeugen schwachen Bewaffnung konnte die wendige Folgore gegen alliierte Jagdflugzeuge bestehen und bewährte sich auf allen italienischen Kriegsschauplätzen im Mittelmeerraum, wie auch 1942 an der deutschen Ostfront. Rund 20 Folgores flogen für Kroatien gegen Bomber der Alliierten. Einige MC.202 und 205 wurden von Italien noch bis 1948 als Trainer geflogen. Ägypten bestellte 42 MC. 205, geliefert wurden aber davon 31 mit dem DB 605 nachgerüstete MC.202, die bis 1951 im Einsatz waren.

Eine MC. 202 steht im Italienischen Luftfahrtmuseum Vigna di Valle in Bracciano/Italien, eine nicht präsentierte im Smithsonian National Air an Space Museum in Washington D.C./USA.

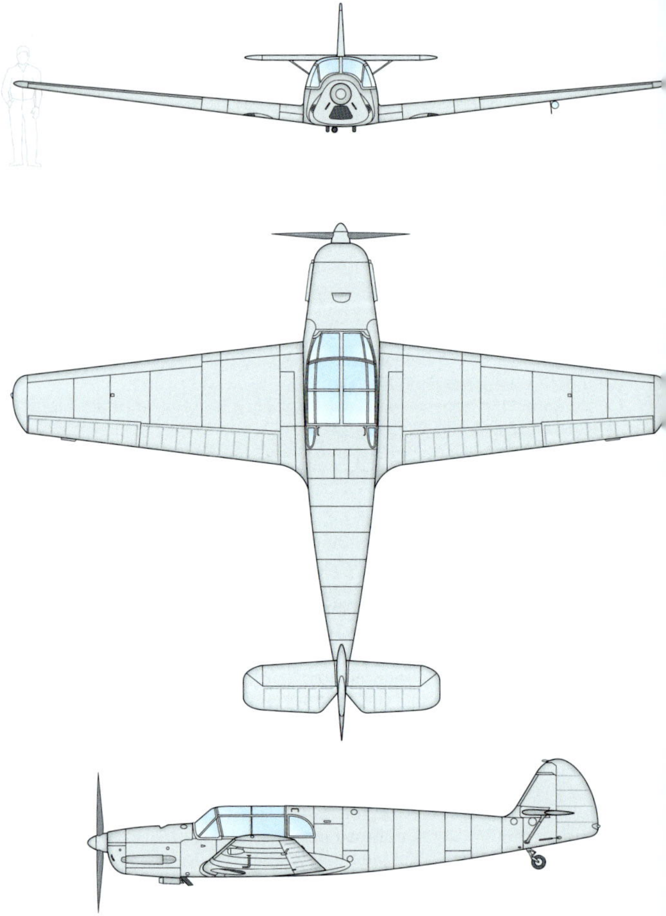

Abmessungen:
Spannweite: 10,62 m
Länge: 8,29 m
Höhe: 2,85 m
Flügelfläche: 16,40 m^2

Messerschmitt Bf 108 B

Messerschmitt Bf 108

Ursprungsland: Deutschland
Kategorie: Verbindungs-, Schul- und Reiseflugzeug
Besatzung: 1 plus 3
Triebwerk: (B) Ein luftgekühlter, hängender V8-Motor Argus AS 10 C/E mit 176 kW (240 PS) Startleistung.
Leistungen: Höchstgeschwindigkeit 303 km/h, Reisegeschwindigkeit 265 km/h, Steigzeit auf 4000 m 22 min, Dienstgipfelhöhe 5000 m, Reichweite 1000 km.
Gewichte: Leergewicht 880 kg, maximales Abfluggewicht 1380 kg.
Entwicklung: Bereits 1933 wurde Messerschmitt beauftragt, anlässlich des Europarundflugs 1934 ein konkurrenzfähiges Flugzeug zu entwickeln. Der aerodynamisch hochwertige Tiefdecker in Ganzmetall-Schalenbauweise, dessen Erstflug im Frühjahr 1934 war, hatte anklappbare Flügel, automatisch ausfahrende Vorflügel, ein Einziehfahrwerk und eine erstaunlich hohe Zuladung von 500 kg. Die ersten Flugzeuge (A-Serie) waren noch mit einem Hirth-Motor ausgestattet, nachfolgend wurde aber der Argus AS 10 zum Standardmotor in allen Serien. Eine B-Variante gab es auch in einer Tropenausführung und als private Reisemaschine. Die C-Version mit einem Sternmotor blieb ein Einzelstück und die D-Version war eine leicht modifizierte Luftwaffenausführung.

Von allen Varianten wurden bis Kriegsende etwa 900 Flugzeuge hergestellt, davon ca. 755 für die Luftwaffe. Ab 1942 sind die meisten bei SNCAN in Frankreich gebaut worden, wo auch nach 1945 in mehreren Versionen (ca. 280 Stück), zum Teil mit Bugfahrwerk und Renault-Motoren, weiterproduziert wurde. Ein Versuchsmuster, das von einer 470 PS-starken Turbomeca-Propellerturbine angetrieben wurde, beendete erst 1959 die französische Baureihe.
Bemerkungen: Mit der Bf 108 Taifun legte Messerschmitt bereits in den 1930er-Jahren die Grundlagen für moderne technische Konzeptionen im Flugzeugbau, die auch bei der Entwicklung des Jagdflugzeuges Me 109 einflossen. Belegt werden die überragenden Flugleistungen durch die in den 1930er-Jahren gewonnenen Wettbewerbe und einen Höhenweltrekord. Nach heutigen Maßstäben ist das Flugzeug im Verhältnis zu aktuellen einmotorigen Viersitzern immer noch konkurrenzfähig und wird als Urahn vieler Sport- und Reiseflugzeuge angesehen.

Eine genau Anzahl erhalten gebliebener flugfähiger oder in Museen zu findender 108er lässt sich nicht feststellen. Alleine 3 flugfähige Taifun gibt es aber noch in Deutschland, eine in der Schweiz.

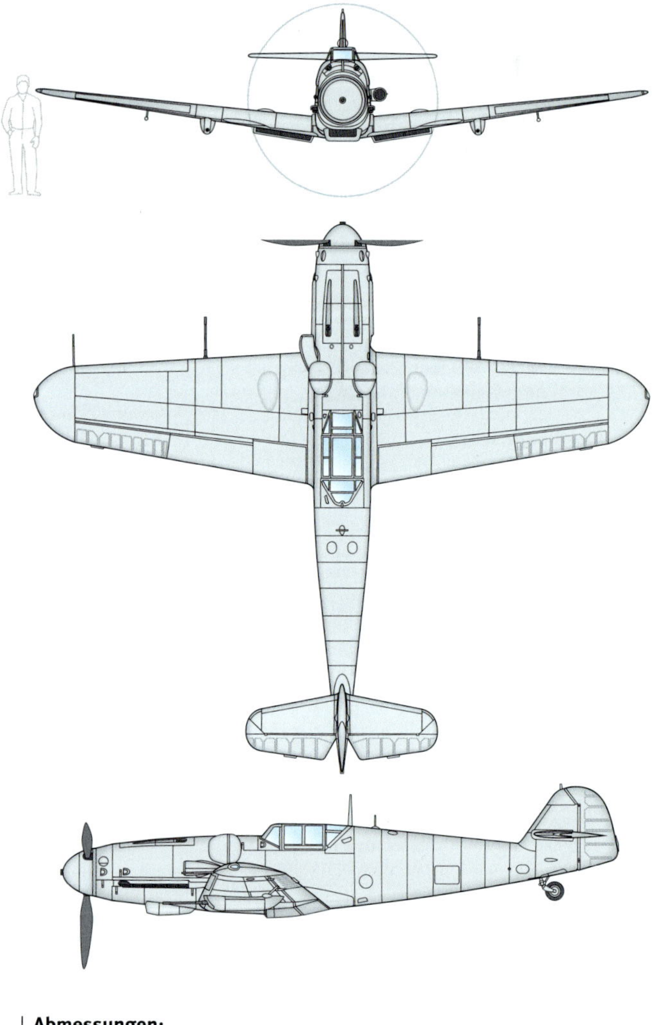

Abmessungen:
Spannweite: 9,97 m
Länge: 8,95 m
Höhe: 2,6 m
Flügelfläche: 16,4 m^2

Messerschmitt Bf 109 G 6

Messerschmitt Bf 109

Ursprungsland: Deutschland
Kategorie: Jagdflugzeug
Besatzung: 1
Triebwerk: (G 6) Ein flüssigkeitsgekühlter V12-Zylindermotor Daimler Benz DB 605 A mit maximal 1085 kW (1475 PS) Startleistung.
Leistungen: (G 6) Höchstgeschwindigkeit 630 km/h in 6600 m Höhe, Dienstgipfelhöhe 12 000 m, Reichweite 560 km, mit Extratanks 850 km.
Gewichte: (G 6) Leergewicht 2250 kg, Abfluggewicht 3200 kg.
Bewaffnung: (G 6) 2 MGs über dem Motor, eine Motorkanone durch die Propellernabe. Div. Rüstsätze: Je ein MG oder MK oder Raketenträger unter dem Flügel, Bombenträger unter dem Rumpf bis zu 500 kg.
Entwicklung: Mit einer Ausschreibung des RLM im Jahr 1934 für ein modernes einsitziges Jagdflugzeug begann die Entwicklung der Me 109. Im Mai 1935 war der Erstflug mit einem 695 PS-RR Kestrel-Motor. Das Flugzeug wurde in Ganzmetall-Schalenbauweise nach der Prämisse möglichst geringes Gewicht, größtmöglicher Antrieb, rationelle Fertigung und einfache Wartung konstruiert. Bis zur D-Reihe wurden Jumo 210-Motoren verbaut. Ab der E dann nur noch DB 601 und DB 605-Motoren mit bis zu 2000 PS Notleistung. Eine aerodynamisch und technisch überarbeitete 109 begann mit der F, mit der G wurde der DB 605 und eine Druckkabine eingeführt. Ein Höhenjäger (H) kam nicht über das Versuchsstadium hinaus und die K war die letzte Produktionsserie. Neben den Hauptserien, auch mit unterschiedlichen Motoren, gab es zahlreiche Untervarianten, Rüstsätze, Bewaffnungsvarianten und Spezialausstattungen. Nach dem Krieg wurde die 109 von Avia in der Tschechoslowakei und von Spanien bis 1957 weitergebaut.

Bis April 1945 sollen ca. 33.100–33.200 Bf 109 in zahlreichen Werken gebaut worden sein. Alleine von der G 6 ca 13.000 Stück.
Bemerkungen: Erste Erprobungseinsätze wurden im Spanischen Bürgerkrieg geflogen. Schnell wurde die 109 zum Standardjäger der Luftwaffe und es folgten Einsätze in den Polen- und Frankreichfeldzügen, bei der „Luftschlacht um England“ und in Nordafrika. Bis etwa 1943 konnte die 109 mit den alliierten Jagdflugzeugen mithalten, geriet dann mangels geeigneter Motoren ins Hintertreffen. Die 109 hatte allerdings soviel Potenzial, dass sie bis zum Kriegsende durch Weiterentwicklungen ein konkurrenzfähiges Muster blieb. Mit Einführung des DB 605 wurde das Niveau der Allierten wieder erreicht, aber gegen Kriegsende führte die oft schlechte Pilotenausbildung zu hohen Verlustraten.

Neben unzähligen Bf 109 in Museen werden weltweit immer noch welche restauriert, in flugtüchtigen Zustand gebracht oder gehalten.

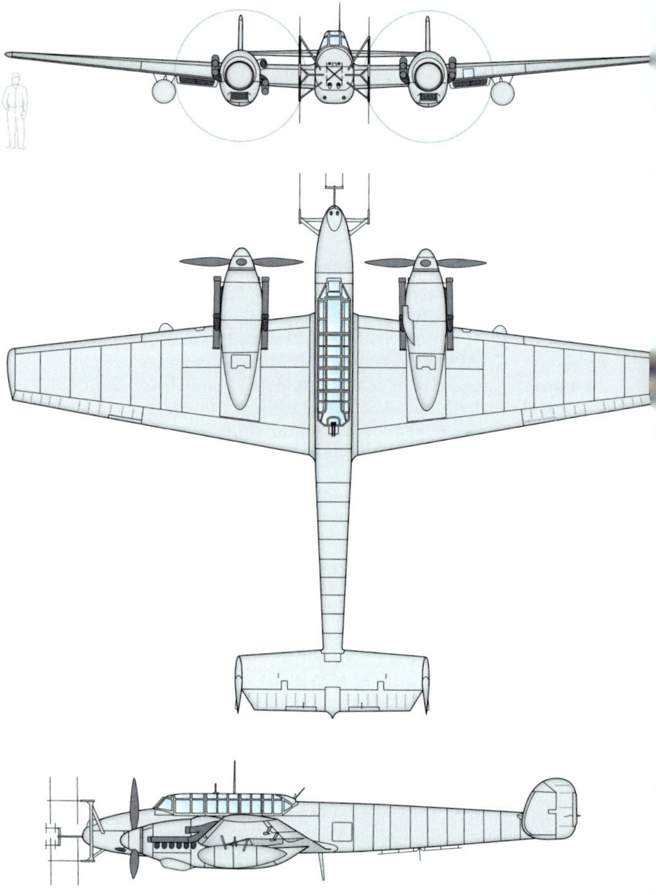

Abmessungen:
Spannweite: 16,29 m
Länge: 12,68 m
Höhe: 3,98 m
Flügelfläche: 38,36 m²

Messerschmitt Bf 110 G 4

Messerschmitt Bf 110

Ursprungsland: Deutschland
Kategorie: Schweres Jagdflugzeug, Nachtjagdflugzeug
Besatzung: 2
Triebwerke: (G 4) Zwei flüssigkeitsgekühlte V12-Zylinder-Motoren Daimler-Benz DB 605 B-1 mit 1084 kW (1475 PS) Startleistung.
Leistungen: (G 4) Höchstgeschwindigkeit ca. 585 km/h, mit Radarantenne 550 km/h, Steigzeit auf 5500 m 8 min, Dienstgipfelhöhe 8000 m, Reichweite max. 850 km ohne Zusatztanks.
Gewichte: (G 4) Leergewicht 5094 kg, max. Abfluggewicht 9370 kg
Bewaffnung: (G 4) Nach vorne zwei 30 mm-Kanonen, zwei 20 mm-MGs, zwei 20 mm-MGs als „schräge Musik" oder im Heckstand. Wahlweise in einer Wanne unter dem Rumpf zwei MGs oder Maschinenkanonen.
Entwicklung: Auf die Forderung der Luftwaffe einen zweimotorigen Jäger zu bauen, entwickelte Messerschmitt in Konkurrenz zu Focke-Wulf und Henschel die Me 110, deren Erstflug im Mai 1936 war. Anfang 1939 startete die Serienfertigung des in Ganzmetall-Schalenbauweise hergestellten Tiefdeckers. Die A- und B-Serien wurden teilweise mit dem Jumo 210 ausgestattet, der sich als zu schwach erwies. Mitte 1939 begann die Auslieferung der C-Serie mit dem stärkeren V12-Zylinder Daimler-Benz DB 601 A. Die immer wieder verbesserten Varianten C, D, E und F wurden zum Bodenangriff, als Jagdbomber, Zerstörer, Aufklärer, Geleitzugbegleiter und als Schleppflugzeug eingesetzt. Im Winter 1940/41 wurden die ersten umgerüsteten Bf 110 zur Nachtjagd verwendet. Mit der Nachtjagdvariante G 4 (Zeichnung), die mit Radar ausgestattet war, fand die Entwicklung ein Ende.

Mehrere Werke lieferten bis Februar 1945 insgesamt ca. 5920 Flugzeuge aus, darunter etwa 2500 Nachtjäger.
Bemerkungen: Das schwere Jagdflugzeug bewährte sich in den ersten Kriegsjahren, war jedoch den wendigen, einmotorigen britischen Jagdflugzeugen unterlegen. 1941 wurde das Muster deshalb vorwiegend auf den Kriegsschauplätzen im Mittelmeerraum und in der Sowjetunion als Jagdbomber und Erdkampfflugzeug eingesetzt. Für die 1940/1941 beginnende Nachtjagd auf alliierte Bomber war das umgerüstete Flugzeug jedoch gut geeignet. Anfangs mit einem 3. Mann als Beobachter und ab Mitte 1942 mit der Radar-Anlage Liechtenstein ausgestattet, blieb die Bf 110 bis zum Kriegsende im Einsatz.

Zwei Exemplare, eines im Technik-Museum Berlin und eines im RAF-Museum in London, existieren noch.

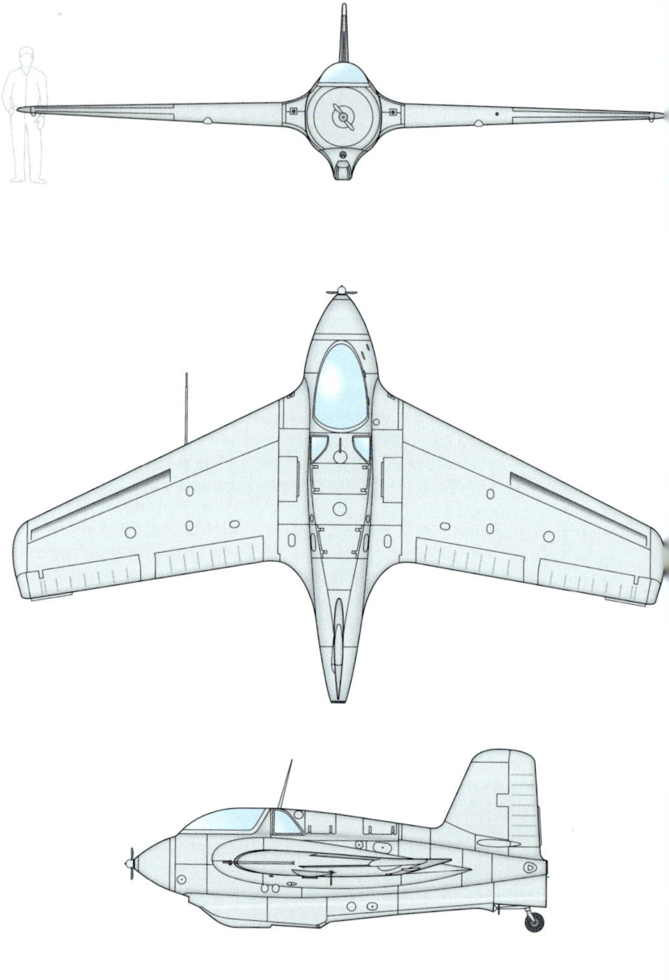

Abmessungen:
Spannweite: 9,30 m
Länge: 5,69 m
Höhe: 2,5 m
Flügelfläche: 19,60 m²

Messerschmitt Me 163 B

Messerschmitt Me 163

Ursprungsland: Deutschland
Kategorie: Jagdflugzeug
Besatzung: 1
Triebwerk: (B) Ein Walter Flüssigkeits-Raketentriebwerk Walter HWK 109-509 A-1 mit variablem Schub, maximal 14,71 kN.
Leistungen: (B) Höchstgeschwindigkeit 960 km/h in 3000 m Höhe, Steigzeit auf 12.000 m 3 min, 45 sec, Dienstgipfelhöhe 12.000 m, angetriebene Flugzeit ca. 7,5 min, Reichweite ca. 80 km.
Gewichte: (B) Leergewicht 1980 kg, Abfluggewicht 4310 kg.
Bewaffnung: (B) Zwei Maschinenkanonen in den Flügelwurzeln.
Entwicklung: Die Me 163 geht auf Nurflügler-Entwürfe des Aerodynamikers und Konstrukteurs Alexander Lippisch zurück. Mit Raketentriebwerken wurden erste Füge mit der DFS 194, einem Vorläufer der Me 163, durchgeführt. Nach etlichen Erprobungs-Gleitflügen kam es im August 1941 zum ersten erfolgreichen Raketenflug und im Oktober 1941 erreichte man die 1000 km/h-Grenze. Bei den Serienflugzeugen Me 163 B wurde der Rumpf in Metall-Schalenbauweise und die Flügel mit festen Vorflügeln (C-Schlitze) aus Holz hergestellt. Gestartet wurde auf einem Startwagen, gelandet auf einer Kufe. Wegen Lieferproblemen des anfälligen Triebwerks flog das Flugzeug erst im Juni 1943 aus eigenem Antrieb. Parallel dazu lief die Serienfertigung, aber erst im Juni 1944 konnte eine Versuchsjagdstaffel den Betrieb aufnehmen.

Produziert wurden angeblich 364 Me 163 B und 8 zweisitzige Schulgleiter, von der längeren Me 163 C 3 Maschinen. Die Me 163 D, eine Neukonstruktion mit Druckkabine, existierte nur als Prototyp.

Bemerkungen: Die Me 163 Komet, von Piloten auch Kraftei genannt, war der erste einsatzfähige Raketenabfangjäger der Welt, der sich zwar durch überragende Flugleistungen auszeichnete, aber auch gravierende Nachteile hatte: der geringe Aktionsradius, sehr kurze Flugdauer, die oft nur für ein, zwei Angriffe reichte, das unzuverlässige Triebwerk, der hochexplosive Treibstoff, schwierige Landeeigenschaften und ein immenser logistischer Aufwand am Boden. Der militärische Erfolg war eher gering und laut einigen Quellen kamen mehr Piloten durch Unfälle, als durch Feindeinwirkung ums Leben.

Es sind mindestens 10 Flugzeuge erhalten geblieben. Zwei davon stehen im Luftwaffenmuseum in Gatow/Berlin und im Deutschen Museum in Schleißheim bei München.

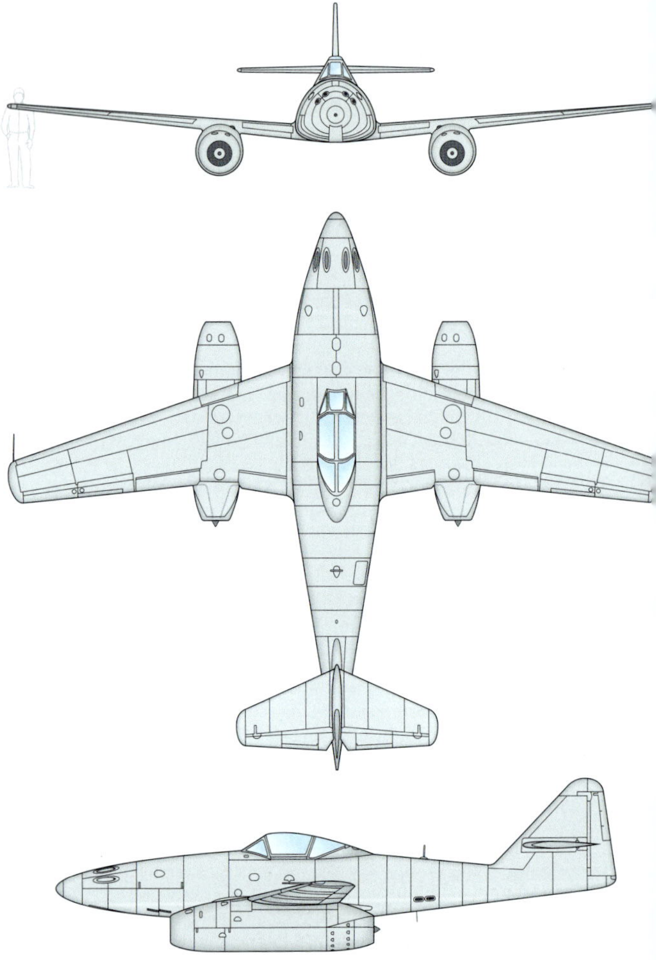

Abmessungen:
Spannweite: 12,65 m
Länge: 10,60 m
Höhe: 3,84 m
Flügelfläche: 21,70 m^2

Messerschmitt Me 262 A1a

Messerschmitt Me 262

Ursprungsland: Deutschland
Kategorie: Jagdflugzeug
Besatzung: 1
Triebwerke: (A 1a) Zwei Axial-Strahltriebwerke Junkers Jumo 004 B1 mit je 8,7 kN Schub.
Leistungen: (A 1a) Höchstgeschwindigkeit 900 km/h, Steigzeit auf 9000 m 3 min, 12 sec, Dienstgipfelhöhe 11.450 m, Reichweite ca. 1050 km.
Gewichte: (A 1a) Leergewicht 3795 kg, Abfluggewicht 6473 kg, maximals Abfluggewicht 7130 kg.
Bewaffnung: (A 1a) Vier Maschinenkanonen im Bug.
Entwicklung: Die Entwicklung der Me 262 geht auf das 1939 gestartete Projekt P1065 zurück. Mangels Strahltriebwerken wurde ab April 1941 der erste Prototyp mit einem im Bug eingebauten Kolbenmotor erprobt. Erstmals mit Strahltriebwerken flog die Me 262 im März 1942. Die frühen Prototypen des in Ganzmetallbauweise hergestellten Jets waren noch mit einem Spornrad ausgestattet. Erste Serienflugzeuge wurden ab April 1944 ausgeliefert. Als reiner Abfangjäger wurde die A 1a Schwalbe, als Jagdbomber für max. 1000 kg Bomben wurde die A 2 Sturmvogel gebaut. Die A 5 als Aufklärer, die B 1a als zweisitzige Schulmaschine und mit Radar ausgerüstet die zweisitzige Nachtjägerversion B 2. Projektiert waren weitere Versionen, die aber gegen Kriegsende nicht mehr ausgeführt werden konnten.

Angeblich sollen 1433 Me 262 bis März 1945 hergestellt und 1039 in Dienst gestellt worden sein. In der Tschechoslowakei wurden nach 1945 aus Teilebeständen noch 10 Flugzeuge als Avia S 92 gebaut.

Bemerkungen: Der erste in Serie gebaute Jet war als Jagdflugzeug konzipiert, wurde aber trotz der dann kritischen Flugeigenschaften zuerst als Jagdbomber eingesetzt. Auch als überlegenes Jagdflugzeug war es nicht unverwundbar. Im Landeanflug waren die Flugzeuge ein leichtes Ziel für feindliche Jäger. Kriegsbedingt waren auch höchstens 250 Me 262 gleichzeitig im Einsatz. Pilotenmangel, Materialengpässe, Triebwerksprobleme, schwierige Produktionsbedingungen, zum Teil von Häftlingen in unterirdischen Komplexen und das Chaos am Ende des Krieges beendeten die Karriere des damals modernsten Flugzeuges. Als Beutegut beeinflusste die Me 262 aber maßgeblich die Nachkriegs-Konstruktionen der ersten Jets im Osten wie im Westen.

Etliche Me 262 sind erhalten geblieben, eine z. B. im Deutschen Museum in München. Einige flugfähige Me 262 wurde in den USA nachgebaut. Eine davon betreibt das Flugmuseum Messerschmitt/Manching.

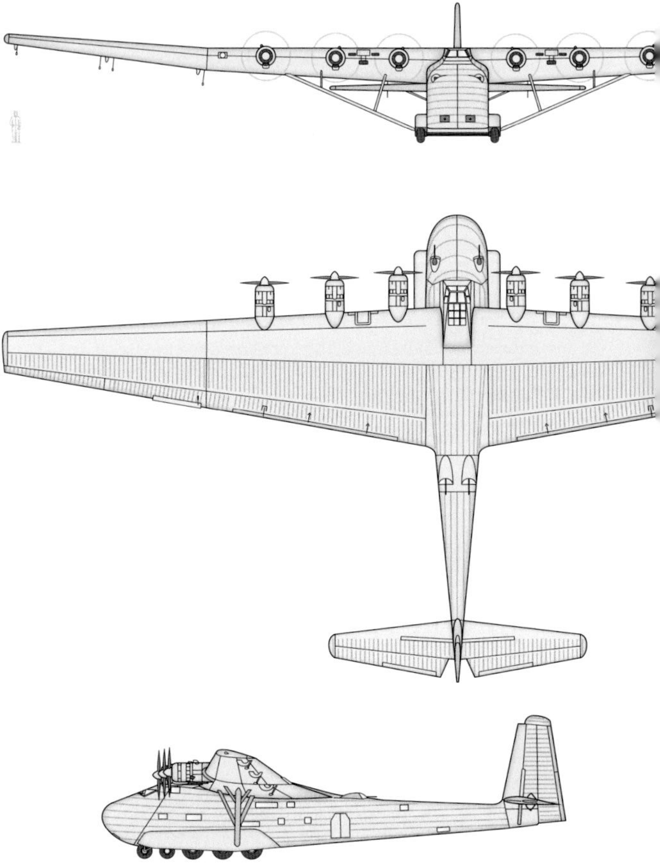

Abmessungen:
Spannweite: 55,24 m
Länge: 28,50 m
Höhe: 10,15 m
Flügelfläche: 300,50 m^2

Messerschmitt Me 323 D1

Messerschmitt Me 323

Ursprungsland: Deutschland
Kategorie: Transportflugzeug
Besatzung: 5–7
Triebwerke: (D1) Sechs luftgekühlte 14-Zylinder-Doppelsternmotoren Gnôme-Rhône 14N mit je 730 kW (990 PS) Startleistung und 637 kW (865 PS) Dauerleistung. Zusätzlich bei Überlaststarts abwerfbare Walter HWK-Starthilferaketen unter dem Flügel.
Leistungen: (D1) Höchstgeschwindigkeit ca. 285 km/h, Reisegeschwindigkeit 250 km/h, Steigzeit auf 1000 m 4 min, 30 sec, Dienstgipfelhöhe 4700 m, Reichweite 1100 km, max. 1550 km mit reduzierter Beladung.
Gewichte: (D1) Leergewicht 27.330 kg, Nutzlast 12.000 kg, z. B. 122 vollausgerüstete Soldaten oder 2 LKW, Abfluggewicht 43.000 kg, max. Abfluggewicht 45.100 kg.
Bewaffnung: (D1) Fünf MGs, optional MGs an den Seitenfenstern.
Entwicklung: Basis der Me 323 Gigant war der max. 34 Tonnen schwere Lastensegler Me 321, zu deren Start bis zu 3 Schleppflugzeuge nötig waren. Nach einer erstmals im Januar 1942 fliegenden zweimotorigen Ausführung und einer Reihe von Prototypen begann im September 1942 die Serienfertigung der sechsmotorigen D-Version. Der Rumpf, eine Stahlrohrkonstruktion mit Holzformgerüst, und der abgestrebte Flügel mit Stahlrohrholm und Holzrippen, war holzbeplankt und bespannt, der Bug aufklappbar. Die verbesserte E-Version hatte eine höhere Nutzlast und zusätzliche MG-Türme auf den Flügeln und die Me 323 WT wurde zu einem gepanzerten Flakkreuzer als Begleitschutz anderer Me 323 mit 20 Maschinenkanonen und 4 MGs ausgerüstet.

Insgesamt wurden etwa 200 Flugzeuge aller Varianten gebaut.

Bemerkungen: Die Gigant, das größte Transportflugzeug des 2. Weltkrieges, das von November 1942 bis September 1943 für den Nachschubtransport nach Nordafrika eingesetzt wurde, war auch mit sechs Motoren untermotorisiert und schwerfällig. Dabei kam es, trotz Jäger-Begleitschutz, zu hohen Verlusten. Ab Oktober 1943 flog das auch unter schwierigsten Bedingungen eingesetzte Flugzeug hauptsächlich an der Ostfront. Ungelöste Probleme bis zum Produktionsende blieben die geringe Motorisierung, häufige Motorausfälle, hohe Steuerdrücke für die Piloten, das Schwingungsverhalten des großen Flügels und die insgesamt nicht sehr witterungsbeständige Konstruktion.

Es blieb kein Flugzeug erhalten. Das Luftwaffenmuseum in Berlin besitzt aber noch einen kompletten Flügelholm.

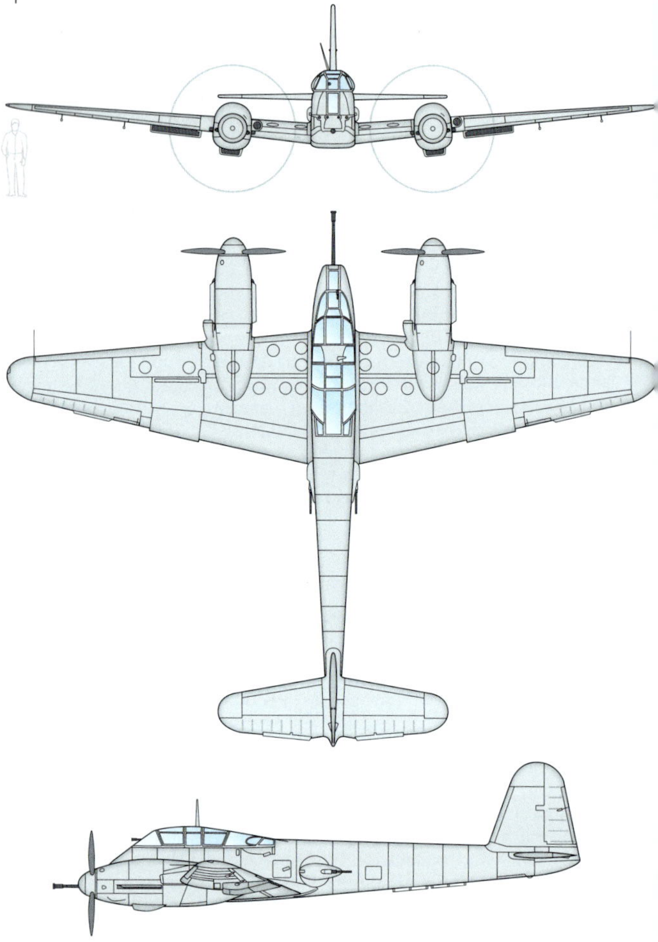

Abmessungen:
Spannweite: 16,35 m
Länge: 12,48 m
Höhe: 4,28 m
Flügelfläche: 36,20 m^2

Messerschmitt Me 410 B 2 U 4

Messerschmitt Me 410

Ursprungsland: Deutschland
Kategorie: Zerstörer, Aufklärer
Besatzung: 2
Triebwerke: (A 1) Zwei flüssigkeitsgekühlte V12-Zylinder-Motoren Daimler-Benz DB 603 A mit je 1300 kW (1750 PS) Startleistung.
Leistungen: (A 1) Höchstgeschwindigkeit 624 km/h in 6700 m Höhe, Steigzeit auf 6000 m 10 min, 42 sec, Dienstgipfelhöhe 10.000 m, Reichweite 1200 km, Überführungsreichweite 2300 km.
Gewichte: (A 1) Leergewicht 7518 kg, max. Abfluggewicht 9651 kg.
Bewaffnung: (A 1) Nach vorne zwei MGs und zwei Maschinenkanonen, zwei ferngesteuerte MGs seitlich. Im Bombenschacht bis zu 1000 kg Bomben. Me 410 U 4-Varianten mit einer Panzerabwehrkanone mit 36 Schuss im Bombenschacht.
Entwicklung: 1937 begann die Entwicklung der Me 210 als Nachfolger der Bf 110. Die Produktion begann 1941, wurde aber nach 260 Flugzeugen wegen schweren Flugunfällen eingestellt. Aus der 210 wurde die Me 410 (mit längerem Rumpf und strukturellen Verbesserungen) weiterentwickelt, um die 478 schon hergestellten Me 210-Baugruppen weiter verwenden zu können. Die A-Version flog im Dezember 1942 zum ersten Mal und wurde einschließlich der Umbauten 769 mal gebaut. Von der nahezu unveränderten B-Version, mit anderer Bewaffnung und vorgesehenem DB 603 G, dessen Entwicklung allerdings eingestellt wurde, sind 420 Me 410 mit dem DB 603 A produziert worden.

Unterschiedliche Rüstsätze führten zu zahlreichen Varianten als Schnellkampfflugzeug, Aufklärer und Zerstörer. Die Entwicklung der C- und D-Versionen mit stärkerer Motorisierung und größeren Flügeln um bessere Höhenleistungen zu erzielen, wurde abgebrochen.

Die Produktion endete im September 1944 nach 1189 Flugzeugen.
Bemerkungen: Im Januar 1943 übernahm die Luftwaffe die ersten Maschinen, die hauptsächlich als Bomber eingesetzt wurden. Ab Mitte 1944 setzte man die Me 410 trotz hoher Verluste fast nur noch gegen angreifende Bomber ein, konnte aber gegen die alliierten Begleit-Jagdflugzeuge nicht bestehen. Ganz im Gegensatz zu den schnelleren Aufklärern, die weiterhin erfolgreich über Großbritannien flogen.

Eine Me 410 steht im RAF-Museum in London, Großbritannien, eine im National Air and Space Museum in Washington D. C., USA.

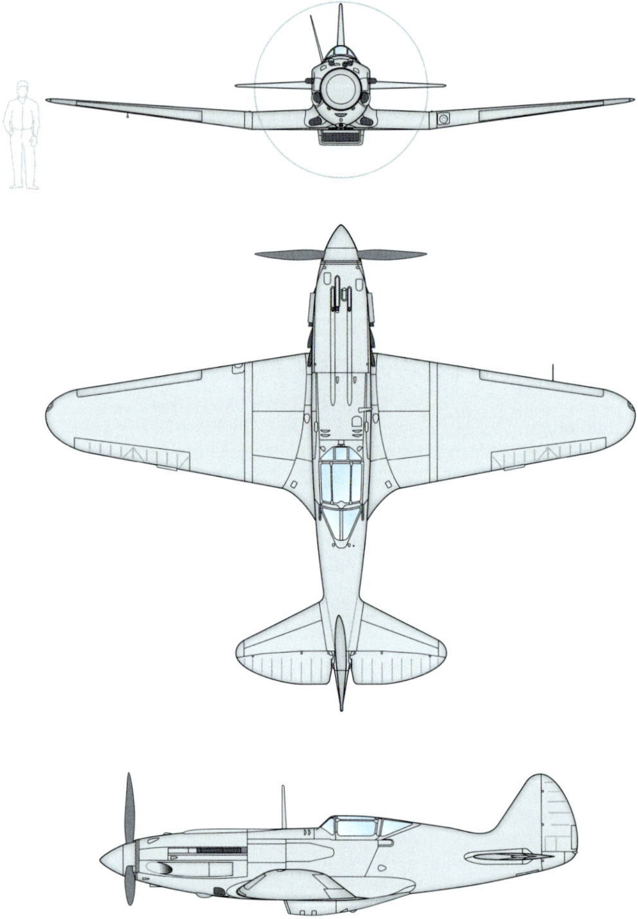

Abmessungen:
Spannweite: 10,20 m
Länge: 8,25 m
Höhe: 3,50 m
Flügelfläche: 17,44 m^2

Mikojan Mig-3

Mikojan-Gurewitsch MiG-3

Ursprungsland: Sowjetunion
Kategorie: Jagdflugzeug
Besatzung: 1
Triebwerk: Ein flüssigkeitsgekühlter V12-Motor Mikulin AM-35A mit ca. 990 kW (1346 PS) und 880 kW (1200 PS) Dauerleistung.
Leistungen: Höchstgeschwindigkeit 640 km/h in 7800 m Höhe, Steigzeit auf 8000 m 10 min, 17 sec, Dienstgipfelhöhe 12.000 m, Reichweite ca. 1200 km.
Gewichte: Leergewicht 2595 kg, Abfluggewicht 3350 kg.
Bewaffnung: Drei MGs über dem Motor, je nach Einsatz zwei MGs in den Tragflächen oder sechs Raketen oder zwei 100 kg-Bomben, bzw. vier 25 kg-Bomben an Flügelstationen.
Entwicklung: Im Rahmen eines Modernisierungsprogrammes für die sowjetischen Luftstreitkräfte entwickelten A. I. Mikojan und M. I. Gurewitsch die I-61 (später I-200). Der erste Prototyp flog im April 1940 unter der Bezeichnung MiG-1. Wegen der offensichtlichen aerodynamischen Schwächen wurde bereits im Dezember 1940 eine wesentlich verbesserte MiG-3 produziert. Das Flugzeug, dessen Rumpf eine Stahlrohr/Holz-Konstruktion war, wurde länger, die aus Holz gebauten Flügel erhielten automatische Vorflügel und der Kraftstofftank wurde erweitert. Nach Kriegsbeginn ist die Produktion nach Westsibirien verlagert worden. Versionen, die es nicht zur Serienreife brachten: MiG-3 M mit einem Sternmotor, MiG-3 D und MiG-3 DD als Höhenjäger sowie die verbesserte MiG-3 U in Ganzmetallbauweise.

Bereits im Januar 1942 lief nach 3322 gebauten Exemplaren die Produktion aus.

Bemerkungen: Mit Indienststellung zeigte sich, dass die MiG-3 feindlichen Jagdflugzeugen in niedrigen Höhen und wegen seiner schwachen Bewaffnung unterlegen war. Auch alle Bemühungen, das für Anfänger schwierig zu fliegende Flugzeug aerodynamisch stabiler zu machen, brachten wenig Erfolg. Es wurde deshalb von den Frontlinien abgezogen und 1941/42 gegen hoch anfliegende deutsche Bomberverbände in die Moskauer Luftverteidigung eingegliedert.

Ein Nachbau steht im Zentralen Museum der Luftstreitkräfte in Monino/Moskau. 2002 begann eine russische Firma drei MiG-3 mit V12 Allison-Motoren wieder flugfähig aufzubauen. Eine davon fliegt beim Military Aviation Museum in Virginia Beach/Virginia/USA.

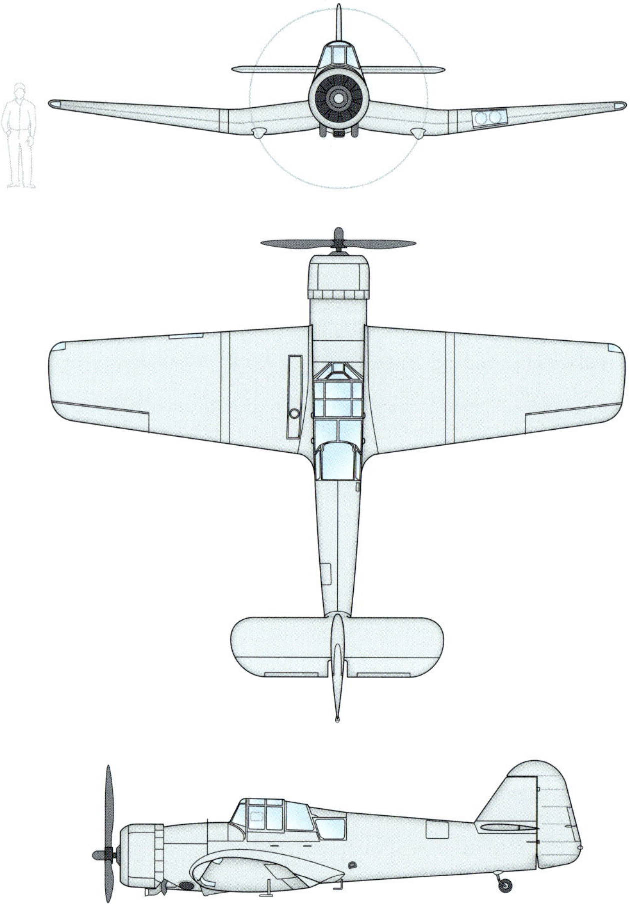

Abmessungen:
Spannweite: 10,85 m
Länge: 8,99 m
Höhe: 2,82 m
Flügelfläche: 21,83 m^2

Miles Master Mk. II

Miles Master

Ursprungsland: Großbritannien
Kategorie: Schulflugzeug
Besatzung: 2
Triebwerk: (Mk. II) Ein luftgekühlter 9-Zylinder-Sternmotor Bristol Mercury XX mir 640 kW (870 PS).
Leistungen: (Mk. II) Höchstgeschwindigkeit 389 km/h in 1800 m Höhe, Steigzeit auf 6100 m 17 min, Dienstgipfelhöhe 7925 m, Reichweite 630 km.
Gewichte: (Mk. II) Leergewicht 1947 kg, Abfluggewicht 2528 kg.
Entwicklung: Die Entwicklung der Master geht auf die M.9 Kestrel zurück, die seit 1937 flog und beeindruckende Flugleistungen aufwies. Miles bekam nach dem Scheitern des Schulflugzeuges De Havilland DH.93 den Auftrag, 500 nun Master genannte Trainer, zu bauen. Nach einer umfassenden Überarbeitung und dem Einbau eines V12-Rolls-Royce Kestrel XXX mit 715 PS hob im März 1939 das in sperrholzbeplankter Holzbauweise konstruierte Flugzeug erstmals ab. Bereits im Juli wurden die ersten Serienexemplare, von insgesamt 900, der M.9 B Mk 1 ausgeliefert. Nach Aufgabe der Kestrel-Motorenproduktion wurde die M.19 Mk. II mit dem stärkeren Sternmotor Bristol Mercury aufgelegt, von dem 1748 Exemplare produziert wurden. Dazu 602 Flugzeuge der M.27 Mk. III mit einem 825 PS -Doppelsternmotor Pratt & Whitney Twin Wasp Junior. Zu Übungszwecken konnte die Master mit einem MG und Übungsbomben ausgerüstet werden. Um die Manövrierbarkeit zu erhöhen und die Belastung der Flächen zu verringern sind 1942 die Flügel aller Versionen um ca. 1 m gekürzt worden. Rund 420 Maschinen wurden als Schleppflugzeuge ausgerüstet und als einsitzige Notjäger gab es 25 Master Fighter M.24 mit sechs MGs in den Flächen.

Insgesamt wurden in mehreren Werken 3249 Miles Master produziert. Davon sind nach Südafrika (426), USA (9), Ägypten (23), Irland (14), in die Türkei (23) und Portugal (2) exportiert worden.

Bemerkungen: Mit der Master hatte die RAF einen optimalen Trainer an der Hand, der, was Handling und Performance anbelangt, die Hurricane und Spitfire simulieren konnte. Der Fluglehrer saß im hinteren Cockpit etwas erhöht und hatte direkten Zugriff auf die Steuerelemente des Schülercockpits. Ausgebildet wurden unter anderem Luftkampftaktiken zur Vorbereitung der Kampfpiloten auf ihre Einsätze. Mehrere hundert Masters wurden zudem als Zielschlepper und Schleppflugzeuge für Lastensegler eingesetzt und ein paar als Verbindungsflugzeuge.

Es ist keine komplette Maschine erhalten geblieben.

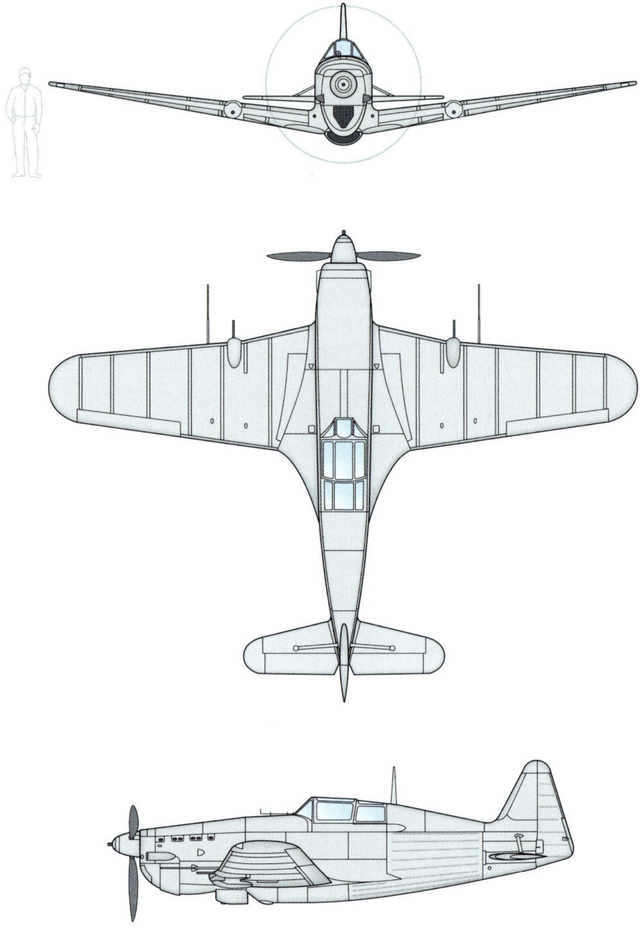

Abmessungen:
Spannweite: 10,61 m
Länge: 8,17 m
Höhe: 3,25 m
Flügelfläche: 16 m²

Morane-Saulnier M.S.406 C1

Morane-Saulnier M.S.406

Ursprungsland: Frankreich
Kategorie: Jagdflugzeug
Besatzung: 1
Triebwerk: (C1) Ein flüssigkeitsgekühlter V12-Zylinder-Motor Hispano Suiza 12Y mit 619 kW (830 PS) Startleistung.
Leistungen: (C1) Höchstgeschwindigkeit 490 km/h in 4500 m Höhe, Steigzeit auf 6000 m 9 min, 3 sec, Dienstgipfelhöhe 9400 m, Reichweite 720 km, Überführungsreichweite 1100 km.
Gewichte: (C1) Leergewicht 1895 kg, Abfluggewicht 2540 kg.
Bewaffnung: (C1) Eine Motorkanone, zwei MGs in den Flügeln.
Entwicklung: Einer Spezifikation der französischen Regierung im Jahr 1934 entsprechend, flog die M.S.405 im August 1935 erstmals. Nach 17 Versuchsmustern und etlichen Änderungen entstand die MS.406, ein in Metall-Holz-Gemischtbauweise hergestellter Tiefdecker mit einem neuen Flügel, variablem Kühler und geringerem Gewicht. Das erste Serienflugzeug flog im Januar 1939. Zu Beginn des 2.Weltkriegs waren 535 Maschinen im Einsatz. Im März 1940 endete die Produktion nach 1000 Maschinen. Exportiert wurden 60 M.S.406 nach Finnland und 45 in die Türkei. Mit verstärkten Tragflächen, geändertem Kühler und 4 MGs wurden lediglich fünf M.S.410 gebaut. Je ein Exemplar wurden von den stärker motorisierten MS.411 und M.S.412 hergestellt.

Unter der Regie der schweizerischen EFW begann 1938 die Produktion von 82 D-3800 (Bild), ein Lizenzbau der MS.406. Schweizer Weiterentwicklungen mit stärkeren Antrieben waren die D-3801 (207 Stück), D-3802 (12 Stück) und eine einzelne D-3803, die mit einem schweizer 1500 PS-Motor YS-3 von Saurer 680 km/h erreichte. Die letzte D-3801 wurde 1959 außer Dienst gestellt.
Bemerkungen: Zu Beginn des Krieges war die MS.406 zwar ein wendiges und robustes Flugzeug und in ausreichender Anzahl vorhanden, konnte aber gegen die moderneren deutschen Jagdflugzeuge nicht mithalten. Nach der Besetzung Frankreichs wurden die Bestände an MS.406 und MS.410 von der deutschen Luftwaffe übernommen und zum Teil als Trainer eingesetzt. Finnland erhielt 38 erbeutete Flugzeuge, einige gingen nach Italien und Kroatien.

Soweit bekannt sind nur drei D-3801 aus der schweizer Produktion erhalten geblieben: Eine private flugfähige in der Schweiz, eine im Museum Dübendorf/Schweiz, eine im Musée de l'Air et de l'Espace/Le Bourget/Paris.

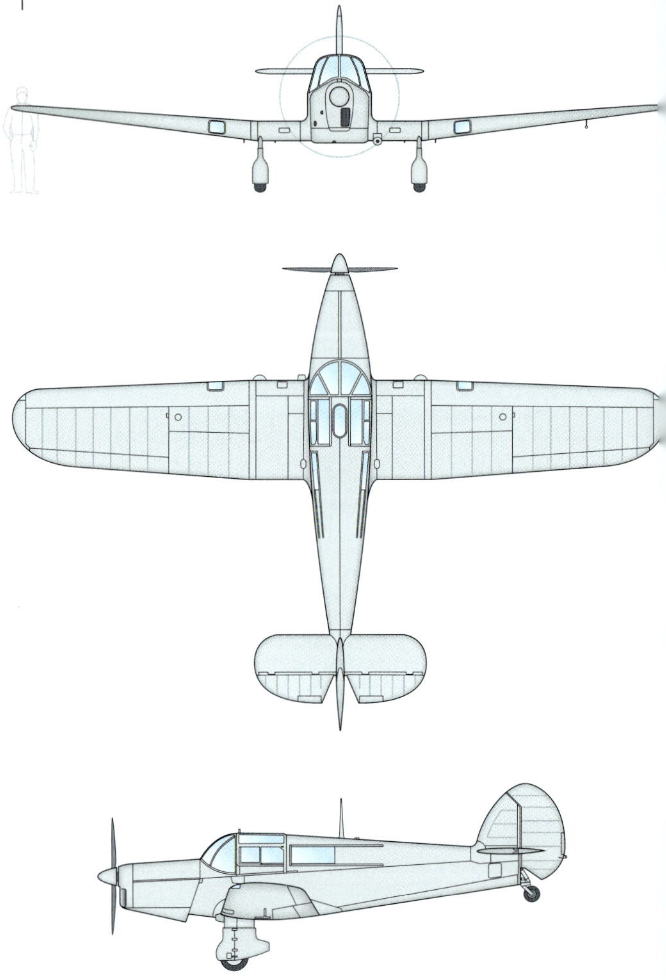

Abmessungen:
Spannweite: 12,04 m
Länge: 8,59 m
Höhe: 2,21 m
Flügelfläche: 18,77 m^2

Percival Proctor P. 31 Mk. IV

Percival P. 28/30/31/34 Proctor

Ursprungsland: Großbritannien
Kategorie: Schul- und Verbindungsflugzeug
Besatzung: 2 plus 1–2
Triebwerk: (P. 31 Mk. IV) Ein luftgekühlter, hängender 6-Zylinder-Reihenmotor de Havilland Gipsy Queen II mit 154 kW (210 PS).
Leistungen: (P. 31 Mk. IV) Höchstgeschwindigkeit 253 km/h, Reisegeschwindigkeit 217 km/h, Dienstgipfelhöhe 4300 m, Reichweite 800 km.
Gewichte: (P. 31 Mk. IV) Leergewicht 1061 kg, Abfluggewicht 1588 kg.
Entwicklung: Usprungsmuster war die Percival Vega Gull, die mit einem längeren Rumpf zur militärischen Proctor modifiziert wurde. Eine frühe Bestellung Anfang 1939 über 247 P. 28 MK 1 wurde plaziert. Der Prototyp des aus Holz hergestellten Flugzeugs flog aber erst im Oktober 1939. Die ersten dreisitzigen Baureihen waren der Vega Gull noch ähnlich: Die P. 28 Mk. I, Trainer (147 gebaut), P. 30 Mk. II, zur Funkerausbildung (175 gebaut) und die P. 34 Mk 3 als Trainer für Bomberfunker (437 gebaut). Erheblich modifiziert, etwas schwerer und nun auch mit schlechteren Leistungen, flogen ab 1943 die Viersitzer P. 31 Mk. IV, die ebenso zur Funkerausbildung benutzt wurden (437 gebaut) sowie die zivile, nach dem Krieg gebaute Proctor 5 (150 Stück) und die Proctor 6 als Schwimmerflugzeug, von der lediglich eines gebaut wurde.

Von den 1296 ausgelieferten Flugzeugen sind 484 von Percival und 812 von F. Hills & Sons gebaut worden.

Bemerkungen: Als Weiterentwicklung eines ursprünglich zivilen Musters wurde die in vielen Bereichen verwendbare militärische Proctor weltweit eingesetzt. Neben Großbritannien als Hauptabnehmer wurden die Flugzeuge in größerer Zahl von Australien und Kanada gekauft. Belgien, Tschechoslowakei, Dänemark, Frankreich, Italien, Jordanien, Libanon, Polen und Syrien zählten ebenso zu den Betreibern wie die USA, die das Flugzeug von der Royal Air Force zur Nutzung in England während des Krieges liehen.

Die RAF selbst flog das Flugzeug bis 1955. Eine nicht unerheblich Zahl demilitarisierter Proctors kamen nach dem Krieg in zivile Hände. Allerdings führten die allmählich nachlassenden Holzverbindungen zu einem generellen Grounding der Tiefdecker in den 1960er-Jahren.

Trotzdem haben viele Proctors überlebt, stehen in Museen, wurden restauriert und sind heute wieder in einem flugfähigen Zustand. Unter anderen in Großbritannien, Australien, Neuseeland und Dänemark.

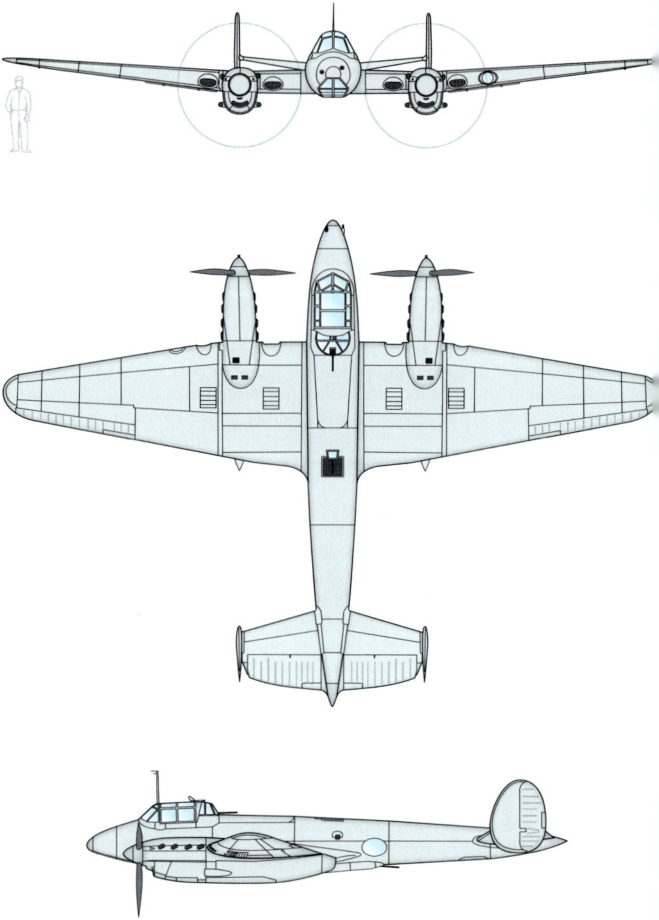

Abmessungen:
Spannweite: 17,16 m
Länge: 12,45 m
Höhe: 4 m
Flügelfläche: 40,50 m²

Petlyakov PE-2 FT

Petlyakov PE-2

Ursprungsland: Sowjetunion
Kategorie: Leichter Bomber, Sturzkampfbomber
Besatzung: 3
Triebwerke: (PE-2 FT) Zwei flüssigkeitsgekühlte V12-Zylinder-Motoren Klimov WK-105 mit 890 kW (1210 PS).
Leistungen: (PE-2 FT) Höchstgeschwindigkeit 580 km/h in 5000 m Höhe, Reisegeschwindigkeit in 5000 m Höhe 480 km/h, Steigzeit auf 5000 m Höhe 7 min, Dienstgipfelhöhe 9000 m, Reichweite ca. 1770 km, mit Bombenlast ca. 1200 km.
Gewichte: Leergewicht 5950 kg, max. Abfluggewicht 7700 kg
Bewaffnung: Je nach Einsatzzweck und Typ zwei MGs nach vorne, ein MG im Drehturm, ein MG seitlich und ein MG in der Bodenwanne. Intern und extern bis zu 1000 kg Bomben.
Entwicklung: Grundlage der PE-2 war der 1938 von W. Petljakov entwickelte Langstrecken- und Höhenjäger WI 100. Der in robuster Ganzmetallbauweise hergestellte Tiefdecker absolvierte im Dezember 1939 seinen Erstflug, wurde aber anschließend nach einer Forderung der Militärs in kürzester Zeit zu einem Sturzkampfbomber umkonstruiert, der im Dezember 1940 erstmals flog. Die Produktion begann im Januar 1941. Der schwerbewaffnete leichte Bomber wurde stets den neuesten Erfordernissen angepasst und in rund 20 unterschiedlichen Versionen als Aufklärer, Schlachtflugzeug, Nachtjäger und Trainer eingesetzt. Die letzten Baureihen hatten stärkere Motoren, eine bessere Bewaffnung und konnten bis zu 3 Tonnen Bomben tragen.

In verschiedenen Werken wurden bis Januar 1945 11.426 Maschinen gebaut. Vom schweren Jagdflugzeug PE-3, eine nahezu identische Parallelentwicklung mit zusätzlicher Bewaffnung, ohne Sturzflugbremsen und Bombenschacht, wurden ca. 1300 Stück gebaut.
Bemerkungen: Zu ihrer Zeit war die PE-2 eines der modernsten Flugzeuge. Ihre stabile Konstruktion erlaubte es, das Flugzeug für fast alle militärischen Anforderungen zu verwenden. So wurde es während des gesamten Krieges mit unterschiedlichen Missionen an allen sowjetischen Fronten eingesetzt, mit der Hauptaufgabe Bodentruppen zu unterstützen. Erst um 1944 wurde die PE-2 von der moderneren Tupolew TU-2 abgelöst, blieb aber bis 1949 noch als Schulflugzeug im Einsatz.

Die PE-2 wurden nach Bulgarien, China, Jugoslawien, Polen, Tschechoslowakei und Ungarn exportiert.

Eine PE-2 ist im Luftfahrtmuseum in Monino/Moskau und eine ist im Armee-Museum in Warschau/Polen zu finden.

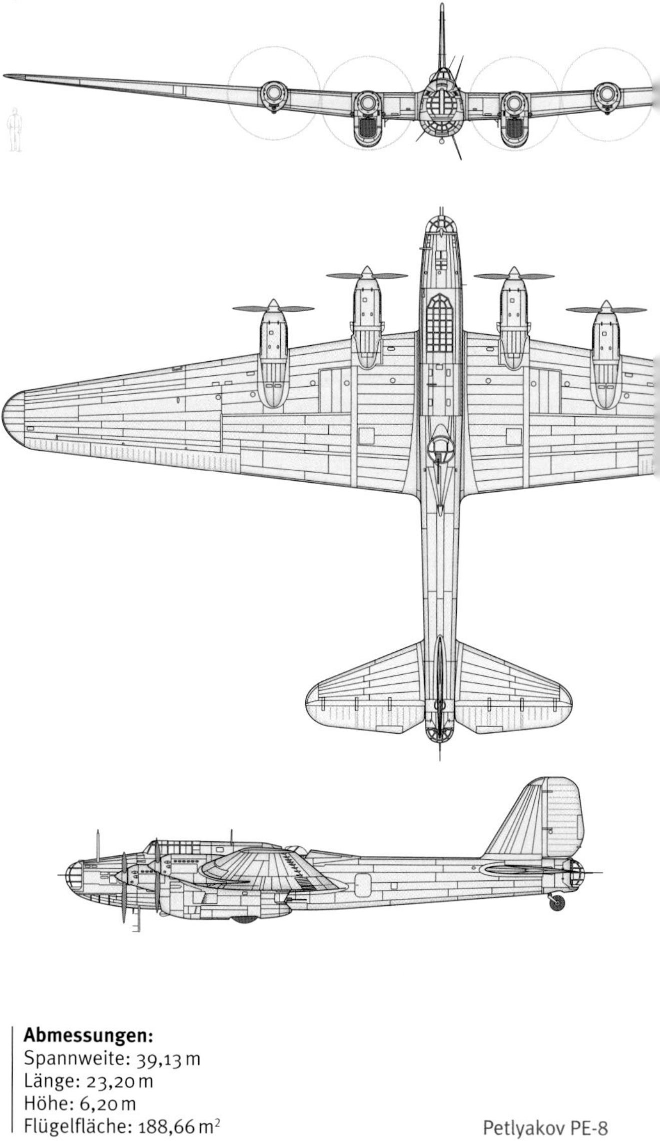

Abmessungen:
Spannweite: 39,13 m
Länge: 23,20 m
Höhe: 6,20 m
Flügelfläche: 188,66 m^2

Petlyakov PE-8

Petlyakov PE-8

Ursprungsland: Sowjetunion
Kategorie: Fernbomber
Besatzung: 10–12
Triebwerke: Vier flüssigkeitsgekühlte V12-Zylinder-Motoren Mikulin AM 35A mit je 992 kW (1350 PS) oder vier 14-Zylinder-Doppelsternmotoren Schwezow ASch-82 mit je 992 kW (1350 PS) oder V12-Zylinder-Dieselmotoren Charomsky M-40 mit 1103 kW (1500 PS).
Leistungen: (PE-8 mit Charomsky-Diesel) Höchstgeschwindigkeit 393 km/h in 5650 m Höhe, Steigzeit auf 5500 m 16 min 20 sec, Dienstgipfelhöhe 9200 m, Reichweite 5460 km.
Gewichte: Leergewicht 19.790 kg, maximales Abfluggewicht 33.500 kg.
Bewaffnung: Je ein MG in der inneren Motorgondel nach hinten, ein Doppel-MG im Bug, je eine Maschinenkanone im Rücken- und Heckstand, maximal 5000 kg Bomben.
Entwicklung: Mit der Forderung der sowjetischen Regierung nach einem Bomber, der in bis zu 15.000 m Höhe rund 600 km/h schnell fliegen kann, begann 1935 die Entwicklung der ANT-42. Mangels geeigneter Höhenmotoren wurde ein fünfter Motor für einen Zentrallader im Rumpf installiert, was sich wegen seiner Komplexität nicht durchsetzte. Erstflug war im Dezember 1936 und Anfang 1939 begann die Serienproduktion des Ganzmetallflugzeuges unter der Bezeichnung TB-7. 1942 wurde es zu Ehren des Konstrukteurs Petlyakov in PE-8 umbenannt. Zwei politisch bedingte Produktionsstops verzögerten den Serienbau enorm. Ab Januar 1943 wurden rund 50 von der nun auch aerodynamisch verbesserten PE-8 mit Schwezow-Doppelsternmotoren produziert. Zwei „Passagier"-Flugzeuge für Regierungsmitglieder wurden mit einer Druckkabine ausgestattet, die sich aber nicht bewährte.

Die Produktion endete im Dezember 1944 mit dem 93.Flugzeug.

Bemerkungen: Der einzige viermotorige Bomber der Sowjetunion gehörte bis Anfang der 1940er-Jahre zu den technisch modernsten Flugzeugen der Welt. Wegen vieler produktionstechnischer Widrigkeiten und vor allem politischer Fehleinschätzungen ging die PE-8 im Gegensatz zu britischen und amerikanischen schweren Bombern nie in Großserie. Eingesetzt wurde sie bei den Fernfliegerkräften zum Teil mit hohen Verlusten, unter anderem schon 1941 bei Angriffen auf Berlin, aber auch auf zentrale Stellungen entlang der Ostfront, im feindlichen Hinterland und über Finnland. Berühmt wurde das Flugzeug durch einen Flug mit dem sowjetischen Außenminister im Mai 1942 in die USA und durch seine Einsätze in der Polarluftflotte bis 1954.

Außer ein paar Fragmenten ist keine PE-8 erhalten geblieben.

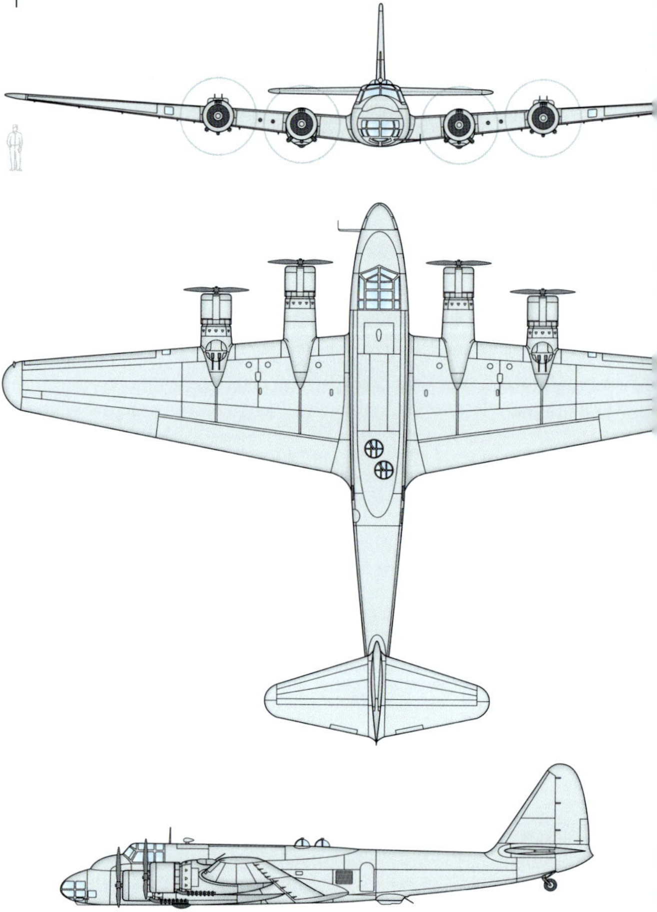

Abmessungen:
Spannweite: 32,00 m
Länge: 22,30 m
Höhe: 6,00 m
Flügelfläche: 135,20 m^2

Piaggio P. 108 B

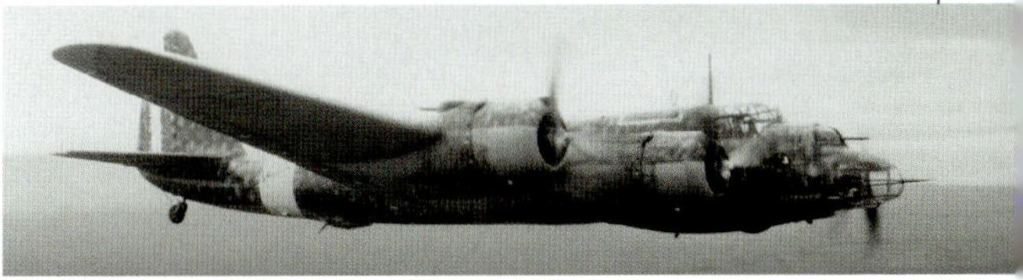

Piaggio P. 108

Ursprungsland: Italien
Kategorie: Schwerer Bomber und Transporter
Besatzung: 6–7
Triebwerke: Vier luftgekühlte 18-Zylinder-Doppelsternmotoren Piaggio P. XII RC.35 mit je 1103 kW (1500 PS)/975 kW (1325 PS) Dauerleistung.
Leistungen: Höchstgeschwindigkeit 427 km/h in 4200 m Höhe, Steigzeit auf 5000 m 30 min, Dienstgipfelhöhe 8450 m, Reichweite 3550 km.
Gewichte: Leergewicht 17.300 kg, maximales Abfluggewicht 30.350 kg.
Bewaffnung: Je ein ferngesteuertes Doppel-MG in den äußeren Motorgondeln, je ein MG im Bug, unter dem Rumpf und an den Seitenständen. Maximal 3500 kg Bomben verschiedener Größen im Bombenschacht oder drei Torpedos an Flügelstationen und im Bombenschacht
Entwicklung: Der Bomber baute auf der nur als Prototyp existierenden, und aus Holz gebauten viermotorigen P. 50 auf. Das in Ganzmetallbauweise hergestellte Flugzeug flog im November 1939 erstmals und zeigte gute Leistungen. Vom schweren Bomber P. 108 B wurden 24 Stück produziert.Von der P. 108 T, ein bewaffneter Transporter für bis zu 60 ausgerüstete Soldaten oder 12 Tonnen Fracht und einem herkömmlichen, unverglasten Bug wurden wahrscheinlich mehr als 12 gebaut. Ein Einzelstück blieb die 1941 ausgelieferte P. 108 A mit einer zentral im Rumpf eingebauten 102 mm-Kanone zur Schiffsbekämpfung. Eine zivile Version P. 108 C für maximal 32 Passagiere und Druckkabine wurde vermutlich 6 mal hergestellt und später zum Transporter umgebaut. Der Bau einer leichteren und leistungsfähigeren P. 133 war fast fertig, wurde aber mit dem Waffenstillstand im September 1943 eingestellt.

Unbelegte Produktionszahlen sprechen von 30 bis zu 48 Flugzeugen aller Varianten.

Bemerkungen: Mit der P. 108 hatte Italien einen schweren und robusten, allerdings auch teuren und aufwendig zu produzierenden Bomber, der auf dem technischen Stand viermotoriger Flugzeuge der Alliierten war. Ab 1942 wurde er unter anderem bei Angriffen im Mittelmeerraum auf Suez, Gibraltar und Malta, mit hohen Verlusten, eingesetzt. Lediglich 4 Transporter wurden bis zum Waffenstillstand 1943 ausgeliefert, die aber danach von den Deutschen weiterproduziert worden sind. Die noch übriggebliebenen P. 108 Bomber wurden dafür als Ersatzteilspender ausgeschlachtet. Eingesetzt wurden die Flugzeuge von den deutschen Transportgeschwadern auf dem Balkan und an der Ostfront, da in dieser Größenklasse Transportkapazitäten sehr knapp waren. Im August 1944 sind schließlich alle Flugzeuge wegen des akuten Treibstoffmangels stillgelegt worden.

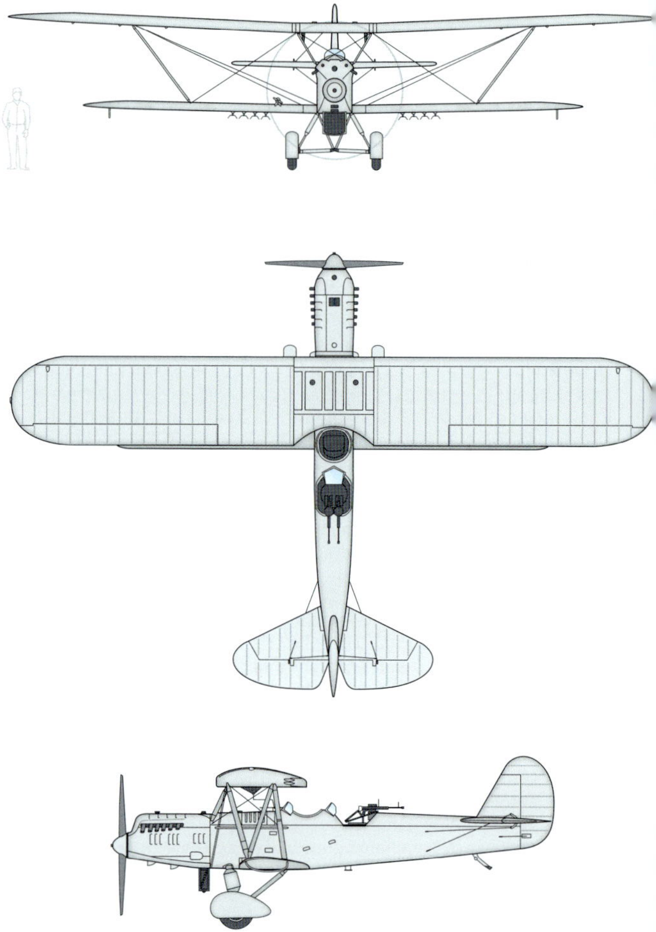

Abmessungen:
Spannweite: 15,50 m
Länge: 10,56 m
Höhe: 3,60 m
Flügelfläche: 50,2 m^2

Polikarpow R-5

Polikarpow R-5

Ursprungsland: Sowjetunion
Kategorie: Mehrzweckflugzeug
Besatzung: 2
Triebwerk: Ein flüssigkeitsgekühlter V12-Zylinder-Motor Mikulin M 17 mit 500 kW (680 PS) Startleistung.
Leistungen: Höchstgeschwindigkeit 210 km/h in Bodennähe, in 3000 m Höhe 228 km/h, Steigzeit auf 1000 m 2 min, 6 sec, Dienstgipfelhöhe 6400 m, Reichweite maximal 800 km.
Gewichte: Leergewicht 1969 kg, max. Abfluggewicht 2955 kg, max. Abfluggewicht 3247 kg.
Bewaffnung: Je nach Einsatzzweck ein MG über dem Motor, ein bis zwei bewegliche MGs im Beobachterstand. Bis zu 500 kg Bomben an Flügelstationen.
Entwicklung: Um 1925 begannen die Entwicklungsarbeiten und die Flugerprobung wurde zu Beginn des Jahres 1929 abgeschlossen. Erste Serienmaschinen des in klassischer, bespannter Holzbauweise gebauten Anderthalbdeckers wurden 1931 ausgeliefert. Die robuste Maschine war für zahlreiche Aufgaben geeignet: Beobachtungs- und Schlachtflugzeug, leichter Bomber, Torpedoflugzeug, Schleppflugzeug, Reiseflugzeug und Postflugzeug, auch in Schwimmer- und Kufenversionen. Die meisten Maschinen flogen in der Sowjetunion, waren aber auch im Iran, in Spanien, in der Mongolei und der Türkei zu finden.

Insgesamt wurden ungefähr 7000 Maschinen bis Ende 1937 gebaut.

Bemerkungen: Die relativ große R-5 wurde von der Sowjetunion in allen Kriegsschauplätzen als leichter Bomber eingesetzt: Im Spanischen Bürgerkrieg, im Grenzkonflikt mit Japan, im Sowjetisch-Finnischen Winterkrieg und bei der Besetzung Ostpolens. Das Flugzeug war zu dieser Zeit jedoch schon veraltet und wurde im 2.Weltkrieg nur noch als Sanitäts- und Verbindungsflugzeug benutzt.

Über 1000 Flugzeuge flogen für die sowjetische Fluggesellschaft Aeroflot in der zivilen Version P-5 als Transportflugzeuge für Fracht, und mit geschlossener Kabine für bis zu 4 Passagiere. Berühmt wurde das Flugzeug durch seine Versorgungs- und Evakuierungsflüge eines Expeditionsschiffes in der Arktis im März 1934 und seinen Höhenrekord über 11.100 Meter im Mai 1937.

Eine R-5 kann im Museum in Monino/Moskau besichtigt werden.

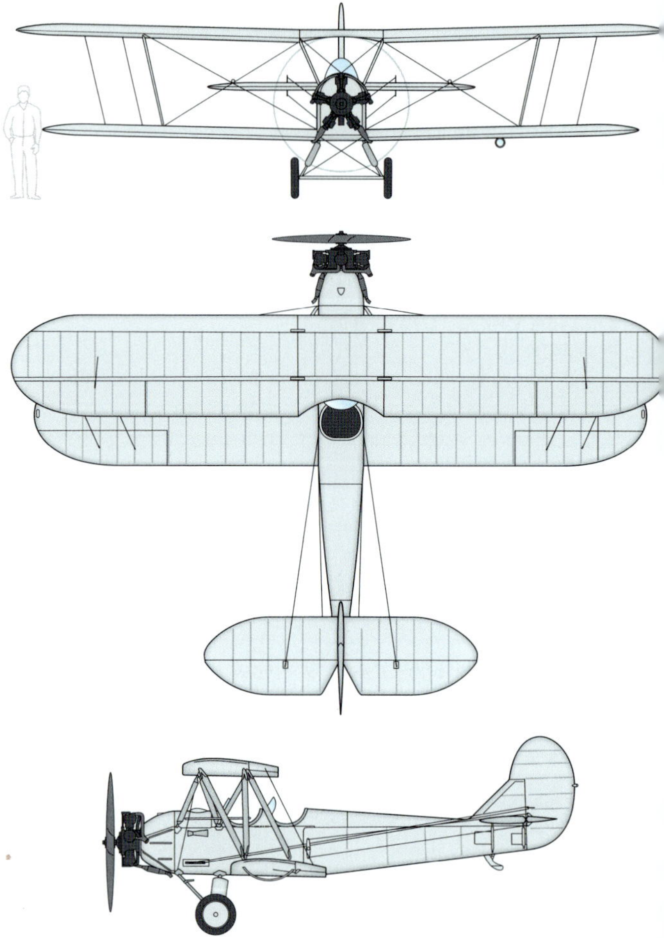

Abmessungen:
Spannweite: 11,40 m
Länge: 8,17 m
Höhe: 3,10 m
Flügelfläche: 33,15 m^2

Polikarpow PO-2

Polikarpow PO-2

Ursprungsland: Sowjetunion
Kategorie: Mehrzweckflugzeug
Besatzung: 1 + 1
Triebwerk: (Po-2) Ein luftgekühlter 5-Zylinder-Sternmotor Schwezow M-11 mit 75 kW (102 PS).
Leistungen: (Po-2) Höchstgeschwindigkeit 150 km/h in Bodennähe, Reisegeschwindigkeit 111 km/h, Dienstgipfelhöhe 4000 m, Reichweite ca. 400 km.
Gewichte: (Po-2) Leergewicht 635 kg, max. Abfluggewicht 890 kg
Bewaffnung: Je nach Einsatzzweck und Typ ein MG am hinteren Cockpit und bis zu 120 kg Bomben.
Entwicklung: Ursprünglich 1927 als Trainingsflugzeug konzipert, sollte die U-2 (1944 in PO-2 umbenannt nach dem Tod des Konstrukteurs Nikolai Polikarpow) ein komplett aus Holz gebauter Doppeldecker werden. Er sollte um die 100 km/h schnell sein und sollte nur aus russischen Materialen bestehen. Im Januar 1928 flog bereits der erste Prototyp. Schon im Mai 1929 wurden die ersten Serienflugzeuge ausgeliefert und rasch wurde die Produktion hochgefahren. Bereits 1941 waren ca. 13.000 Flugzeuge im Einsatz. Neben der Basisversion wurden bis 1949 unzählige, auch stärker motorisierte Varianten gebaut: Schul-, Erdkampf-, Aufklärungs-, Beobachtungs- und Verbindungsflugzeuge. Eine Passagierversion mit geschlossener Kabine und eine Ambulanzversion mit je einem verkleideten Krankentransportbehälter auf den unteren Tragflächen gab es ebenso, wie Versionen mit Schwimmern oder Schneekufen und sogar ein Agrarflugzeug mit Sprühanlage.

Unbestätigte Produktionszahlen: ca. 33.000–40.000 Stück. Polen baute von 1949 bis 1954 500 Stück in Lizenz.

Bemerkungen: Die PO-2 gehört zu den meistgebauten Flugzeugen der Welt. Obwohl eigentlich schon 1940 veraltet, wurde das einfach gebaute und unverwüstliche Flugzeuge durch seine vielseitigen Einsätze im 2. Weltkrieg berühmt. So z. B. durch den Einsatz einer Frauenstaffel, die nächtliche Störangriffe gegen die Deutschen flogen oder als Verbindungsflugzeug zu Partisanen. Nordkorea benutzte sogar noch 1951 im Koreakrieg die PO-2 gegen US-Stützpunkte.

Weltweit fliegen noch etliche restaurierte Exemplare. Viele sind weltweit verteilt in Museen zu finden.

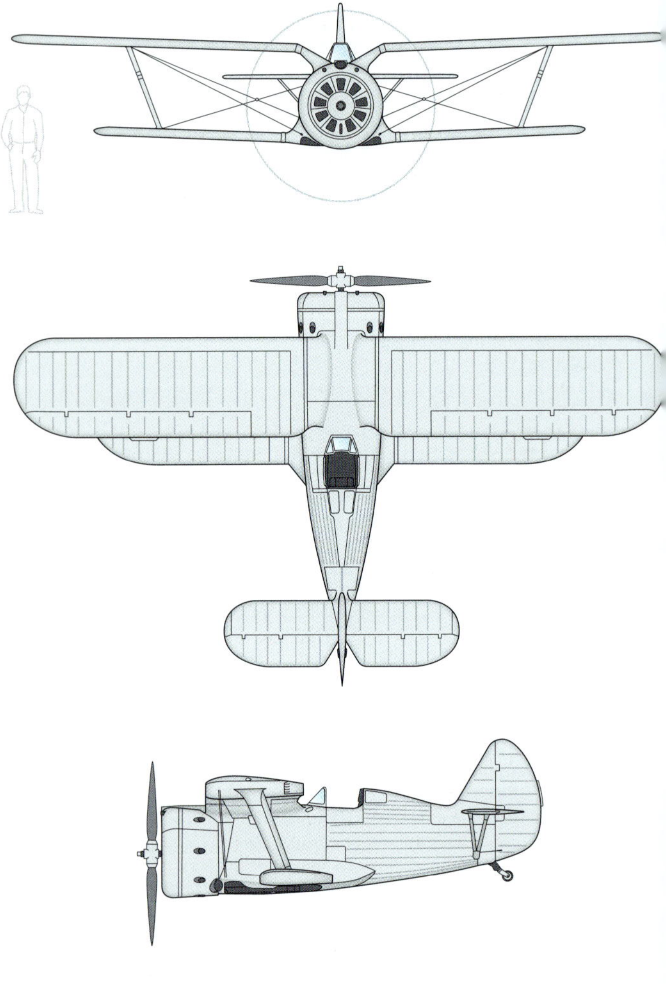

Abmessungen:
Spannweite: 10,00 m
Länge: 6,17 m
Höhe: 2,80 m
Flügelfläche: 22,14 m^2

Polikarpow I-153

Polikarpow I-153

Ursprungsland: Sowjetunion
Kategorie: Jagdflugzeug
Besatzung: 1
Triebwerk: Ein luftgekühlter 9-Zylinder-Sternmotor Schwezow M-62 mit 588 kW (800 PS) Startleistung und 541 kW (735 PS) Dauerleistung.
Leistungen: Höchstgeschwindigkeit 366 km/h in Bodennähe, in 4600 m Höhe 444 km/h, Reisegeschwindigkeit 360 km/h, Steigzeit auf 5000 m 5 min, 20 sec, Dienstgipfelhöhe 11.000 m, Reichweite ca. 470 km, maximal 880 km.
Gewichte: Leergewicht 1348 kg, Abfluggewicht 1860 kg, maximales Abfluggewicht 2010 kg.
Bewaffnung: Je nach Einsatzzweck zwei MG und sechs Raketen oder zwei 100 kg-Bomben.
Entwicklung: Die I-153 ist eine Weiterentwicklung der Polikarpov I-15 mit einem Einziehfahrwerk, Verstellpropeller und stärkerem Treibwerk. Sie flog erstmals im Herbst 1938. Nach der Erprobung und einigen Verbesserungen wurde Anfang 1939 das erste Geschwader ausgerüstet. Der in Gemischtbauweise hergestellte Doppeldecker hatte einen stoffbespannten und vor dem Cockpit mit Aluminium beplanktem Stahlrohrrumpf. Aus aerodynamischen Gründen gab es einen Knickflügel oben, der aus Holz produziert wurde. Die beiden Versionen I-153 BS und P unterschieden sich lediglich in der Bewaffnung.

Insgesamt rollten 3437 Maschinen in mehreren Versionen aus den Werkshallen. 903 Flugzeuge wurden im Rahmen der Waffenhilfe gegen Japan an China ausgeliefert.
Bemerkungen: Zum ersten Mal wurde die I-153 Tschaika (Möwe) im Jahr 1939 erfolgreich in einem Grenzkonflikt gegen Japan eingesetzt. Im Winterkrieg 1939/1940 gegen Finnland war sie ebenso an der Front zu finden, wie 1941, als Deutschland die Sowjetunion angriff. Allerdings wurden viele Flugzeuge schon am Boden zerstört und die I-153 wurde als Jagdflugzeug mit Erscheinen der modernen russischen Maschinen zurückgezogen. Bis Ende 1943 flog die Tschaika jedoch noch als Erdkampfflugzeug.

Im Musée de l'Air/Paris wird die einzige originale I-153 ausgestellt. Ende der 1990er-Jahre wurde ein flugfähige Kleinserie von 3 Stück unter Verwendung von Originalteilen wieder aufgelegt und verkauft.

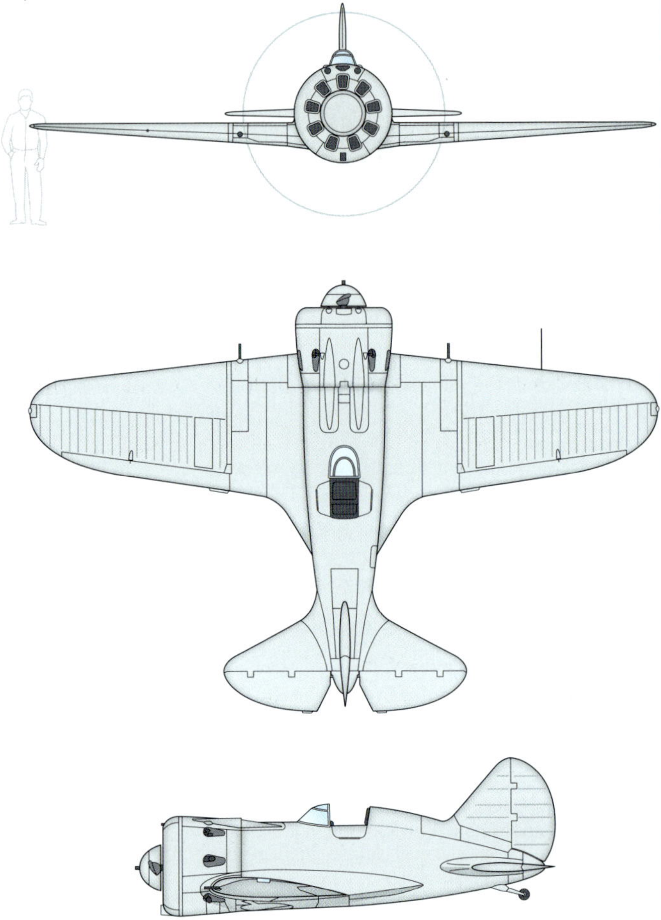

Abmessungen:
Spannweite: 9 m
Länge: 6,13 m
Höhe: 3,25 m
Flügelfläche: 14,5 m^2

Polikarpow I-16 Typ 24

Polikarpow I-16

Ursprungsland: Sowjetunion
Kategorie: Jagdflugzeug
Besatzung: 1
Triebwerk: (Typ 24) Ein luftgekühlter 9-Zylinder-Sternmotor Schwezow M-63 mit 820 kW (1100 PS) Startleistung.
Leistungen: (Typ 24) Höchstgeschwindigkeit 525 km/h in 3000 m Höhe, Steigzeit auf 5000 m Höhe 5 min 48 sec, Dienstgipfelhöhe 9700 m, Reichweite 700 km.
Gewichte: (Typ 24) Leergewicht 1490 kg, max. Abfluggewicht 1941 kg
Bewaffnung: (Typ 24) Vier MGs oder zwei MGs und zwei Maschinenkanonen, bis zu 500 kg Bomben oder sechs Raketen an Flügelstationen.
Entwicklung: Eine Forderung der sowjetischen Luftwaffe von 1932 nach einem schnellen Jagdeinsitzer brachte den ersten freitragenden Tiefdecker mit Einziehfahrwerk der Welt hervor. Der Prototyp flog im Dezember 1933 und Mitte 1934 begann die Serienproduktion des in Holz-Aluminium-Gemischtbauweise hergestellten Jägers. Der Rumpf bestand komplett aus Holz, die Metallflügel waren beplankt und bespannt. Anfangs mit lediglich 750 PS motorisiert, wurde schließlich die I 16 Typ 24 mit 1100 PS der meistgebaute und leistungsstärkste Typ. Eine zweisitzige Übungsversion wurde 1600 mal gebaut.

Bis 1943 wurden in rund 30 Varianten 8643 Flugzeuge hergestellt.
Bemerkungen: Mitte der 1930er-Jahre war die I-16 eines der modernsten und schnellsten Jagdflugzeuge in Europa. Im Spanischen Bürgerkrieg konnte sich die nicht einfach zu fliegende „Rata“ noch gegen die deutschen Doppeldecker behaupten, nicht jedoch gegen die Me 109. Mit dem Einmarsch der Deutschen im Sommer 1941 in die Sowjetunion war die zwischenzeitlich veraltete I-16 der meistverwendete russische Jäger. Der größte Teil wurde allerdings schon am Boden zerstört. Anfangs errang sie durch ihre Wendigkeit noch einzelne Erfolge, wurde schließlich aber 1943 aus dem Fronteinsatz genommen, um moderneren Jagdflugzeugen Platz zu machen.

Ende der 1990er-Jahre wurden in der Sowjetunion sechs I-16 in einen flugfähigen Zustand restauriert und weltweit verkauft. Neben Museumsstücken in China, Finnland, Frankreich, Spanien und Russland fliegen weltweit auch einzelne privat restaurierte Exemplare, unter anderem auch in Deutschland.

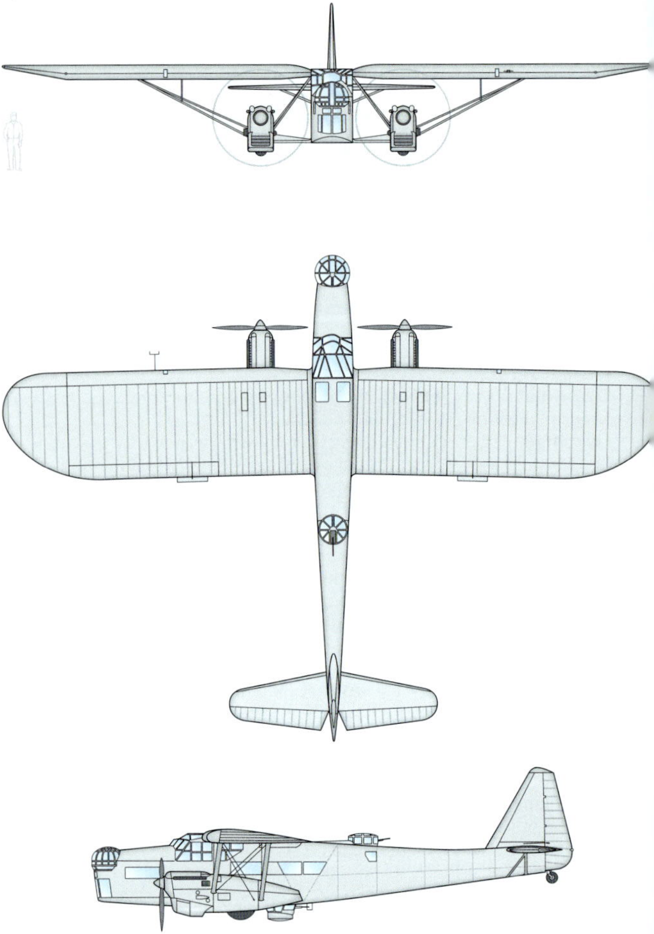

Abmessungen:
Spannweite: 22,10 m
Länge: 16,20 m
Höhe: 3,88 m
Flügelfläche: 76,00 m²

Potez 540

Potez 540

Ursprungsland: Frankreich
Kategorie: Aufklärer, Bomber
Besatzung: 4–7 je nach Einsatzzweck
Triebwerke: Zwei flüssigkeitsgekühlte V12-Zylinder-Motoren Hispano Suiza 12Xirs mit je 515 kW (691 PS).
Leistungen: Höchstgeschwindigkeit 310 km/h in 4000 m Höhe, Steigzeit auf 4000 m 10 min 30 sec, Dienstgipfelhöhe 10.500 m, Reichweite 1250 km.
Gewichte: Leergewicht 3785 kg, Abfluggewicht 5950 kg.
Bewaffnung: MGs in Drehtürmen am Bug, auf dem Rücken und unter dem Rumpf. Maximal 900 kg Bomben an Außenstationen.
Entwicklung: Potez nahm 1932 mit der eigenfinanzierten Entwicklung Potez 54 an einer Ausschreibung für einen Aufklärer/Bomber teil. Der in Gemischtbauweise hergestellte Hochdecker flog im November 1933 erstmals. Er hatte einen beplankten kastenförmigen Stahlrohrrumpf und beplankte Metallflügel, die Motorgondeln waren mit Streben am Rumpf befestigt und mit den Tragflächen abgestrebt und beherbergten auch das einziehbare Fahrwerk. Während der Erprobung bis Mai 1934 gab es etliche Modifikationen, so wurde z. B. das Doppelleitwerk durch ein einfaches ersetzt. Ab November 1934 wurden 192 Bomber als Potez 540 ausgeliefert. Weitere Versionen unterschieden sich hauptsächlich in der Motorisierung. Ein Flugzeug, die Potez 541 wurde mit 860 PS-Gnome-Rhône-Motoren ausgestattet und nach Rumänien exportiert. Zwei V12-Zylinder-Motoren Lorraine Pètrel mit 720 PS trieben die 74 gebauten Potez 542 an. Aus der Potez 541 wurde die Potez 543 weiterentwickelt. Sie wurde von zwei 850 PS-Gnome-Rhône-Sternmotor 14 Kdrs mit 860 PS angetrieben. Acht davon wurden an Rumänien geliefert, vier an Spanien.
Bemerkungen: Im Spanischen Bürgerkrieg wurde das Flugzeug erstmals eingesetzt und bekam wegen ihrer schon zur Einführung veralteten Konstruktion schnell den Spitznamen „Fliegender Sarg“. Das Flugzeug war den modernen, leistungsstarken italienischen und deutschen Jagdflugzeugen hoffnungslos unterlegen. Die Potez 540 wurde deshalb in den späteren 1930er-Jahren nur noch von den französischen Transporteinheiten und zum Absetzen von Fallschirmjägern verwendet. Ein Großteil der Flugzeuge wurde bis September 1939, zu Beginn des 2. Weltkrieges, in die nordafrikanischen Kolonien überführt, wo sie weiterhin im Dienst waren. Die meisten Flugzeuge waren bis Ende 1943 entweder zerstört oder sind stillgelegt worden.

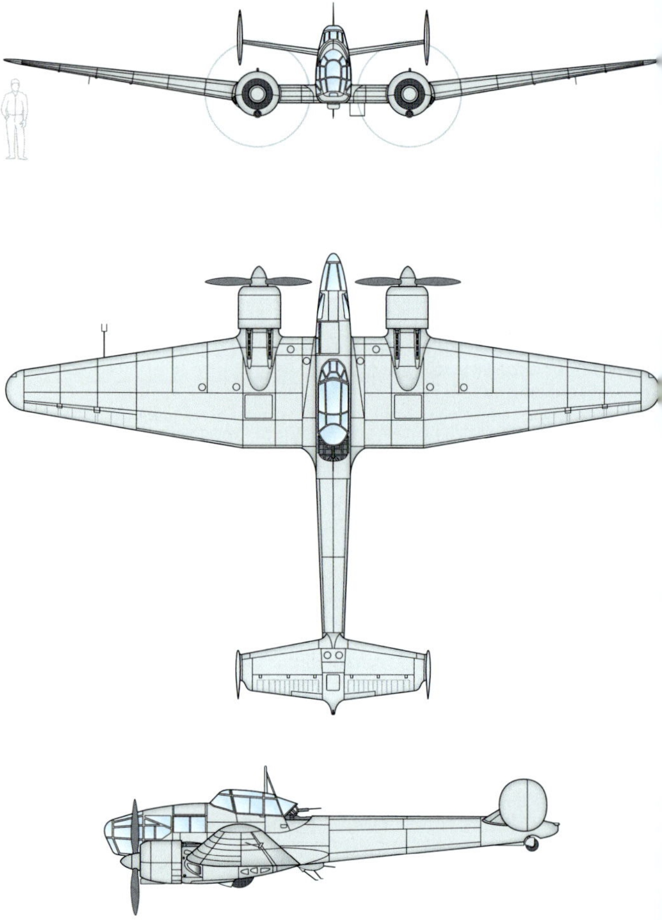

Abmessungen:
Spannweite: 16,00 m
Länge: 10,93 m
Höhe: 3,08 m
Flügelfläche: 32,70 m^2

Potez 63.11

Potez 63, 630, 631, 632, 633, 637

Ursprungsland: Frankreich
Kategorie: Schweres Jagd- und Kampfflugzeug
Besatzung: 2 bis 3
Triebwerke: (63.11) Zwei 14-Zylinder-Doppelsternmotoren Gnome-Rhône 14M-04 mit 522 kW (700 PS).
Leistungen: (63.11) Höchstgeschwindigkeit 425 km/h, Reisegeschwindigkeit 299 km/h, Steigzeit auf 4000 m 6 min, 12 sec, Dienstgipfelhöhe 8500 m, Reichweite 1500 km.
Gewichte: (63.11) Leergewicht 3135 kg, Abfluggewicht 4530 kg.
Bewaffnung: (63.11) 1 MG nach vorn, 1 MG nach hinten, 1 bewegliches MG, maximal 280 kg Bomben.
Entwicklung: Nach einer Ausschreibung der französischen Regierung im Jahr 1934 flog der zweimotorige Tiefdecker im April 1936 zum ersten Mal. Schon 1937 wurden 80 Maschinen bestellt. Das in Ganzmetallbauweise hergestellte Flugzeug wurde in vielen Varianten produziert: Die schweren Jagdflugzeuge Potez 630 und 631 mit einer doppelsitzigen Pilotenkanzel und Bewaffnung im Bug ähnlich der Me 110 (Bild), das Sturzkampfflugzeug 632, der leichte Bomber 633 (74 Stück) und der Aufklärer und leichte Bomber 637 (60 Stück) und die 63.11 mit einer verglastem Bugkanzel für den Beobachter, von der alleine 730 Stück ausgeliefert wurden (Zeichnung).

Die gelungene Konstruktion hatte ein so hohes Entwicklungspotenzial, dass daraus weitere Typen entwickelt werden konnten, die allerdings oft nicht über das Prototypenstadium hinauskamen.

Von allen Varianten wurden 1295 Flugzeuge produziert.

Bemerkungen: Das Flugzeug hatte zwar exzellente Flugeigenschaften und war leicht zu warten, aber zu schwach motorisiert und deshalb ein leichtes Ziel für deutsche Jagdflugzeuge. Im Gegensatz zu anderen französischen Herstellern schaffte es Potez, alle bestellten Flugzeuge vor dem deutschen Einmarsch 1940 auszuliefern. Während der Besatzungszeit wurden die Flugzeuge weiter eingesetzt, ebenso die im freien Teil Frankreichs verbliebenen in Nordafrika. Auch die Produktion wurde von den Deutschen wiederaufgenommen, die die Maschinen als Verbindungs- und Schulflugzeuge einsetzten. Potez 633 wurden nach Griechenland und Rumänien exportiert, einige wurden von den Deutschen an Rumänien und Ungarn weitergegeben. Auch Italien nutzte neben anderen französischen Beuteflugzeugen einige Potez als Trainer. In die Schweiz wurden zwei Potez 630 und 632 exportiert.

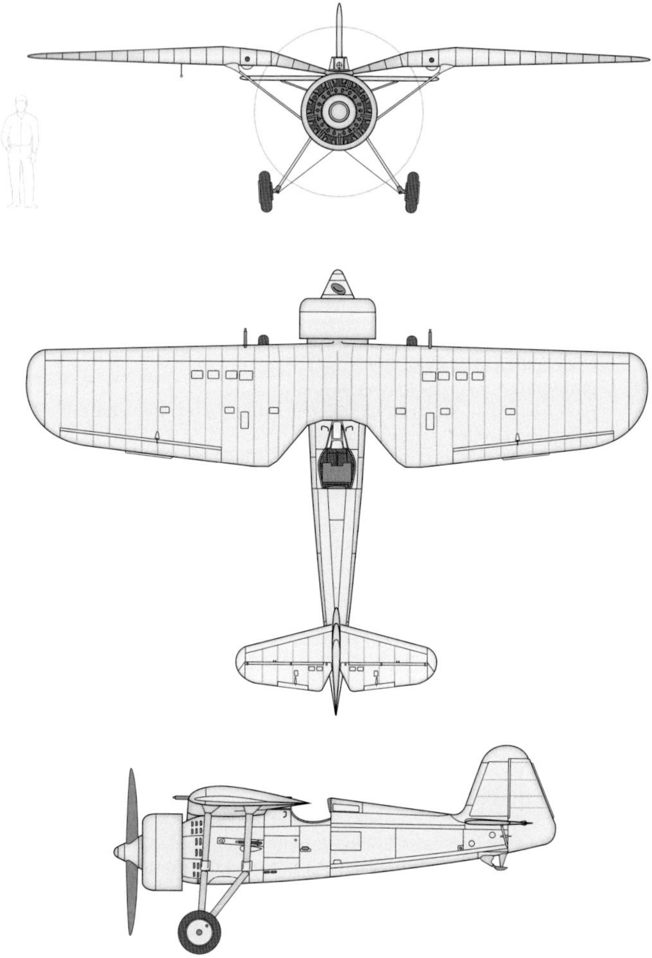

Abmessungen:
Spannweite: 10,72 m
Länge: 7,55 m
Höhe: 2,85 m
Flügelfläche: 17,90 m²

PZL P.11 C

PZL P.11

Ursprungsland: Polen
Kategorie: Jagdflugzeug
Besatzung: 1
Triebwerk: (C) Ein luftgekühlter 9-Zylinder-Sternmotor PZL Mercury VI.S2 mit 481 kW (645 PS).
Leistungen: (C) Höchstgeschwindigkeit 390 km/h in 5000 m Höhe, 300 km/h auf Meereshöhe, Steigzeit auf 5000 m 6 min, Dienstgipfelhöhe 8000 m, Reichweite ca. 700 km.
Gewichte: (C) Leergewicht 1147 kg, max. Abfluggewicht 1800 kg.
Bewaffnung: (C) Zwei MGs im Flügel, zwei MGs seitlich am Rumpf. Je zwei 12,5 kg-Bomben an Flügelstationen.
Entwicklung: Während fast alle Luftwaffen noch Doppeldecker flogen konstruierte PZL bereits Ende der 1920er-Jahre die P.11, ein Ganzmetallflugzeug mit markanten Möwenflügeln – den nach seinem Konstrukteur genannten Pulawski-Flügel. Der Prototyp (Bild) flog im August 1931 erstmals. Nach der Erprobung ging die P.11 A mit dem in Polen gebauten Bristol Mercury IV (575 PS) in Serie (25 Stück). Bei der P.11 C, von der man 175 Stück fertigte, wurden die Flügel und das Leitwerk geändert und die Pilotensicht verbessert, indem man den stärkeren Bristol Mercury VI etwas tiefer einbaute. Rumänien baute 95 P.11 B mit eigenen Motoren in Lizenz als IAR P.11 F. Eine Weiterentwicklung war die P.24, die den Flügel der P.11 mit einem moderneren Rumpf, geschlossenem Cockpit und einem stärkeren Motor verbanden und überwiegend für den Export bestimmt war.

Die Gesamtproduktion betrug je nach Angabe 325 oder 350 P.11.

Bemerkungen: In den frühen 1930er-Jahren gehörte das polnische Jagdflugzeug zu den innovativeren Konstruktionen und ließ die ausländische Konkurrenz aufhorchen. Durch die rasante Entwicklung der Luftfahrt in den Jahren vor Kriegsbeginn war der Standardjäger der polnischen Luftwaffe aber schon 1939 wieder überholt. Beim Einmarsch der Deutschen hatte Polen ca. 160 Flugzeuge gefechtsbereit und trotz der zahlenmäßigen und technischen Unterlegenheit sowie hohen eigenen Verlusten, konnten die polnischen Piloten mit ihren wendigen P.11 126 deutsche Flugzeuge abschießen. 36 Flugzeuge wurden noch nach Rumänien ausgeflogen und von der dortigen Luftwaffe übernommen.

Die einzige erhaltene P.11 C steht heute im polnischen Luftfahrtmuseum in Krakau.

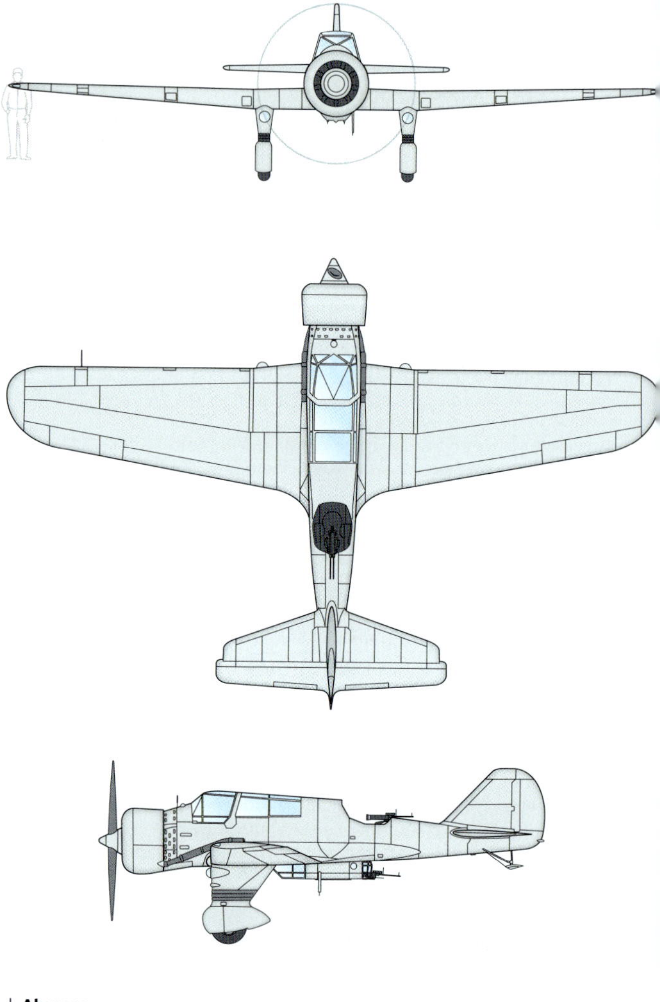

Abmessungen:
Spannweite: 13,95 m
Länge: 9,68 m
Höhe: 3,30 m
Flügelfläche: 26,80 m²

PZL 23 Karaś B

PZL 23

Ursprungsland: Polen
Kategorie: Leichtes Bomben- und Aufklärungsflugzeug
Besatzung: 2
Triebwerk: Ein luftgekühlter 9-Zylinder-Sternmotor Bristol Pegasus VIII mit 530 kW (720 PS) Startleistung.
Leistungen: (B) Höchstgeschwindigkeit 319 km/h in 3650 m Höhe, Reisegeschwindigkeit 270 km/h, Steigzeit auf 4000 m 15 min, 10 sec Dienstgipfelhöhe 7300 m, Reichweite ca. 1260 km.
Gewichte: Leergewicht 1980 kg, Abfluggewicht 2893 kg, max. Abfluggewicht 3525 kg.
Bewaffnung: Ein starres MG nach vorn, je ein MG im Heckstand und in der Bodenwanne. Maximal 700 kg Bomben.
Entwicklung: Auf Grundlage der zivilen sechssitzigen PZL 13, begann im Frühjahr 1931 die Entwicklung der PZL 23. Der Erstflug fand im April 1934 statt. Die Erprobung des Ganzmetalltiefdeckers brachte jedoch erhebliche konstruktive Änderungen mit sich und erst nach dem 3. Prototyp, der Mitte 1935 flog, erreichte das Flugzeug seine Serienreife mit der P-23 A. Deren in Lizenz gebauter Motor Bristol Pegasus II M bereitete allerdings weiterhin Probleme, wodurch auf den Pegasus VIII umgestellt werden musste. Die nun stärker motorisierte, aerodynamisch verbesserte und mit einem überarbeiteten Cockpit ausgestattete P-23 B brachte nun zufriedenstellende Leistungen und war schließlich 1936 produktionsreif. Von ihr wurden bis Februar 1938 210 Stück gebaut. Davon waren 160 bestellte A-Versionen, die nachträglich auf den B-Stand gebracht wurden.

Nochmals 48 weiterentwickelte, dreisitzige Flugzeuge PZL 43, mit einem Gnome-Rhône 14-Sternmotor mit 720 kW (980 PS), wurden vor Kriegsausbruch an Bulgarien geliefert.
Bemerkungen: Während des Einmarsches der Deutschen in Polen im September 1939 waren 224 PZL 23 Karas (Karausche) auf Bomber-, Aufklärungs- und Schulstaffeln verteilt, ein Teil war in der Wartung. Etwa die Hälfte davon war einsatzfähig. Diese Bomber und Aufklärer führten die meisten Angriffe auf die schnell vorrückenden deutschen Einheiten aus, erlitten allerdings dabei hohe Verluste. Ende 1939 wurden 21, andere Zahlen sprechen von 40, übriggebliebenen PZL 23 nach Rumänien evakuiert.

Soweit bekannt blieb kein Flugzeug erhalten.

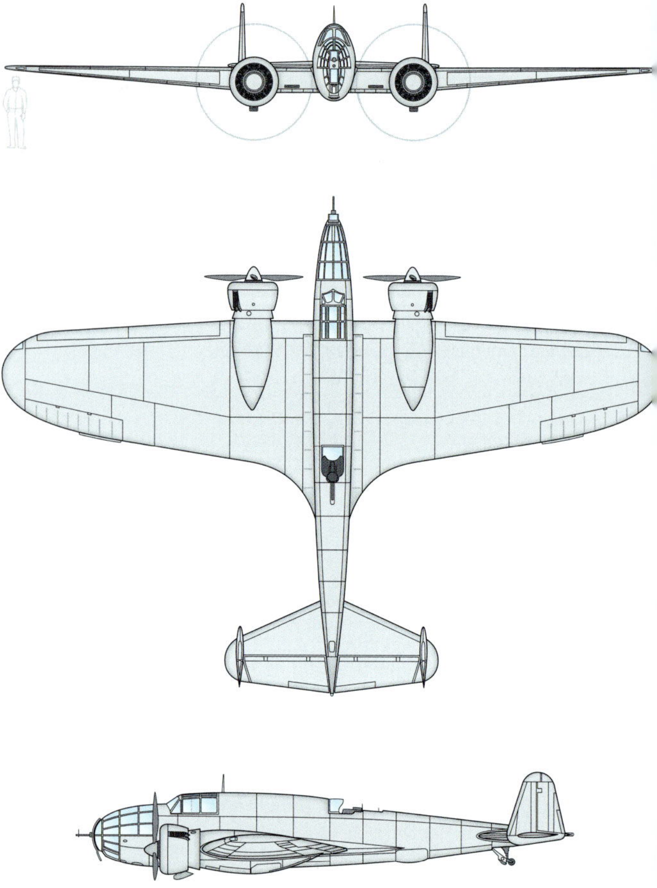

Abmessungen:
Spannweite: 17,93 m
Länge: 12,92 m
Höhe: 5,10 m
Flügelfläche: 53,5 m^2

PZL 37 B

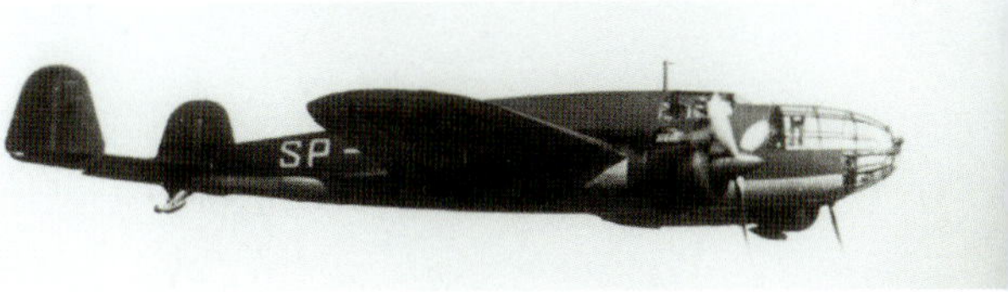

PZL 37

Ursprungsland: Polen
Kategorie: Mittelschwerer Bomber
Besatzung: 4
Triebwerke: (B) Zwei luftgekühlte 9-Zylinder-Sternmotoren PZL Pegasus XX mit 723 kW (970 PS).
Leistungen: (B) Höchstgeschwindigkeit 412 km/h in 2800 m Höhe, beladen, Dienstgipfelhöhe 7000 m, Reichweite ca. 2600 km.
Gewichte: (B) Leergewicht 4280 kg, Anfluggewicht 8865 kg, max. Abfluggewicht 9105 kg.
Bewaffnung: (B) MGs im Bug, im Heckstand und unter dem Rumpf. Bis 2580 kg Bomben in Schächten im Rumpf und unter den Flügeln.
Entwicklung: Der bereits Angang der 1930er-Jahren entwickelte zweimotorige Bomber wurde schließlich 1934 von der polnischen Regierung in Auftrag gegeben. Nach einem 1:1-Mockup und etlichen Änderungen flog der in Ganzmetallbauweise hergestellte Bomber noch mit einem einfachen Leitwerk im Juni 1936 erstmals, ein zweiter Prototyp mit Doppelleitwerk im Herbst 1936. Ein Serienauftrag über 30 Stück folgte, davon wurden 10 Flugzeuge noch mit Einzelleitwerk produziert. Die A-Serie wurde von zwei Bristol Pegasus XIIB (860 PS) angetrieben, während die B-Serie mit dem leistungsstärkeren Pegasus XX, einem überarbeiteten Cockpit und einem Hauptfahrwerk mit Doppelreifen gebaut wurde. Nach einer Order über 150 Flugzeuge, die auf 100 reduziert wurde, begannen die Auslieferungen im Frühjahr 1938. Bestellungen von PZL 37 C mit Gnome-Rhône-Sternmotoren von Bulgarien, Jugoslawien, Rumänien und der Türkei sowie Lizenzanträge und Interessensbekundungen weiterer Länder konnten wegen des Kriegsbeginns nicht mehr berücksichtigt werden. Es wurden auch deshalb nur 92 PZL 37 gebaut.
Bemerkungen: Anfang der 1930er-Jahre war die PZL 37 Łos (Bison) im Vergleich zu anderen europäischen Flugzeugen ein moderner Bomber, der auch in weiteren Ländern großes Interesse weckte. Die ersten 31 PZL 37 wurden aber erst 1938 an die polnischen Trainingsgeschwader geliefert. Die Bomber-Geschwader hatten beim Einmarsch der Deutschen im September 1939 deshalb nur 46 einsatzfähige und voll ausgerüstete Flugzeuge, die an den Kampfhandlungen teilnahmen, wobei 26 Flugzeuge verloren gingen. Ein Teil wurde von den Angreifern intakt erbeutet, während ca. 50 Flugzeuge nach Rumänien ausgeflogen wurden. In die rumänische Luftwaffe integriert, flogen sie nun Angriffe gegen sowjetische Truppen an der Ostfront.

Soweit bekannt ist kein Flugzeug erhalten geblieben.

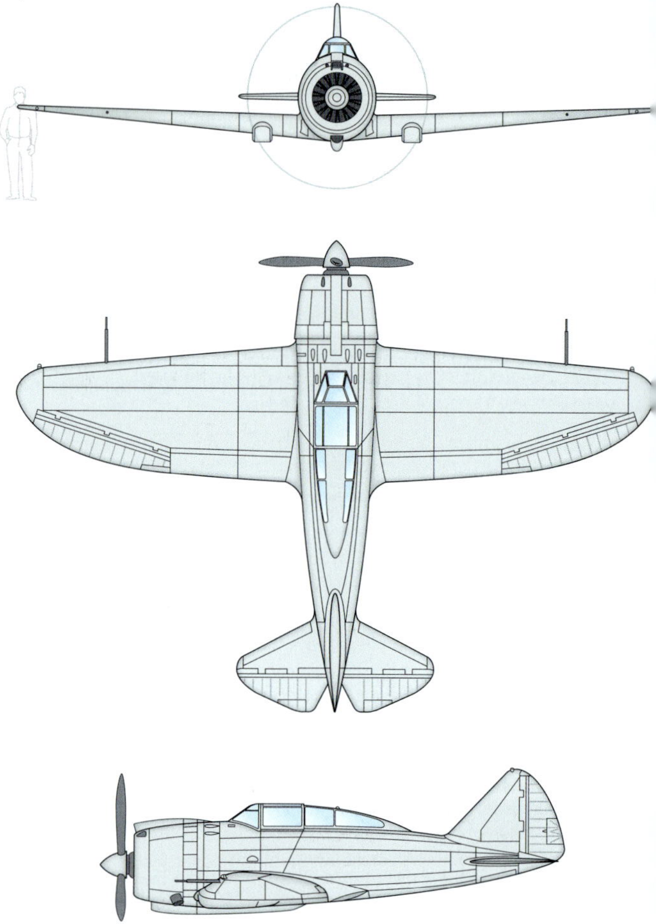

Abmessungen:
Spannweite: 11,00 m
Länge: 7,99 m
Höhe: 3,20 m
Flügelfläche: 20,60 m^2

Reggiane R. 2000

Reggiane R. 2000

Ursprungsland: Italien
Kategorie: Jagdflugzeug
Besatzung: 1
Triebwerk: Ein luftgekühlter 14-Zylinder-Doppelsternmotor Piaggio P. XI mit 735 kW (1000 PS) Start- und 677 kW (920 PS) Dauerleistung.
Leistungen: Höchstgeschwindigkeit 530 km/h in 5300 m Höhe, Reisegeschwindigkeit 440 km/h, Steigzeit auf 4000 m 4 min, Dienstgipfelhöhe 11.200 m, Reichweite 950 km.
Gewichte: Leergewicht 2090 kg, Abfluggewicht 2839 kg.
Bewaffnung: 2 MGs über dem Motor, und 88 2 kg-Bomblets.
Entwicklung: Mit einem Programm, das die italienischen Jagd-Doppeldecker ersetzen sollte, initiierte 1938 die italienische Regierung die Entwicklung eines schnellen, modernen Jagdflugzeuges. Der Entwurf von Reggiane orientierte sich stark am amerikanischen Jagdflugzeug P-35 von Seversky. Der in Ganzmetallbauweise hergestellte, einsitzige Tiefdecker flog im Mai 1939 erstmals und ging anschließend in die Erprobung zur italienischen Luftwaffe, die jedoch wenig Interesse zeigte. Gebaut wurde schließlich eine erste Serie von 120 Flugzeugen, 10 R. 2000 für Katapultstarts (Serie II)und 24 Langstreckenjäger (Serie III) für die italienische Marine. Großbritannien bestellte 300 Flugzeuge, die jedoch wegen des Kriegseintritts Italiens nicht geliefert wurden. Rund 190, als Héja I und II bezeichnet, wurden in Ungarn in Lizenz produziert. Schweden kaufte 60 Flugzeuge der Serie I (Bild), die von 1941 bis 1943 ausgeliefert wurden. Die R. 2000 war das Grundmodell für eine ganze Reihe weiterer Jagdflugzeuge, von der R. 2001 bis zur R. 2007.

Angeblich wurden inklusive der Lizenzen 380 Exemplare produziert.
Bemerkungen: Obwohl die Re. 2000 Falco, trotz ihrer geringen Bewaffnung, zu Beginn ein durchaus konkurrenzfähiges Muster zur Fiat G 50 und Macchi C. 200 war, ging der Großteil der Produktion in den Export. Die ersten italienischen Maschinen kamen 1941 in Sizilien zum Einsatz, später als Begleitschutzjäger für Bomber im Mittelmeerraum und in Nordafrika, während die Marine ihre verstärkten und katapultstartfähigen R. 2000 von schweren Kreuzern und Schlachtschiffen starten ließ. Die ungarische Luftwaffe flog ihre Héjas im Süden der Ostfront und zum Heimatschutz, während die schwedische Luftwaffe sie zwischen 1941 und 1945 in ihren Geschwadern als J 20 einsetzte.

Eine R. 2000 steht im Swedish Air Force Museum in Linköping und eines im Museo dell'Aeronautica Gianni Caproni in Trento/Italien.

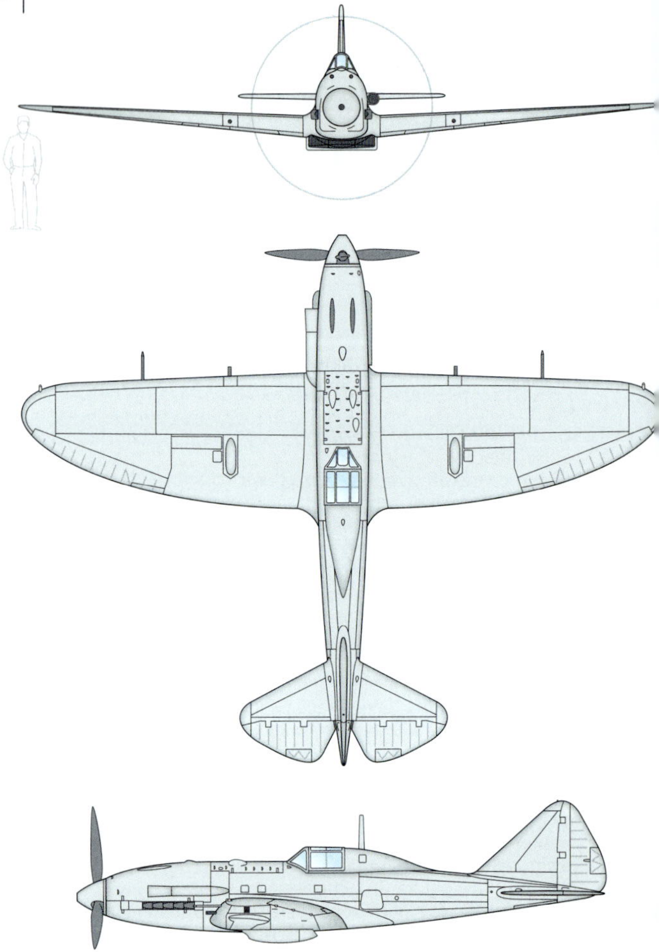

Abmessungen:
Spannweite: 11,00 m
Länge: 8,73 m
Höhe: 3,15 m
Flügelfläche: 20,40 m^2

Reggiane R. 2005

Reggiane R. 2005

Ursprungsland: Italien
Kategorie: Jagdflugzeug
Besatzung: 1
Triebwerk: Ein flüssigkeitsgekühlter V12-Zylinder-Motor Fiat RA.1050 RC.58 Tifone mit 1100 kW (1475 PS) Leistung.
Leistungen: Höchstgeschwindigkeit 628 km/h in 7000 m, Reisegeschwindigkeit 515 km/h, Dienstgipfelhöhe 11.500 m, Reichweite 980 km, maximal 1270 km mit Droptanks.
Gewichte: Leergewicht 2600 kg, Abfluggewicht 3610 kg.
Bewaffnung: 2 MGs über dem Motor, eine Maschinenkanone durch die Propellernabe, 2 MGs im Flügel. Max. eine 1000 kg-Bombe unter dem Rumpf oder zwei 160 kg-Bomben an Flügelstationen.
Entwicklung: Die Arbeiten begannen 1941 als Entwicklung in der Reihe der „Serie 5"-Flugzeuge, zu der auch die Macchi MC. 205 und die Fiat G. 55 gehörten, um mit den alliierten Jagdflugzeugen technisch und leistungsmäßig gleichzuziehen. Ausschlaggebend war der Einsatz eines deutschen V12-Motors Daimler Benz DB 605, der für die Serie von Fiat als RA 1050 in Lizenz gebaut wurde. Der einsitzige Ganzmetall-Tiefdecker mit seinen elliptischen Flügeln flog im Mai 1942 erstmals und nach einer Bestellung von 18 Vorserienmaschinen wurden 750 Serienmaschinen geordert, mit einer Option von weiteren 1000. Die Produktion sollte in drei verschiedenen Werken erfolgen. Allerdings endete sie schon nach 48 Flugzeugen mit dem Waffenstillstand in Italien. Ein Prototyp R. 2006 mit einem 1750 PS-V12-Motor DB 603, der 740 km/h erreichen sollte, wurde nicht mehr fertiggestellt.

Bemerkungen: Mit den „Serie 5"-Flugzeugen hat es Italien wieder in die Oberliga der Jagdflugzeuge geschafft. Obwohl nur 48 Flugzeuge gebaut wurden und das Flugzeug keine bedeutende Rolle im Kriegsgeschehen spielte, kann man die R. 2005 Sagittario mit ihrer starken Bewaffnung, ihrem aerodynamischen Design mit den damals modernsten Propeller-Jagdflugzeugen gleichsetzen. Erfolgreiche Einsätze in Süditalien, Sizilien und bei der Verteidigung Roms zeigten, dass das Flugzeug auch von gegnerischen Piloten ernst zu nehmen war. Sogar die deutsche Luftwaffe soll großes Interesse an diesem Jäger gezeigt haben und angeblich soll ein Flugzeug in Rechlin getestet worden sein. Unbestätigten Berichten nach haben die in Norditalien verbliebenen Sagittarios noch in Kämpfe in Rumänien eingegriffen und sollen sogar gegen anfliegende Bomber über Berlin eingesetzt worden sein.

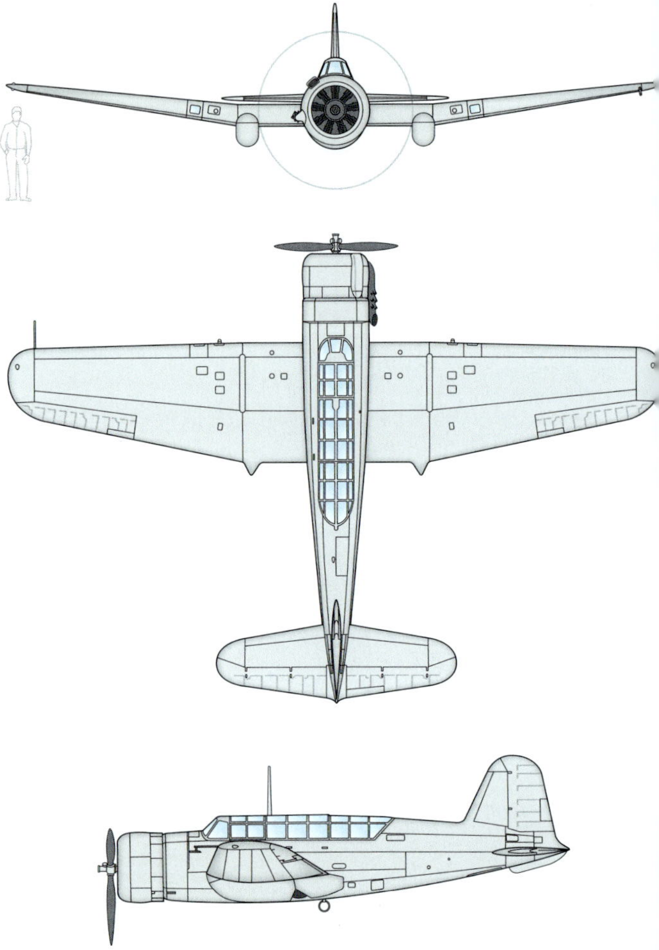

Abmessungen:
Spannweite: 13,70 m
Länge: 9,80 m
Höhe: 4,00 m
Flügelfläche: 28,5 m^2

Saab 17 B

Saab 17

Ursprungsland: Schweden
Kategorie: Sturzkampfbomber, Aufklärungsflugzeug
Besatzung: 2
Triebwerk: (A) Ein luftgekühlter 14-Zylinder-Doppelsternmotor Pratt & Whitney R-1830-S1C mit 783 kW (1050 PS).
Leistungen: (A) Höchstgeschwindigkeit 435 km/h, Dienstgipfelhöhe 8700 m, max. Reichweite ca. 1800 km.
Gewichte: (A) Leergewicht 2600 kg, Abfluggewicht 3970 kg.
Bewaffnung: (A) Zwei MGs in den Flügeln, ein MG im hinteren Waffenstand, 500 kg Bomben.
Entwicklung: Das Flugzeug war ursprünglich ein Aufklärer-Projekt der ASJA, das nach der Fusion 1939 mit Saab nun auch als Sturzkampfbomber in Ganzmetallbauweise mit verstärkten Flügeln fortgeführt wurde. Mangels Motoren wurden drei unterschiedlich motorisierte Baureihen konzipiert. Der erste von zwei Prototypen flog im Mai 1940 und die Auslieferungen begannen im Dezember 1941. Die Bomber-Version B 17 A mit P & W Twin Wasp R-1830 wurde 132 mal hergestellt, die B 17 B mit Bristol Mercury XXIV 55 mal und die B 17 C mit einem Piaggio P.XI 77 mal. Von der Aufklärerversion S 17 BL 21 und von der S 17 BS mit Schwimmern produzierte Saab 77 Stück. Das Radfahrwerk in seinen voluminösen Verkleidungen, die gleichzeitig als Sturzflug-Bremsklappen dienten, konnte auch durch Kufen ersetzt werden.

Ende 1944 wurde die Produktion nach 325 Flugzeugen eingestellt. 46 Maschinen gingen ab 1947 an die äthiopische Luftwaffe, die bis 1968 im Dienst waren, einige an Dänemark und drei als Zielschlepper nach Finnland und eine nach Österreich.
Bemerkungen: Die schwedische Luftwaffe kaufte ihre Flugzeuge ursprünglich im Ausland oder ließ ausländische Flugzeuge in Lizenz bauen. Mit dem ersten Serienflugzeug von Saab, der B 17, die als zuverlässiges Flugzeug mit guten Leistungen beschrieben wird, änderte sich das. Mehrere Staffeln der schwedischen Luftwaffe wurden damit ausgerüstet. Mit Beginn des Jet-Zeitalters wurden die Maschinen allerdings bereits 1948 aus dem Verkehr gezogen. 18 Saab B 17 verblieben bei zivilen Betreibern als Zielschlepper.

Fünf B 17 sollen erhalten geblieben sein. Die einzige noch flugfähige B 17 A wird in Linköping/Schweden betrieben.

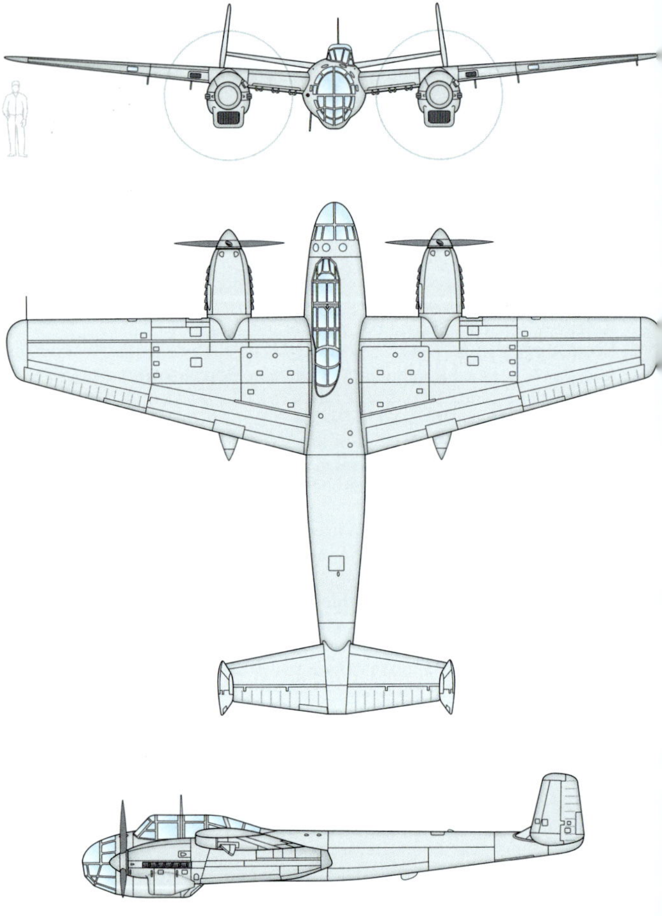

Abmessungen:
Spannweite: 17,00 m
Länge: 13,23 m
Höhe: 4,35 m
Flügelfläche: 43,75 m²

Saab 18 B

Saab 18

Ursprungsland: Schweden
Kategorie: Bomber, Aufklärungsflugzeug
Besatzung: 2–3
Triebwerke: (B) Zwei flüssigkeitgekühlte V12-Zylinder-Motoren Daimler-Benz DB 605 B mit je 1085 kW (1475 PS).
Leistungen: (B) Höchstgeschwindigkeit 575 km/h, Dienstgipfelhöhe 9800 m, max. Reichweite ca. 2600 km.
Gewichte: (B) Leergewicht 6100 kg, Abfluggewicht 8800 kg.
Bewaffnung: (B) ein MG in der Flügelwurzel, zwei bewegliche MGs, 1500 kg Bomben im internen Bombenschacht, Luft-Luft-Raketen an Flügelstationen.
Entwicklung: Um die Junkers Ju 86 der schwedischen Luftwaffe zu ersetzen, begannen nach einer Ausschreibung 1939 die Konstruktionsarbeiten an dem Projekt. Nach dem Erstflug im Juni 1942 wurde eine erste Serie von 60 B 18 (Aufklärerversion 18 A und Bomberversion 18 B) mit R-1830 Twin-Wasp-Doppelsternmotoren in Auftrag gegeben. Schon bei den ersten Testflügen stellte sich heraus, dass die in Ganzmetallbauweise hergestellten Flugzeuge zu schwach motorisiert waren. Trotzdem gingen die Maschinen als Aufklärer und Bomber im Juni 1944 in Dienst. Ab Juni 1944 war aber auch der in Lizenz gefertigte DB 605 verfügbar, so dass eine weitere Serie über 120 B 18 B mit diesem Antrieb gebaut wurde. Die letzte Variante T 18 B (62 Stück), ein aerodynamisch verbesserter zweisitziger Torpedobomber, flog erstmals im Juli 1945. Er war mit einer 58 mm-Kanone unter dem Rumpf und bereits mit Schleudersitzen ausgestattet.

Bis 1948 sind 242 Saab 18 hergestellt worden, die teilweise bis 1956 im Dienst waren.
Bemerkungen: Die Saab 18 war eine Entwicklung (mit amerikanischer Ingenieurs-Unterstützung) der damals noch jungen schwedischen Luftfahrtindustrie. Sie war einer der schnellsten Bomber ihrer Zeit. Die relativ lange Entwicklungs- und Erprobungszeit war dem Wunsch der schwedischen Luftwaffe geschuldet, aus dem ursprünglich geplanten Aufklärer auch ein Bomben- und Sturzkampfflugzeug zu konstruieren. Erst in den späten 1950er-Jahren wurde das Flugzeug durch den einstrahligen Jet Saab 32 Lansen abgelöst.

Lediglich ein restauriertes Exemplar ist erhalten geblieben und kann im Flygvapenmuseum in Lingköping/Schweden besichtigt werden.

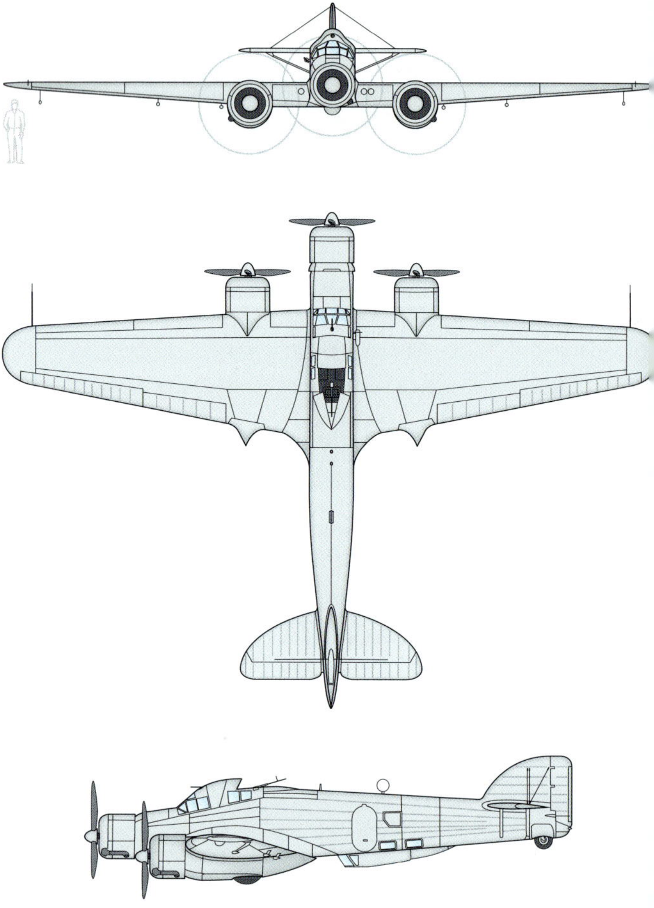

Abmessungen:
Spannweite: 20,20 m
Länge: 16,20 m
Höhe: 4,10 m
Flügelfläche: 61,70 m^2

Savoia-Marchetti SM. 79

Savoia-Marchetti SM.79

Ursprungsland: Italien
Kategorie: Mittelschwerer Bomber
Besatzung: 5–6
Triebwerke: (SM.79 III) Drei luftgekühlte 9-Zylinder-Sternmotoren Alfa Romeo 128 R.C.18 mit je 633 kW (861 PS).
Leistungen: (SM. 79 III) Höchstgeschwindigkeit ca. 460 km/h in 3800 m Höhe, Reisegeschwindigkeit ca. 370 km/h in 5000 m, Steigzeit auf 3000 m in 9 min, 30 sec, Dienstgipfelhöhe 7500 m, Reichweite je nach Beladung 650–900 km, mit Zusatztanks ca. 2000 km.
Gewichte: (SM 79 III) Leergewicht 7700 kg, max. Abfluggewicht 10.050 kg.
Bewaffnung: (SM.79 III) Ein MG nach vorne über dem Cockpit, zwei MGs im oberen MG-Stand, ein MG in der Bodenwanne, optional zwei MGs seitlich. Maximal 1200 kg Bomben im Bombenschacht oder zwei Torpedos extern.
Entwicklung: Im September 1934 flog erstmals ein Prototyp, der ursprünglich Anfang der 1930er-Jahre als 8-sitziges Passagierflugzeug konzipiert war. Die außergewöhnlichen Leistungen wurden durch mehrere Weltrekorde belegt, so dass, von der italienischen Regierung gefordert, der 2. Prototyp als Bomber entwickelt wurde. Das in Gemischtbauweise hergestellte Flugzeuge hat einen Rumpf aus Stahlrohr, der am Bug mit Aluminium beplankt und ansonsten bespannt war, während die Flügel aus Holz hergestellt wurden. Mehrere Versionen, die sich hauptsächlich durch Motorisierung und Ausrüstung unterschieden, wurden gebaut. Eine zweimotorige Export-Ausführung ging an Brasilien, den Irak und an Rumänien, wo auch 16 SM. 79 in Lizenz bei IAR produziert wurden. 45 Flugzeuge wurden an Jugoslawien geliefert.

Insgesamt rollten ungefähr 1240 SM. 79 aus den Fabrikhallen.

Bemerkungen: Ihren ersten Einsatz Ende 1936 flog die SM. 79 Sparviero (Sperber) im Spanischen Bürgerkrieg auf Seiten der Nationalisten. Mit Eintritt Italiens in den 2.Weltkrieg waren ca. 610 Sparvieros einsatzfähig, die auf allen italienischen Kriegsschauplätzen im Mittelmeerraum als Bomber, Aufklärer, Transporter und ab 1940 vor allem als Torpedobomber eingesetzt wurden. In Italien blieben einige Flugzeuge bis 1952 im Einsatz. Vier SM. 79 wurden 1949 dem Libanon geschenkt, die dort bis in die frühen 1960er-Jahre flogen.

Zwei SM 79 sind erhalten geblieben und stehen im Caproni-Museum in Trento/Italien und im Italian Airforce Museum in Bracciano/Italien.

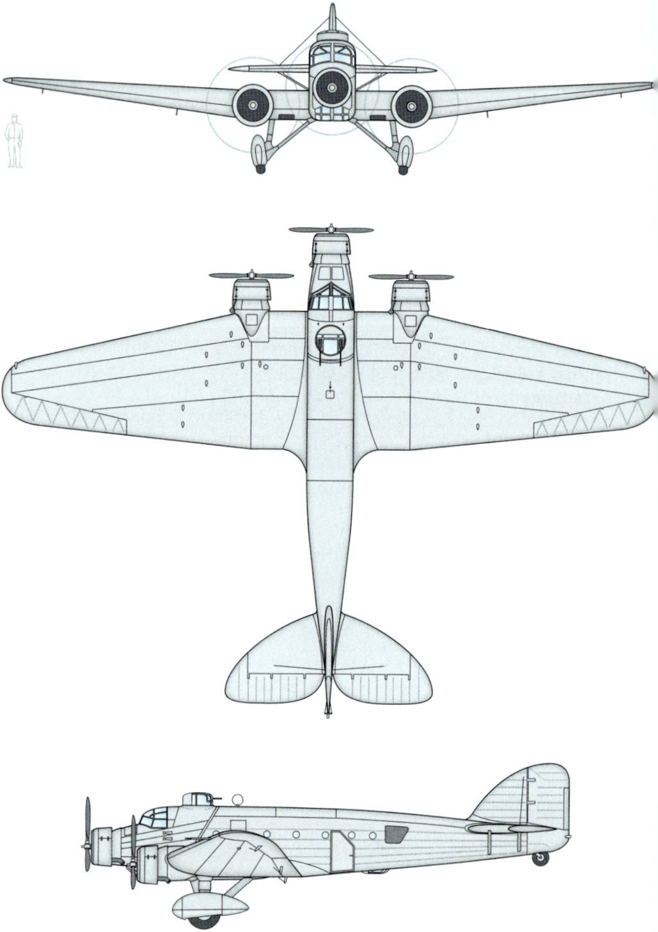

Abmessungen:
Spannweite: 24,00 m
Länge: 18,30 m
Höhe: 4,30 m
Flügelfläche: 92,2 m^2

Savoia-Marchetti SM.81

Savoia-Marchetti SM. 81

Ursprungsland: Italien
Kategorie: Transportflugzeug, Bomber
Besatzung: 6
Triebwerke: Drei luftgekühlte 9-Zylinder-Sternmotoren Alfa Romeo 125 RC.35 mit je 478 kW (650 PS) (Alternativen siehe Entwicklung).
Leistungen: Höchstgeschwindigkeit 340 km/h, Reisegeschwindigkeit 260 km/h, Steigzeit auf 5000 m 20 min, 36 sec, Dienstgipfelhöhe 7000 m, Reichweite je nach Beladung 1500 km.
Gewichte: Leergewicht 6800 kg, Abfluggewicht 9300 kg, max. Abfluggewicht 10.505 kg.
Bewaffnung: Je zwei MGs im Drehturm, in Luken seitlich im Heck und unter dem Cockpit. Bis zu 2000 kg Bomben im Bombenschacht.
Entwicklung: Im Prinzip war die SM. 81, die im Februar 1934 ihren Erstflug absolvierte, eine militärische Ausführung des 18-sitzigen Passagierflugzeuges SM. 73. Der Rumpf bestand aus einer Stahlrohrkonstruktion, die zum Teil beplankt und bespannt war. Die Flügel wurden komplett aus Holz gebaut. Während der Serienproduktion wurden unterschiedliche Motoren verbaut: Alfa Romeo 125 RC 35 (192 FLugzeuge), Gnome-Rhône 14K (96), Piaggio P.X.R.C.15 (48), Piaggio P.IX R.C.40 und Alfa Romeo 126 RC.34. Eine zweimotorige Version mit zwei flüssigkeitsgekühlten Isotto-Fraschini Asso XI V12-Motoren und einem verglasten Bug kam wegen ungenügender Leistung nicht über das Prototypenstadium hinaus.

Von den 535 gebauten Flugzeugen exportierte man 3 Flugzeuge nach Taiwan.
Bemerkungen: Die SM. 81 Pipstrello (Fledermaus) war 1935, zur Zeit ihrer Indienststellung, der erste „moderne“ dreimotorige Bomber der italienischen Luftwaffe und, was Geschwindigkeit und Reichweite anbelangt, durchaus konkurrenzfähig. Zum erstenmal kam der Tiefdecker im italienisch-äthiopischen Krieg und im Spanischen Bürgerkrieg zum Einsatz. Mit Beginn des 2. Weltkrieges zeigte sich jedoch schnell, dass das robuste, und universell einsetzbare Flugzeug, von dem noch ca. 300 Stück im Einsatz waren, nicht mehr den Anforderungen entsprach. Es wurde deshalb nur noch als Transport- und Verbindungsflugzeug im Mittelmeerraum und Afrika eingesetzt sowie als Nachtbomber vor allem in Nordafrika. Eine kleine Anzahl flog noch Angriffe an der deutschen Ostfront. Einige Pipistrellos überlebten den Krieg und wurden bis in die 1950er-Jahre geflogen.

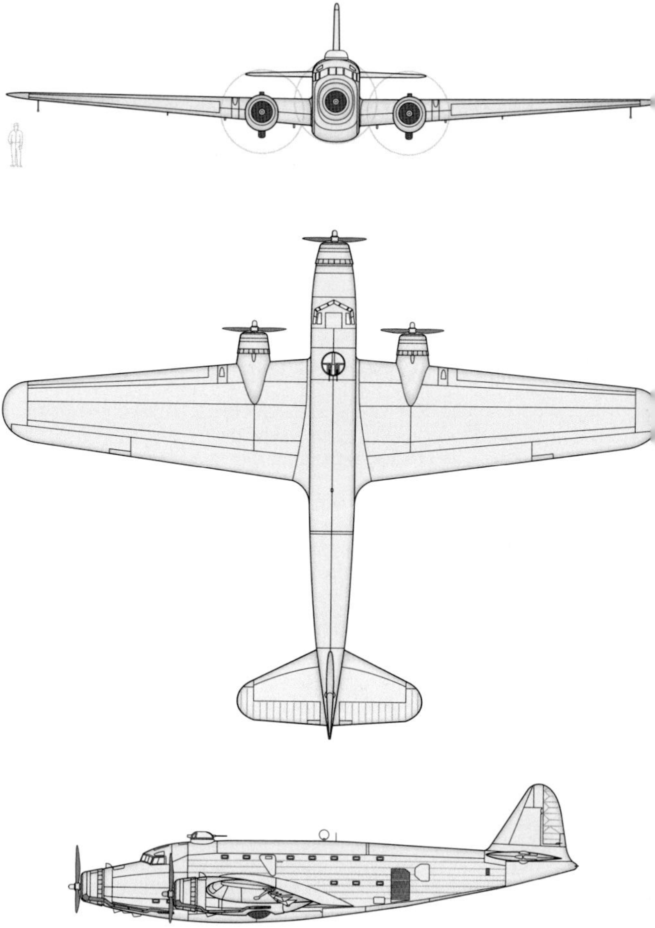

Abmessungen:
Spannweite: 29,68 m
Länge: 22,90 m
Höhe: 6,00 m
Flügelfläche: 118,6 m^2

Savoia-Marchetti SM. 82

Savoia-Marchetti SM. 82

Ursprungsland: Italien
Kategorie: Transportflugzeug, Bomber
Besatzung: 4
Triebwerke: Drei luftgekühlte 9-Zylinder-Sternmotoren Alfa Romeo 128 RC.21 mit je 708 kW (963 PS).
Leistungen: Höchstgeschwindigkeit 347 km/h, Reisegschwindigkeit 250 km/h in 3000 m, Dienstgipfelhöhe 6000 m, Reichweite je nach Beladung 2100 km.
Gewichte: Leergewicht 10.550 kg, max. Abfluggewicht 18.020 kg, als Bomber Leergewicht 11.200 kg, Abfluggewicht 18.410 kg.
Bewaffnung: Als Bomber ein MG auf dem Rücken, drei MGs im Unterrumpfstand und seitwärts. Bis zu 4000 kg Bomben im Bombenschacht.
Entwicklung: In relativ kurzer Zeit wurde die SM. 82 aus der SM. 75 entwickelt und 1939 zum Erstflug gebracht. Die Auslieferung der in Gemischtbauweise hergestellten Maschine, mit einem beplankten und bespannten Stahlrohrrumpf und Flügel komplett in Holzbauweise, begann 1940. Der Rumpf war in zwei Ebenen geteilt: Passagiere oben und Fracht oder Bomben unten. In der Standardversion wurde die SM. 82 als Transporter für bis zu 50 Mann produziert, als Bomber mit Bombenschacht und einige wenige als Verkehrsflugzeug für bis zu 14 Passagiere. Nach dem Krieg sind 20 Flugzeuge auf 14-Zylinder-Doppelsternmotoren Pratt & Whitney R-1830 umgerüstet worden, die als Militärtransporter bis in die frühen 1960er-Jahre flogen.

Die Quellen schwanken zwischen 726 und 875 von Savoia-Marchetti gebauten Flugzeugen.

Bemerkungen: Der Krieg im Mittelmeerraum und in Afrika verlangte nach großen Ladekapazitäten, die die SM. 82 Canguro (Känguru) zwar gut erfüllte, aber wegen ihrer geringen Geschwindigkeit auch eine sehr hohe Verlustrate hatte. Neben der italienischen Luftwaffe, die den Transporter vor allem nach Ost- und Nordafrika einsetzte, flog die deutsche Luftwaffe rund 100 SM. 82 von 1942 bis Frühjahr 1943. Nach dem Waffenstillstand 1943 wurden viele SM. 82 von den Deutschen beschlagnahmt. Etwa 300 Flugzeuge sind nach dem September 1943 noch für die Deutschen hergestellt worden, die vor allem an der Ostfront eingesetzt wurden, aber für den Winterbetrieb ungeeignet waren und deshalb nur noch bis Ende 1944 in Deutschland flogen.

Eine SM. 82 steht im Italian Airforce Museum in Bracciano/Italien.

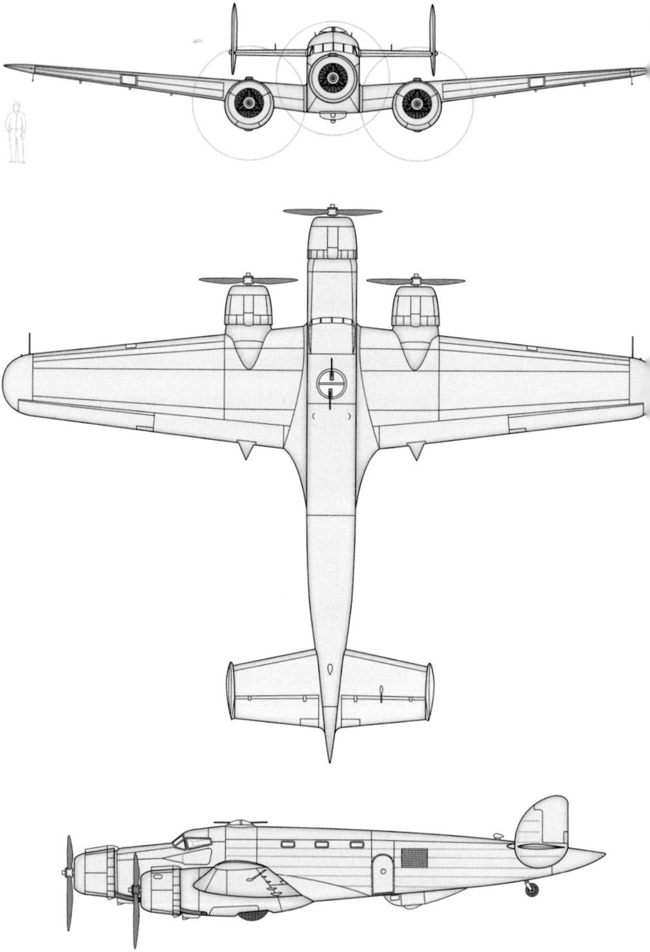

Abmessungen:
Spannweite: 21,13 m
Länge: 17,93 m
Höhe: 4,59 m
Flügelfläche: 61 m²

Savoia-Marchetti SM. 84

Savoia-Marchetti SM. 84

Ursprungsland: Italien
Kategorie: Mittelschwerer Bomber
Besatzung: 5 bis 6
Triebwerke: Drei luftgekühlte 14-Zylinder-Doppelsternmotoren Piaggio P.XI R.C.40 mit je 735 kW (1000 PS).
Leistungen: Höchstgeschwindigkeit 467 km/h, Steigzeit auf 5000 m 14 min, 48 sec, Dienstgipfelhöhe 7900 m, Reichweite je nach Beladung 1830 km, maximal 2040 km.
Gewichte: Leergewicht 8846 kg, max. Abfluggewicht 13.228 kg.
Bewaffnung: Je zwei MGs im Drehturm, in Luken seitlich im Heck und 1 MG im unteren ausfahrbaren Waffenstand. Bis zu 2000 kg Bomben im Bombenschacht oder 2 Torpedos an Außenstationen.
Entwicklung: Als Nachfolger für die SM. 79 gedacht, begann die Entwicklung bereits 1939. Nach dem Erstflug im Juni 1940 startete schon Ende 1940 die Serienproduktion. Das Konstruktionsprinzip des neuen Rumpfes aus einem mit Metall, Holz und Stoff verkleideten Stahlrohrgerüst und des Holzflügels wurde von der SM. 79 übernommen. Dem Drehturm-Schützen ermöglichte das Doppelleitwerk ein freieres Schussfeld. Keine deutlichen Verbesserungen brachte die mit verschiedenen Modifikationen gebaute S. 84 bis. Eine einzige S. 84 ter wurde mit 1500 PS-Piaggio-Motoren ausgestattet, erreichte damit eine Geschwindigkeit von über 500 km/h, ging aber bei einem Landeunfall verloren. Trotz der Probleme mit den aufwändig herzustellenden und anfälligen Piaggio-Motoren wurde eine große Anzahl SM. 84 bestellt.

Allerdings wurden nur 264 SM. 84 gebaut, nach anderen Quellen 329. Sechs SM. 84 bis wurden an die slowakische Luftwaffe geliefert.
Bemerkungen: Wegen mangelnder Manövrierfähigkeit und der unzuverlässigen Motoren erfüllte die SM. 84 als vorgesehener Nachfolger der SM. 79 nicht die Erwartungen der italienischen Luftwaffe und war bei ihren Piloten unbeliebt. In ihren Einsatzrollen als Bomber und Torpedobomber war sie oft nicht in der Lage die SM. 79 zu ersetzen. Zum Einsatz kam die SM. 84 erstmals im Februar 1941 im östlichen Mittelmeer. Aber schon 1943 wurden die übrigen 150 Flugzeuge, von denen nur mehr 100 Stück einsatzbereit waren, aus vorderster Front abgezogen. Die Deutschen übernahmen nach dem Waffenstillstand in Italien etliche Flugzeuge und flogen sie bis zum Kriegsende.

Soweit bekannt ist kein Flugzeug erhalten geblieben.

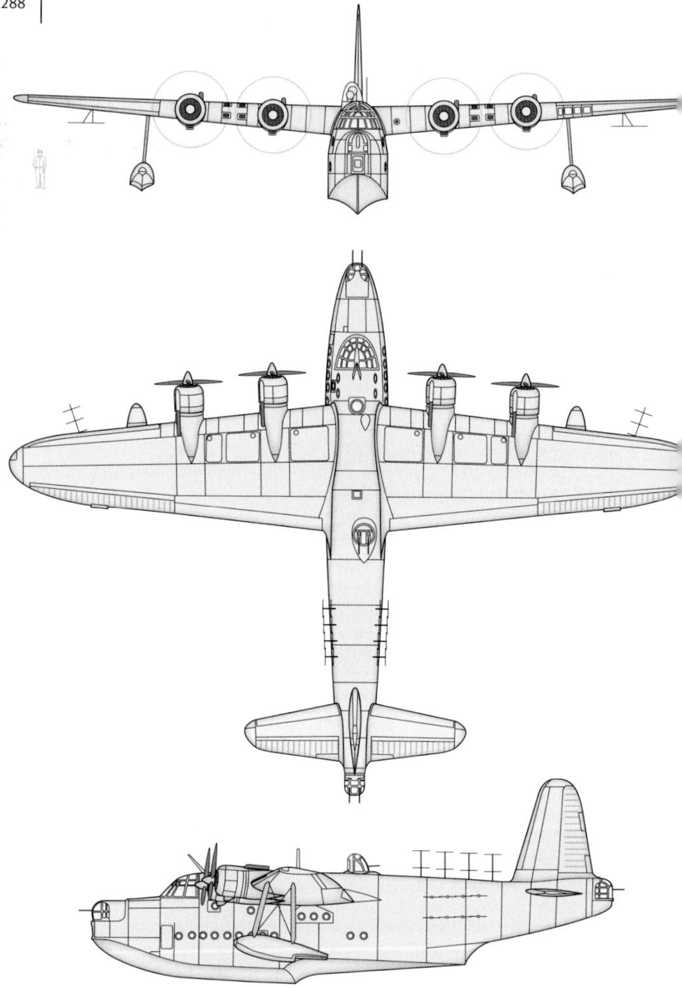

Abmessungen:
Spannweite: 34,39 m
Länge: 26,00 m
Höhe: 10,00 m
Flügelfläche: 138 m^2

Short S. 25 Sunderland Mk. III

Short S. 25 Sunderland

Ursprungsland: Großbritannien
Kategorie: Flugboot
Besatzung: 7–11
Triebwerke: (Mk. III) Vier luftgekühlte 9-Zylinder-Sternmotoren Bristol Pegasus XVII mit je 794 kW (1065 PS).
Leistungen: (Mk. III) Höchstgeschwindigkeit 336 km/h in 2000 m Höhe, Reisegeschwindigkeit 285 km/h in 1500 m Höhe, Dienstgipfelhöhe 4880 m, Reichweite 2848 km.
Gewichte: (Mk. III) Leergewicht 15.663 kg, Abfluggewicht 26.332 kg.
Bewaffnung: Bis zu 16 MGs in Gefechtsständen und bis zu 910 kg Bomben, Wasserbomben und Minen.
Entwicklung: Als eine militärische Weiterentwicklung des Verkehrsflugbootes S.23 absolvierte die Sunderland ihren Erstflug im Oktober 1937. Im Herbst 1938 wurden die ersten in Ganzmetallbauweise hergestellten viermotorigen Maschinen beim RAF Coastal Command eingesetzt. Von den immer wieder verbesserten fünf Baureihen, die sich in der Ausrüstung unterschieden, war die letzte (V) mit Pratt & Whitney Twin-Wasp-Doppelsternmotoren (1200 PS) ausgestattet.

Nach 746 Maschinen endete die Produktion. Davon hatte die Mk. III mit 461 Stück den Hauptanteil.

Bemerkungen: Zu den effektivsten britischen Langstrecken-Flugbooten auf den Kriegsschauplätzen gehörte die Sunderland. Sie wurde maßgeblich über dem Atlantik und im Mittelmeerraum zur Bekämpfung deutscher U-Boote und als Seeaufklärer, Transporter und für SAR-Aufgaben eingesetzt. Betreiber waren neben Großbritannien auch Australien, Kanada, Frankreich, Neuseeland, Norwegen und Südafrika.

Nach dem 2. Weltkrieg sind 27 Flugboote zu Passagierflugzeugen umgebaut und als Sandringham auch im Transatlantikverkehr eingesetzt worden. Ein Teil der Flugboote kam bei der Berliner Luftbrücke 1948–1949 zum Einsatz und Mitte der 1950er-Jahre im Koreakrieg. Die letzten britischen Flugboote wurden 1958 außer Dienst gestellt, während sie von der neuseeländischen Fluggesellschaft TEAL noch bis 1966 im ganzen Pazifikraum unterwegs waren.

Im Imperial War Museum in Duxford/Großbritannien wird ein Exemplar ausgestellt und im MOTAT in Auckland/Neuseeland.

Abmessungen:
Spannweite: 30,20 m
Länge: 26,59 m
Höhe: 6,93 m
Flügelfläche: 136 m^2

Short S. 31 Stirling Mk. III

Short S. 31 Stirling

Ursprungsland: Großbritannien
Kategorie: Schwerer Bomber
Besatzung: 7
Triebwerke: (Mk. III) Vier luftgekühlte 14-Zylinder-Doppelsternmotoren Bristol Hercules VI mit je 1213 kW (1650 PS) Startleistung, oder Bristol Hercules XVI mit je 1202 kW (1635 PS) Startleistung.
Leistungen: (Mk. III) Höchstgeschwindigkeit ca. 435 km/h, Dienstgipfelhöhe bei max. Beladung 5050 m, Reichweite bei maximaler Beladung 950 km, maximale Reichweite 3750 km.
Gewichte: (Mk. III) Leergewicht 21.273 kg, Abfluggewicht 31.751 kg.
Bewaffnung: (Mk. III) Je ein Zwillings-MG in Drehtürmen im Bug, auf dem Rumpf und im Heckstand.
Entwicklung: Aufgrund einer Ausschreibung im Jahr 1936 wurde zur ersten Erprobung ein flugfähiges Modell in halber Größe aus Holz gebaut, das erstmals im September 1938 flog. Nach einer Reihe konstruktiver Änderungen hob im Mai 1939 schließlich der erste Prototyp ab und im Mai 1940 die erste Serienmaschine. Die in Ganzmetallbauweise hergestellte Stirling wurde in 5 Versionen produziert: Die Mk. I mit Bristol Hercules XI-Motoren, die Mk. II mit Wright R-2600-Motoren (nur 4 Prototypen), die Mk. III, von der 1039 Stück produziert wurden und die Mk. IV, mit geringerer Bewaffnung. Ab Ende 1944 wurden noch 160 Mk. V mit 14-Zylinder-Doppelsternmotoren Bristol XVI als Spezialtransporter hergestellt.

Es rollten 2383 Flugzeuge aller Varianten aus den Werkshallen.

Bemerkungen: Neben der Lancaster und Halifax war die Stirling der dritte und größte viermotorige schwere Bomber der RAF. Er wurde im Februar 1941 zum ersten Mal über den Niederlanden eingesetzt und flog insgesamt 14.500 Missionen. Ab 1943 auch in großen Formationen mit über 100 Flugzeugen. Allerdings war das Flugzeug, im Gegensatz zur Halifax und Lancaster, wegen seines Flügels nicht für große Höhen geeignet und konnte konstruktionsbedingt nur Bomben bis zu einer bestimmten Größe laden. Deshalb wurde ab Ende 1943 das Flugzeug nur noch als Transporter, zum Minenlegen, für elektronische Gegenmaßnahmen, zum Absetzen von Fallschirmjägern, für Spezialmissionen hinter den Frontlinien und zum Schleppen von schweren Lastenseglern verwendet. Als Passagierflugzeuge wurden 12 Maschinen im Mai 1947 an eine belgische Fluggesellschaft geliefert und bis 1951 flogen noch 6 Stirlings bei der ägyptischen Luftwaffe.

Soweit bekannt ist kein komplettes Flugzeug erhalten geblieben.

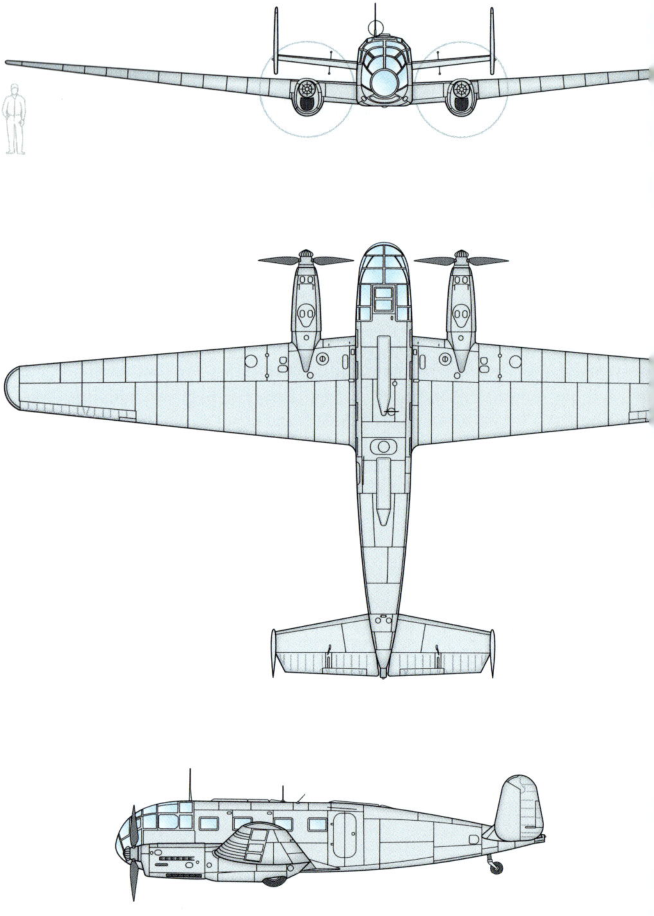

Abmessungen:
Spannweite: 21,22 m
Länge: 11,95 m
Höhe: 4,24 m
Flügelfläche: 46,0 m^2

Siebel Si 204 D

Siebel Si 204

Ursprungsland: Deutschland
Kategorie: Schul-, Verbindungs- und Transporflugzeug
Besatzung: 2 und bis zu 8 Passagiere
Triebwerke: Zwei hängende, luftgekühlte V12-Zylinder-Motoren Argus As 411 mit 575 PS (423 kW) Startleistung.
Leistungen: (D) Höchstgeschwindigkeit 350 km/h, Dienstgipfelhöhe 7500 m, Reichweite 1800 km.
Gewichte: (D) Leergewicht 3920 kg, Abfluggewicht 5400 kg.
Entwicklung: In Zusammenarbeit mit der Lufthansa begann 1938 die Entwicklung der ursprünglich als leichtes Zubringerflugzeug vorgesehenen Si 204. Die ersten beiden Prototypen hatten einen konventionellen Stufenbug, der dritte eine Vollsichtkanzel zur Blindflugschulung. Der Erstflug war im Mai 1941. Lediglich die 15 Prototypen des in Ganzmetall-Schalenbauweise hergestellten Flugzeugs wurden wegen Werksauslastung bei Siebel gebaut. Alle 1201 Serienflugzeuge wurden bei SNCAN in Frankreich (168), bei der BMM/ČKD (Böhmisch-Märischen Maschinenfabrik) (492) und Aero/Letov (541) in Prag produziert. Eine bewaffnete leichte Kampfbomber-(E)-Version mit Bombenschacht wurde wahrscheinlich nur in einer Vorserie von 5 Stück gebaut.

Nach Kriegsende wurde das Flugzeug von Aero (ca. 180 Flugzeuge) bis 1949 als Ausbildungs-, Trainings und Passagierflugzeug sowie als militärischer Transporter weitergebaut. Ebenso in Frankreich bei SNCAC (ca. 300 Flugzeuge) als NC. 700, 701 und 702 Martinet mit Renault 12S-Motoren, einem Lizenzbau des Argus As 411.
Bemerkungen: Zwar wurde die vielseitige Si 204 als ziviles Flugzeug entworfen, aber schon im Prototypenstadium wurde sie auf ihre militärische Verwendbarkeit getrimmt. Soweit bekannt, flogen lediglich vier Flugzeuge für die Lufthansa im Liniendienst. Das bei Piloten beliebte Flugzeug wurde wegen seiner gutmütigen Flugeigenschaften geschätzt und war mit seiner Vollsichtkanzel ein geeigneter Trainer für die Blindflugschulung. Quasi ein fliegender Hörsaal, der auch für in der Kabine sitzende Lehrer und vier Funknavigationsschüler genutzt wurde. Die letzte in Frankreich von SNCAC gebaute Martinet wurde in den späten 1960er-Jahren in Schweden außer Dienst gestellt.

Eine Si 204 von Aero steht im Museum in Kbely/Prag, eine NC. 702 im Technikmuseum/Berlin und im Conservatoire de l'Air et de l'Espace d'Aquitaine, Frankreich, eine NC. 701 im Air and Space Museum, Stockholm, Schweden.

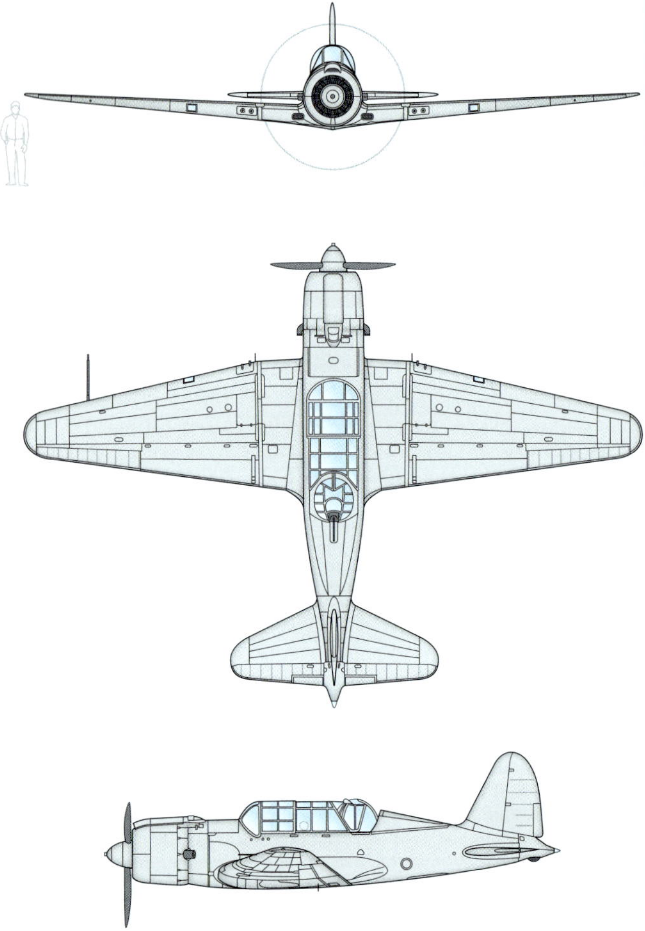

Abmessungen:
Spannweite: 14,30 m
Länge: 10,46 m
Höhe: 3,94 m
Flügelfläche: 29 m^2

Suchoj SU-2 M-82

Suchoj SU-2

Ursprungsland: Sowjetunion
Kategorie: Leichter Bomber
Besatzung: 2
Triebwerk: (Serie 2) Ein luftgekühlter 14-Zylinder-Doppelsternmotor Schwezow ASch-82 mit 1029 kW (1400 PS).
Leistungen: (Serie 2) Höchstgeschwindigkeit 486 km/h in 5850 m Höhe, Steigzeit auf 5000 m 9 min, 48 sec, Dienstgipfelhöhe 8900 m, Reichweite je 1100 km.
Gewichte: (Serie 2) Leergewicht 3273 kg, max. Abfluggewicht 4700 kg.
Bewaffnung: (Serie 2) Vier starre MGs im Flügel, ein Doppel-MG im Drehturm. 400 bis 600 kg Bomben im Bombenschacht oder acht bis zehn Raketen an Flügelstationen.
Entwicklung: Als Nachfolger für den Doppeldecker Polikarpov R-5 begann die Entwicklung 1936. Der erste Prototyp flog im August 1937. Nach einer Versuchsreihe mit unterschiedlichen Antrieben begann 1940 die Serienproduktion. Ursprünglich als BB.1 und in Ganzmetallbauweise ab 1940 gebaut, produzierte man schließlich ab 1941 die nun SU-2 genannte Maschine wegen des Rohstoffmangels mit einem Holzrumpf und einem stärkeren Tumansky M-88 14-Zylinder-Doppelsternmotor mit 735 kW (1100 PS). Ab Herbst 1941 wurde in der Serie 2 der wesentlich stärkere Schwezow ASch-82 eingebaut. Aus dieser letzten Variante wurde das Schlachtflugzeug Suchoj SU-4 mit einem gepanzerten Cockpit entwickelt. Ausgestattet mit einem 2095 PS-starken Tumansky M-90 Sternmotor ging sie jedoch nicht in Serie.

Bis Herbst 1942 sind angeblich 793 Exemplare aller Varianten produziert worden, andere Quellen berichten von rund 500 bzw. 910 SU-2.
Bemerkungen: Schon im Juni 1941, zu Beginn des deutschen Einmarsches in die Sowjetunion, war das Flugzeug den Anforderungen als leichter Bomber und Erdkampfflugzeug eigentlich nicht mehr gewachsen und erlitt mit rund 220 zerstörten Flugzeugen schwere Verluste. Deshalb wurden sie 1942 von der Front zurückgezogen und durch modernere Flugzeuge wie z. B. die Petlyakov Pe-2 und Ilyushin Il-2 ersetzt. Einige wurden noch als Aufklärer eingesetzt, die meisten jedoch im Hinterland als Schul- oder Schleppmaschinen.

Im Zentralen Museum der Luftstreitkräfte in Monino und im Zentralmuseum des Großen Vaterländischen Krieges in Moskau/Russland steht eine SU-2.

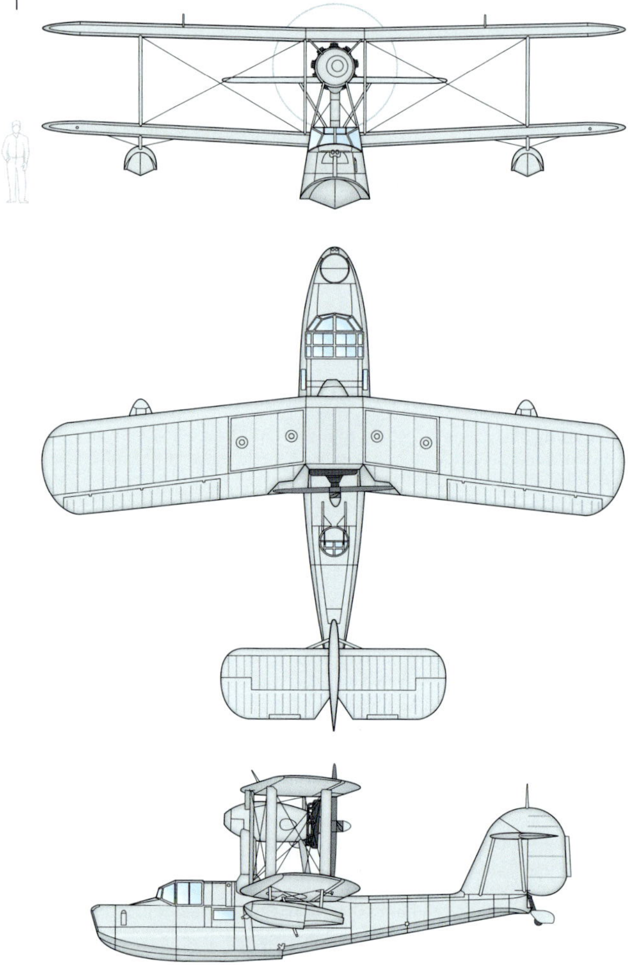

Abmessungen:
Spannweite: 13,97 m
Länge: 11,46 m
Höhe: 4,87 m
Flügelfläche: 56,67 m²

Supermarine Walrus Mk. 1

Supermarine Walrus

Ursprungsland: Großbritannien
Kategorie: Flugboot
Besatzung: 3–4
Triebwerk: Ein luftgekühlter 9-Zylinder-Sternmotor Bristol Pegasus VI mit 570 kW (775 PS) Startleistung.
Leistungen: Höchstgeschwindigkeit 217 km/h in 1500 m Höhe, Reisegeschwindigkeit 148 km/h, Dienstgipfelhöhe 5600 m, Reichweite ca. 970 km.
Gewichte: Leergewicht 2223 kg, Abfluggewicht 3266 kg, maximales Abfluggewicht 3651 kg.
Bewaffnung: Je ein MG im Bug und hinter den Flügeln. Maximal 272 kg Bomben.
Entwicklung: Die Ursprünge der Walrus gehen bis in die 1920er-Jahre zur Supermarine Seagull zurück, die von der australischen Marine in weiterentwickelter Form als Seagull Mk. V 1933 erstmals flog und ab 1935 eingesetzt wurde. Nun auch von England bestellt, wurden 749 Stück hergestellt und die Walrus wurde damit zum meistgebauten Flugboot Englands. Die Mk. I besaß einen Metallrumpf, die Mk. II (ab 1940 produziert) einen Holzrumpf, während der stoffbespannte Flügel aus einem Stahlholm und Holzrippen bestand. Der äußerst robuste Doppeldecker mit Druckpropeller war katapultstartfähig, hatte faltbare Flügel zur platzsparenden Unterbringung auf Schiffen und konnte mit seinem Einziehfahrwerk auch von Land aus operieren. Eine Weiterentwicklung war die Sea Otter mit einem strömungsgünstiger und konventionell angeordneten Triebwerk im oberen Flügel.

Bis 1944 wurden 736 Walrus beider Versionen gebaut.

Bemerkungen: Weltweit auf fast allen Kreuzern der britischen Marine wurde die zu ihrer Zeit schon anachronistische Walrus bis 1945 eingesetzt. Nicht nur als Aufklärungs-, Beobachtungs- und Seerettungsflugzeug, sondern auch zur U-Boot-Bekämpfung. Neben Großbritannien nutzten zahlreiche Länder das Flugzeug, darunter Irland, Australien, Ägypten, Frankreich, Kanada, Neuseeland und die Türkei. Zivil eingesetzt wurde das auch „ugly but functional" genannte Flugzeug nach 1945 in Australien, Kanada und in den Niederlanden.

Soweit bekannt sind vier Flugzeuge erhalten geblieben: RAAF Museum, Melbourne/Australien; Fleet Air Museum, Ilchester/Großbritannien, Royal Air Force Museum London und ein privates Projekt.

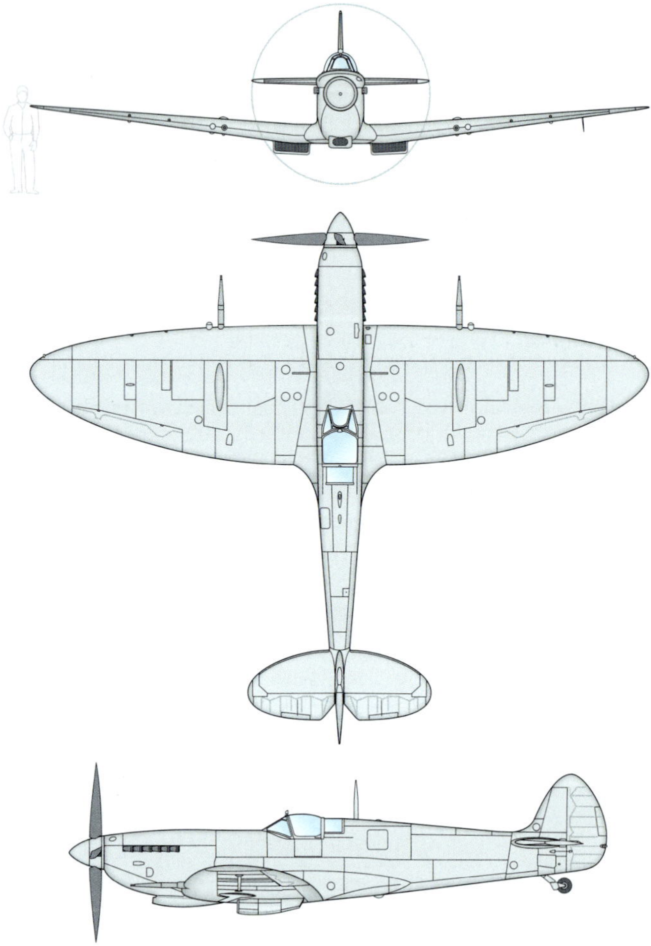

Abmessungen:
Spannweite: 11,23 m
Länge: 9,12 m
Höhe: 3,48 m
Flügelfläche: 22,5 m^2

Supermarine Spitfire Mk. 9

Supermarine Spitfire

Ursprungsland: Großbritannien
Kategorie: Jagdflugzeug
Besatzung: 1
Triebwerk: (Mk. 9) Ein flüssigkeitsgekühlter V12-Motor Rolls-Royce Merlin 63 mit 1275 kW (1710 PS) in 2600 m Höhe. Mk. 9 flogen auch mit RR Merlin 61, 66 und 70.
Leistungen: (Mk. 9) Höchstgeschwindigkeit 656 km/h in 7600 m Höhe, Dienstgipfelhöhe 13.100 m, Reichweite ca. 770 km.
Gewichte: (Mk. 9) Leergewicht 2544 kg, Abfluggewicht max. 3401 kg.
Bewaffnung: (Mk. 9) Zwei Maschinenkanonen und vier MGs im Flügel.
Entwicklung: Nach mehreren erfolglosen Entwürfen gelang mit der Type 300 eine für die RAF zufriedenstellende Konstruktion, die im März 1936 ihren Jungfernflug absovierte. Die guten Leistungen führten zu einer Bestellung des später Spitfire genannten Tiefdeckers. Erste Auslieferungen begannen Mitte 1938. Das in Ganzmetallbauweise hergestellte Flugzeug hat einen elliptischen Flügel, ähnlich der deutschen He 70, jedoch dünner und anders profiliert. Die Spitfire wurde in 24 Hauptvarianten und unzähligen Untervarianten gebaut. Größte Stückzahlen erreichte die Mk. 5 mit 6487 und die MK. 9 mit 5656 Stück. Die Versionen unterschieden sich hauptsächlich durch unterschiedliche Flügel, Motoren und Bewaffnungen. Ab der Mk. XII wurde der stärkere Rolls Royce Griffon mit bis zu 1520 kW (2035 PS) eingebaut. Eine für den Flugzeugträgereinsatz ausgestattete, verstärkte Version ist die Seafire. Wesentlich weiterentwickelt und leistungsgesteigert war 1944 die Spiteful, von der lediglich 20 Stück produziert wurden.

In drei britischen Werken rollten bis Februar 1948 20.351 Flugzeuge aller Varianten aus den Hallen.
Bemerkungen: Zweifellos gehört die Spitfire zu den wichtigsten Jagdflugzeugen des 2. Weltkrieges. Das Grundkonzept hatte so viel Potenzial, dass durch Weiterentwicklungen mit allen aufkommenden moderneren Propeller-Jagdflugzeug bis über das Kriegsende hinaus mitgehalten werden konnte. Der wegen seiner exzellenten Flugeigenschaften bei Piloten beliebte Jäger wurde auf allen Kriegsschauplätzen weltweit eingesetzt und von rund 35 Nationen geflogen. Letzte Einsätze erfolgten bis 1953 im Koreakrieg. Bei vielen Luftstreitkräften blieb die Spitfire bis in die frühen 1960er-Jahre aktiv.

Nach unbestätigten Quellen existieren weltweit noch mehr als 50 flugfähige Spitfires und Seafires und eine große Anzahl in Museen.

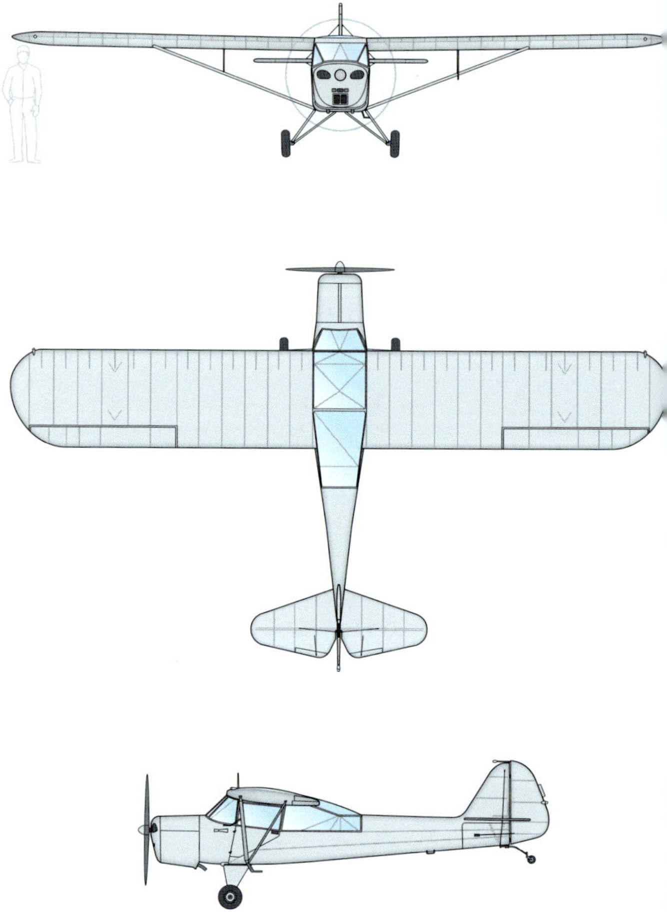

Abmessungen:
Spannweite: 10,97 m
Länge: 6,83 m
Höhe: 2,44 m
Flügelfläche: 15,5 m^2

Taylorcraft Auster Mk. 5

Taylorcraft Auster

Ursprungsland: Großbritannien
Kategorie: Verbindungs- und Beobachtungsflugzeug
Besatzung: 2 bis 3
Triebwerk: (Mk. V) Ein luftgekühlter 4-Zylinder-Boxermotor Lycoming O-290-3 mit 96 kW (130 PS).
Leistungen: (Mk. V) Höchstgeschwindigkeit 209 km/h, Reichweite ca. 400 km.
Gewichte: (Mk. V) Leergewicht 499 kg, max. Abfluggewicht 839 kg.
Entwicklung: Taylorcraft baute in Großbritannien Flugzeuge der amerikanischen Taylorcraft Aircraft Corporation in Lizenz, unter anderem auch die Plus D, das Ursprungsmuster der Auster mit einem bespannte Stahlrohrrumpf und bespannten Holzflügeln. Schon 1939 forderte die britische Armee ein Artilleriebeobachtungsflugzeug, für das die Plus D erfolglos angeboten wurde. Mangels Alternativen bestellte die Armee Ende 1941 trotzdem 100 Flugzeuge mit 90 PS-Cirrus Motor, nun Auster Mk 1 genannt. Da der gewünschte O-290 von Lycoming nicht verfügbar war, ging die Mk. II, mit zusätzlichen Spreizklappen nicht in Serie. Mit der Auster Mk. III (Bild) wurde im Januar 1943 der stärkere 130 PS de Havilland Gipsy Major-Reihenmotor eingeführt, einhergehend mit einer großzügigeren Kabinenverglasung. Nach 467 Mk. III lief Ende 1943 die dreisitzige Mk. IV vom Band, jetzt mit dem nun verfügbaren Boxermotor von Lycoming und neuer Cowling. Mit 790 Exemplaren die größte Serie, kam im Juni 1944 die Mk. V (Zeichnung), auch mit Lycoming-Motor, kleinen Verbesserungen und einer Blindfluginstrumentierung heraus. Es entstanden ebenso Varianten mit Schwimmern und Kufen, es gab Modifikationen für einen Kameraeinbau und sogar ein Umbau zur Verlegung von Telefonkabeln aus der Luft.

Von allen militärischen Varianten wurden 1630 Auster für Großbritannien und Kanada gebaut.

Bemerkungen: Der einfach gebaute und robuste Hochdecker flog in vielen Ländern rund um die Welt in militärischen Diensten als Beobachtungs- und Verbindungsflugzeug. Nach dem Krieg wurde die zivile und militärische Produktion beibehalten und endete 1955 mit der von Beagle gebauten 180 PS-starken A.O.P. 9. Zahlreiche Flugzeuge kamen nach 1945 für wenig Geld in private Hände und bildeten somit den Grundstein für viele britische Flugsportvereine.

Rund um die Welt, aber hauptsächlich inGroßbritannien, sind flugfähige Auster zu finden, ebenso in den einschlägigen Museen.

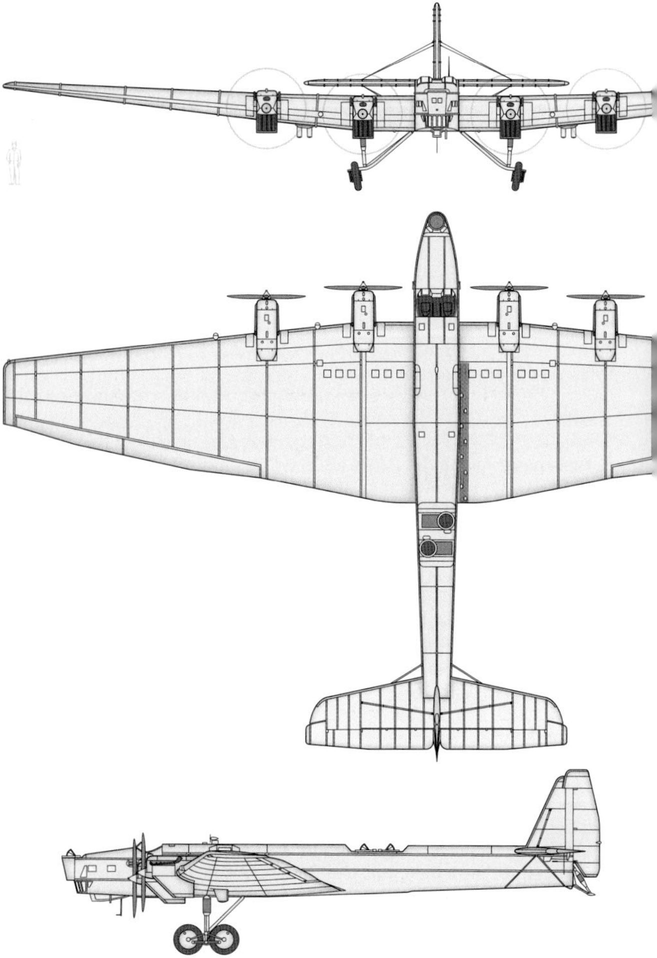

Abmessungen:
Spannweite: 39,50 m
Länge: 24,40 m
Höhe: 8,45 m
Flügelfläche: 230 m^2

Tupolew TB-3-4M-17

Tupolew TB-3

Ursprungsland: Sowjetunion
Kategorie: Schwerer Bomber
Besatzung: 8–10
Triebwerke: Vier flüssigkeitsgekühlte V12-Zylinder-Motoren Mikulin M-17F mit ca. 526 kW (715 PS).
Leistungen: Höchstgeschwindigkeit 177 km/h in 3000 m Höhe, Steigzeit auf 3000 m ca. 43 min, Dienstgipfelhöhe 3800 m, Reichweite ca. 1350 km.
Gewichte: Leergewicht 10.976 kg, Abfluggewicht 17.200 kg, maximales Abfluggewicht 19.300 kg.
Bewaffnung: Je nach Variante sechs bis acht Maschinengewehre und bis zu 5000 kg Bomben.
Entwicklung: Ausgehend von der zweimotorigen TB-1, begann schon im Mai 1926 die Entwicklung des ersten viermotorigen mit Wellblech beplankten Ganzmetall-Eindeckers der Welt. Der Prototyp, noch mit amerikanischen Motoren, flog im Dezember 1930 zum ersten Mal. Nach einigen Änderungen lief die Produktion im Februar 1931 an und die ersten Serienmaschinen mit in Lizenz von BMW gebauten Mikulin M-17-Triebwerken waren im April 1932 startklar. Bis Ende 1933 wurden 400 TB-3-4M-17 produziert. Mehrere Baureihen mit unterschiedlichen Motorisierungen folgten, auch eine mit Glattblechverkleidung. Sie hatten stets das Ziel leichter zu bauen um bessere Leistungen zu erbringen. Die TB-3 als Trägerflugzeug für Jagdflugzeuge einzusetzen kam nicht über Versuche hinaus. Neben den vielen militärischen Varianten als Bomber, Fracht-, Sanitäts-, Schleppflugzeug für Lastensegler und Fallschirmabsetzer, gab es z. B. zivile Maschinen (ANT-6) mit geschlossener Kabine, die bei der Zivilluftflotte als Passagier- und Frachtflugzeug hauptsächlich auf östlichen Routen zum Einsatz kamen.

Von allen Varianten wurden bis 1937 818 Flugzeuge hergestellt.
Bemerkungen: Die für ihre Zeit beachtliche Größe, die hohe Zuladung und die große Reichweite war nicht nur militärisch von Vorteil, sondern wurde auch mit speziell umgebauten TB-3 für Staatsbesuche und zu Repräsentationszwecken genutzt. Dazu kamen 1936 noch einige Nutzlast/Höhen- und Langstreckenrekorde, die international Beachtung fanden. Eine spezielle Umbauversion für die Polarluftflotte versorgte die Forschungsstationen in der Arktis. Eine mit Kufen ausgestattete Maschine landete im Mai 1937 als erstes Flugzeug am Nordpol.

Eine Anzahl an TB-3 überlebten zwar das Kriegsende, allerdings ist kein komplettes Flugzeug erhalten geblieben.

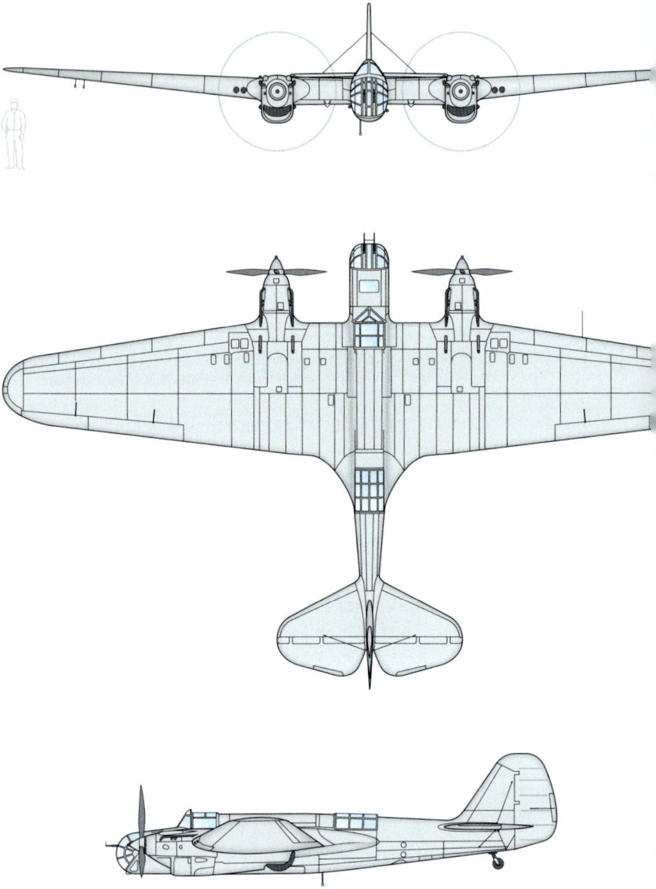

Abmessungen:
Spannweite: 20,33 m
Länge: 12,57 m
Höhe: 3,60 m
Flügelfläche: 56,70 m²

Tupolew SB-2 M 103

Tupolew SB-2

Ursprungsland: Sowjetunion
Kategorie: Mittelschwerer Bomber
Besatzung: 3
Triebwerke: Zwei flüssigkeitsgekühlte V12-Zylinder-Motoren Klimow M-103 mit 745 kW (1000 PS) Startleistung und 715 kW (960 PS) Reiseleistung.
Leistungen: Höchstgeschwindigkeit 450 km/h in 4000 m Höhe, Dienstgipfelhöhe 7800 m, Max. Reichweite ca. 2300 km.
Gewichte: Leergewicht 4768 kg, max. Abfluggewicht 7880 kg.
Bewaffnung: Je nach Einsatzzweck sechs MGs und 600 kg Bomben.
Entwicklung: Die Entwicklung des Flugzeuges begann 1933 unter dem Kürzel ANT-40. Der erste Prototyp flog im Oktober 1934. Die Serienflugzeuge wurden mit einem stärkeren M-103-Klimov-Motor, einem Lizenzbau von Hispano-Suiza, gebaut. Die Ganzmetall-Konstruktion mit Einziehfahrwerk und geschlossenem Cockpit war zu Beginn der 1930er-Jahre einer der modernsten und schnellsten Bomber in der Sowjetunion, bei dem zum ersten Mal das aerodynamisch wesentlich vorteilhaftere Glatt- anstatt Wellblech verarbeitet wurde. Neben der Grundversion gab es Varianten mit anderen Motorisierungen, einen Sturzkampfbomber (AR-2), eine zivile Passagierausführung der Aeroflot für fünf Passagiere (PS-40) und eine Schul- und Trainerversion mit verlängertem Bug für den Fluglehrer.

Insgesamt wurden 6656 SB-2 hergestellt. Die Tschechoslowakei baute 111 Flugzeuge in Lizenz.

Bemerkungen: Während des Spanischen Bürgerkriegs 1936 bis 1939 sind 210 SB-2 an Spanien geliefert worden, wo sich der zeitweise von russischen Piloten geflogene Bomber zwar bewährte, jedoch für die damals neuen Me 109 leichte Beute war. Im Japanisch-Chinesischen Krieg 1937 wurden die Flugzeuge erfolgreicher eingesetzt, verloren aber trotz Weiterentwicklungen mit Beginn des 2. Weltkrieges ihren technologischen Vorsprung. Obwohl die Tupolew gegen deutsche Jagdflugzeuge chancenlos war, blieb sie noch bis 1943 im frontnahen Einsatz. Danach wurde das Flugzeug hauptsächlich als Schulungs- und Verbindungsflugzeug verwendet. Einige Beuteflugzeuge (Bild) wurden von Finnland im Sowjetisch-Finnischen Winterkrieg eingesetzt.

Ein letztes wieder aufgebautes Flugzeug steht im Museum der Luftstreitkräfte in Monino bei Moskau/Russland.

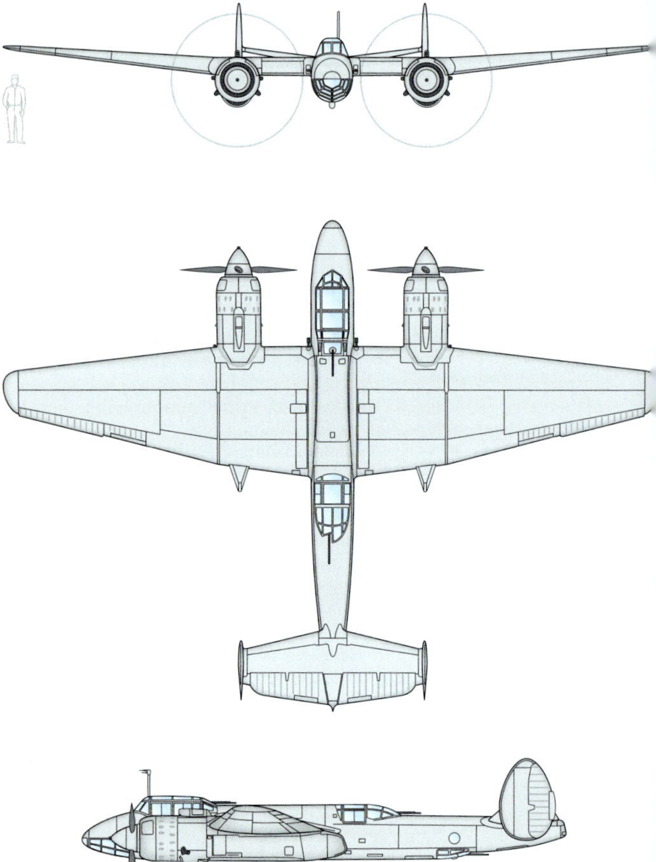

Abmessungen:
Spannweite: 18,86 m
Länge: 13,80 m
Höhe: 4,13 m
Flügelfläche: 48,80 m^2

Tupolew TU-2 M

Tupolew TU-2

Ursprungsland: Sowjetunion
Kategorie: Mittelschwerer Bomber
Besatzung: 4
Triebwerke: (TU-2 M) Zwei luftgekühlte 14-Zylinder-Doppelsternmotoren Schwezow ASch-82 mit 1380 kW (1875 PS) Startleistung.
Leistungen: (TU-2 M) Höchstgeschwindigkeit 550 km/h in 5700 m Höhe, Steiggeschwindigkeit 8,2 m/sec, Dienstgipfelhöhe 9500 m, maximale Reichweite ca. 2020 km.
Gewichte: (TU-2 M) Leergewicht 7601 kg, maximales Abfluggewicht 10.538 kg.
Bewaffnung: (TU 2 M) Zwei MGs im Flügel, drei MGs nach hinten im Cockpit, im oberen Heckstand und in der Bodenwanne. Bomben intern 1500 kg und 2270 kg an Flügelstationen.
Entwicklung: Die TU-2 sollte als das leistungsfähigere Nachfolgemuster der SB-2 und als Sturz- und Horizontalbomber sowie Aufklärer eingesetzt werden. Der Prototyp startete im Januar 1941. Die Serienproduktion lief im November 1942 aufgrund der komplizierten Ganzmetallbauweise und der kriegsbedingten Aluminiumknappheit in der Sowjetunion nur langsam an. Eine Umkonstruktion, um eine einfachere Massenproduktion zu ermöglichen, führte zur TU-2 S (Bild), die im August 1943 erstmals flog. Bis zum Produktionsende wurden zahlreiche Untervarianten (Torpedobomber, Langstreckenbomber, Aufklärer etc.) vor allem mit unterschiedlichen Motorisierungen, Bewaffnungen und den Verwendungszwecken angepassten Ausrüstungen gebaut.

1948 endete nach 2527 (2550 je nach Quelle) produzierten Flugzeugen die Herstellung.
Bemerkungen: Die TU-2 gehörte bis 1945 zu den leistungsstärksten und modernsten Flugzeuge ihrer Klasse und war mit der Junkers Ju 88 gleichzusetzen. Das Flugzeug spielte eine wichtige Schlüsselrolle im sowjetischen Kampfgeschehen in den letzten beiden Kriegsjahren und blieb bis in die 1950er-Jahre im Einsatz, um schließlich von moderneren zweistrahligen Düsenflugzeugen abgelöst zu werden.

Nach dem 2. Weltkrieg wurden vor allem Verbündete der Sowjetunion wie Bulgarien, China, Ungarn, Polen, Nordkorea, Rumänien und Indonesien mit der TU-2 beliefert.

Erhalten gebliebene Flugzeuge stehen in Museen in Bulgarien, Polen, China, Nordkorea und der Sowjetunion.

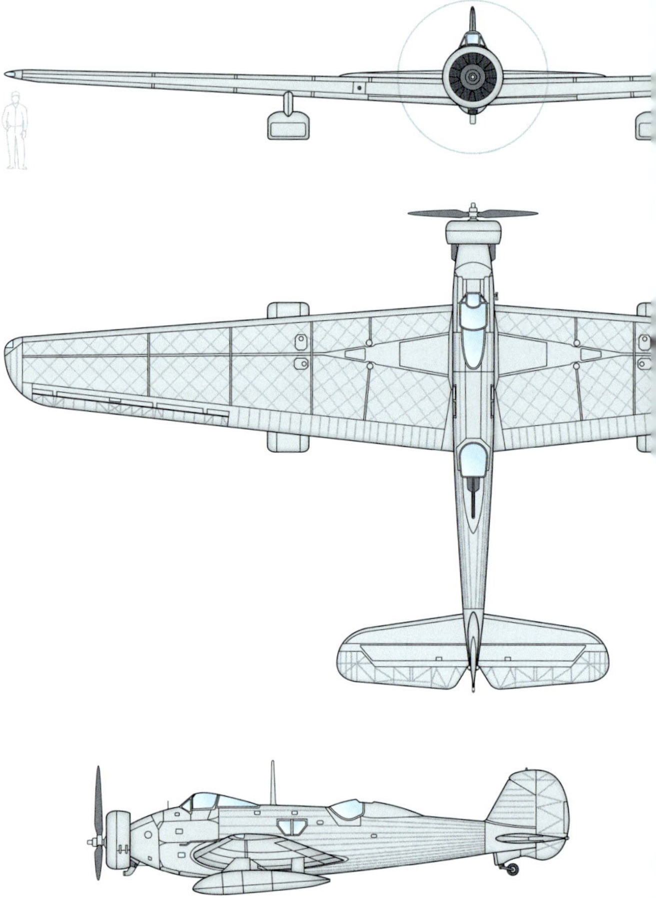

Abmessungen:
Spannweite: 22,66 m
Länge: 11,96 m
Höhe: 4,66 m
Flügelfläche: 59 m^2

Vickers Wellesley Mk.1

Vickers Wellesley

Ursprungsland: Großbritannien
Kategorie: Leichter Bomber
Besatzung: 3
Triebwerk: (Mk. 1) Ein luftgekühlter 9-Zylinder-Sternmotor Bristol Pegasus mit 690 kW (925 PS).
Leistungen: (Mk. I) Höchstgeschwindigkeit 367 km/h in 6000 m Höhe, Reisegeschwindigkeit 290 km/h in 4600 m Höhe, Steigzeit auf 4600 m 17 min 50 sec, Dienstgipfelhöhe 7800 m, Reichweite ca. 1960 km.
Gewichte: (Mk. I) Leergewicht 3066 kg, Abfluggewicht 5670 kg.
Bewaffnung: (Mk. I) Je ein MG im rechten Flügel und im Waffenstand auf dem Rumpf. Bis zu 910 kg Bomben in Behältern unter den Flügeln.
Entwicklung: Auf eine Regierungsausschreibung für ein Mehrzweckflugzeug (Bomber, Kampfflugzeug, Aufklärer und Ambulanz) reagierte Vickers mit dem Typ 253, einem Doppeldecker, wie alle anderen Wettbewerber auch. Vickers gewann und bekam eine Bestellung über 150 Flugzeuge, baute jedoch nur eines und bot stattdessen als Eigenentwicklung den moderneren Typ 246 an. Das Flugzeug erfüllte jedoch nicht die Vorgaben, die daraufhin geändert wurden, einhergehend mit einer Bestellung von 176 Flugzeugen. Erstflug war im Juni 1935. Mit dem jetzt Wellesley genannten Bomber wurde erstmals die geodätische Bauweise eingeführt, eine rautenförmige bespannte Aluminium-Gitterstruktur, die robust, leicht und beschussunempfindlicher, aber aufwendig zu bauen ist. Konstruktionsbedingt konnte deshalb auch die Nutzlast nur in den großen Außenbehältern untergebracht werden. Die Mk. 1 zeichnete sich durch je ein extra Cockpit für den Piloten, für den Beobachter/Bomben- und MG-Schützen im Rumpf aus, während die Mk. II mit einem verlängerten überdachten Cockpit auskam.

Es wurden lediglich 177 Flugzeuge von Vickers gebaut.

Bemerkungen: Mit ihrer geodätischen Bauweise, der ungewöhnlich hohen Flügelstreckung und den „Packtaschen" kam ein für die 1930er-Jahre futuristisch aussehende Wellesley auf den Markt. Aber schon ein paar Jahre später war klar, dass das Flugzeug veraltet und wegen seiner unzulänglichen Leistungen für den europäischen Kriegsschauplatz ungeeignet war. Nicht jedoch in Ostafrika und im Mittleren Osten, wo Großbritannien seine Bomber einsetzte und in Ägypten, das 3 Wellesleys kaufte. Bekannter wurde der Bomber im November 1938 durch einen Nonstop-Langstreckenweltrekord für einmotorige Flugzeuge über 11.526 km von Ismailia/Ägypten nach Darwin/Australien.

Es ist kein komplettes Flugzeug erhalten geblieben.

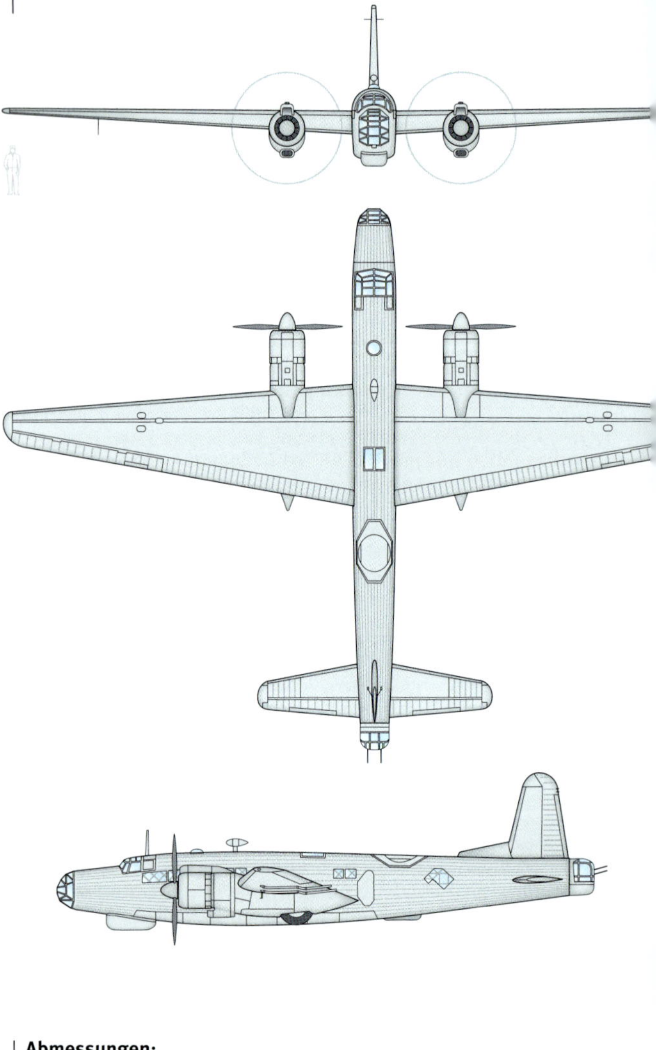

Abmessungen:
Spannweite: 29,50 m
Länge: 22,25 m
Höhe: 5,60 m
Flügelfläche: 93,50 m^2

Vickers Warwick G.R. Mk. V

Vickers Warwick

Ursprungsland: Großbritannien
Kategorie: U-Bootjagd-, Aufklärungs-, Seenotrettungsflugzeug
Besatzung: 6
Triebwerke: (Mk. 5) Zwei luftgekühlte 18-Zylinder-Doppelsternmotoren Bristol Centaurus VII mit je 1854 kW (2520 PS).
Leistungen: (Mk. V) Höchstgeschwindigkeit ca. 480 km/h, Dienstgipfelhöhe 5800 m, ca. Reichweite 4900 km.
Gewichte: (Mk. V) Leergewicht 16.057 kg, Abfluggewicht 22.680 kg
Bewaffnung: (Mk. V) Im Bug 2 MGs, im Heckstand ein Vierlings-MG und seitlich je ein MG. Maximal 2700 kg Bomben oder Minen im Bombenschacht.
Entwicklung: Auf eine Forderung der RAF aus dem Jahr 1935 nach einem zweimotorigen schweren Bomber antwortete Vickers mit der Warwick, die parallel zur letzten Wellington-Version entwickelt wurde. Im Prinzip war die Warwick mit ihrer bespannten geodätischen Bauweise eine kleinere Wellington. Die Entwicklung des Prototyps mit den problematischen Rolls-Royce Vulture-Doppelsternmotoren zog sich bis zum Erstflug im August 1939 hin. Im April 1940 flog man deshalb erstmals mit Bristol Centaurus-Motoren. Allerdings war jetzt schon klar, dass viermotorige Bomber die geforderten Aufgaben besser ausführen konnten. Im Januar 1943 entschied man sich deshalb, die Warwick in der Seenotrettung einzusetzen. Von den zahlreichen Varianten wurde nur eine sehr geringe Anzahl Bomber produziert. Jedoch 369 Warwicks in der ASR-Ausführung (Air-Sea Rescue), 328 als Aufklärer für das Coastal Command und 114 als Transporter (davon 12 zivile, die für die BOAC für ein halbes Jahr auf Mittelmeerrouten flogen).

844 Warwicks aller Varianten sind bei Vickers vom Band gelaufen.
Bemerkungen: Bekannt wurde die als Bomber glücklose Vickers Warwick durch ihre Seenotrettungseinsätze vor den Britischen Inseln, vor Island, den Azoren, im Mittelmeerraum und im Golf von Bengalen. Zur Rettung über dem Meer abgestürzter Besatzungen warf man anfangs sogenannte Lindholm-Pakete ab, die neben einem Schlauchboot auch eine Überlebensausrüstung enthielten. Später ging man dazu über, komplett ausgestattete Rettungsboote, strömungsgünstig unter dem Rumpf der Warwick (Bild) aufgehängt, bei den Havarierten per Fallschirm abzuwerfen. Ein Verfahren, das auch die USAF überzeugte und dies mit speziellen Boeing B-17 praktizierte.

Kein Exemplar ist bis heute erhalten geblieben.

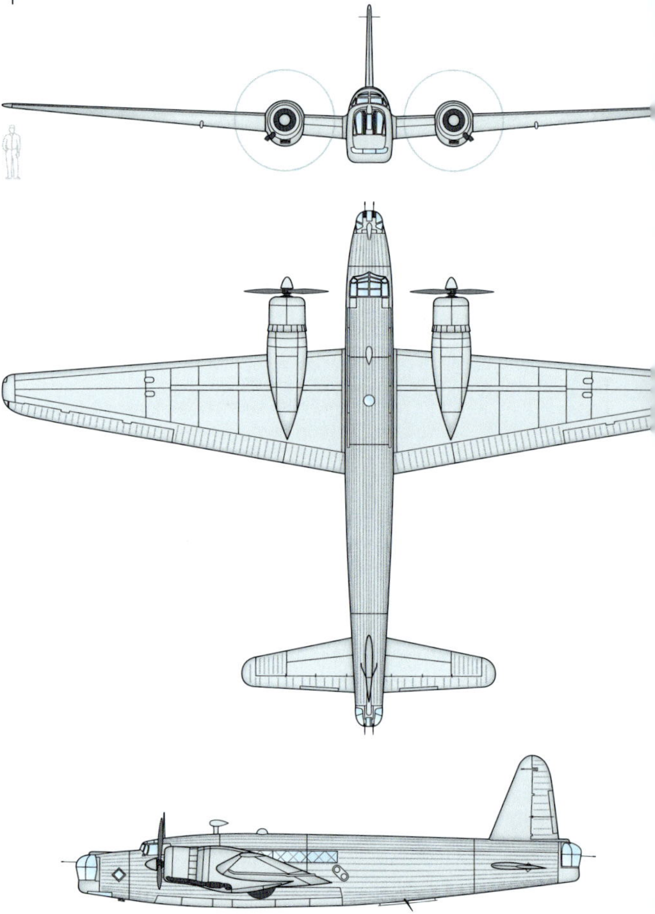

Abmessungen:
Spannweite: 26,26 m
Länge: 18,54 m
Höhe: 5,31 m
Flügelfläche: 78,04 m^2

Vickers Wellington Mk. III

Vickers Wellington

Ursprungsland: Großbritannien
Kategorie: Mittelschwerer Bomber
Besatzung: 6
Triebwerke: (Mk. 3) Zwei luftgekühlte 14-Zylinder-Doppelsternmotoren Bristol Hercules XI mit je 1185 kW (1590 PS).
Leistungen: (Mk. III) Höchstgeschwindigkeit ca. 410 km/h in 3800 m Höhe, Dienstgipfelhöhe 5800 m, Reichweite max. 3540 km.
Gewichte: (Mk. III) Leergewicht 8417 kg, max. Abfluggewicht 13.380 kg.
Bewaffnung: (Mk. III) Zwei MGs im Bug, vier MGs im Heckstand und zwei MGs seitlich. Maximal 2041 kg Bomben im Bombenschacht.
Entwicklung: Aufgrund einer Ausschreibung in den 1930er-Jahren entwickelte Vickers die Wellington. Der Erstflug fand im Juni 1936 statt. Der meistgebaute Bomber der RAF zeichnete sich durch eine außergewöhnliche geodätische Rumpf- und Flügel-Strukturbauweise aus. Dabei werden Alustäbe rautenförmig zu einer Gitterstruktur verbunden und anschließend mit Stoff bespannt. Diese leichte Konstruktion war zwar arbeitsintensiv herzustellen, aber erstaunlich steif, robust und relativ unempfindlich gegen Beschuss. Die vielen Varianten (bis Mk. XVI) unterschieden sich hauptsächlich in der Motorisierung. Auch eine weniger erfolgreiche Höhenbomber-Version wurde entwickelt. Nach dem Aufkommen moderner viermotoriger Muster 1941 wurde sie in neu entwickelten Versionen als U-Boot-Jäger, Minenleger und Minenräumflugzeug gebaut. Ohne Bewaffnung auch als Radar-Trainer, für Spezial-Missionen, zum Transport von Truppen und Material und zum Schleppen von schweren Lastenseglern.

Die Produktion in drei unterschiedlichen britischen Werken endete im Oktober 1945 nach insgesamt 11.384 Stück.
Bemerkungen: Erste Tag-Missionen des anfangs wichtigsten Bombers Großbritanniens waren verlustreich. Deshalb wurden die zweimotorigen Wellington überwiegend bei Nacht über Deutschland eingesetzt und flogen dabei bis Ende 1942 ca. 47.000 Einsätze. Zu den Einsatzgebieten gehörte aber auch Nordafrika und der Fernen Osten.

Einzelne Maschinen kamen bis in die 1950er-Jahre noch als fliegende Prüfstände für Strahltriebwerke und Propellerturbinen zum Einsatz.

Zwei komplette Wellington sind in Großbritannien erhalten geblieben und werden im RAF-Museum in Cosford und im Brooklands Museum, Brooklands ausgestellt.

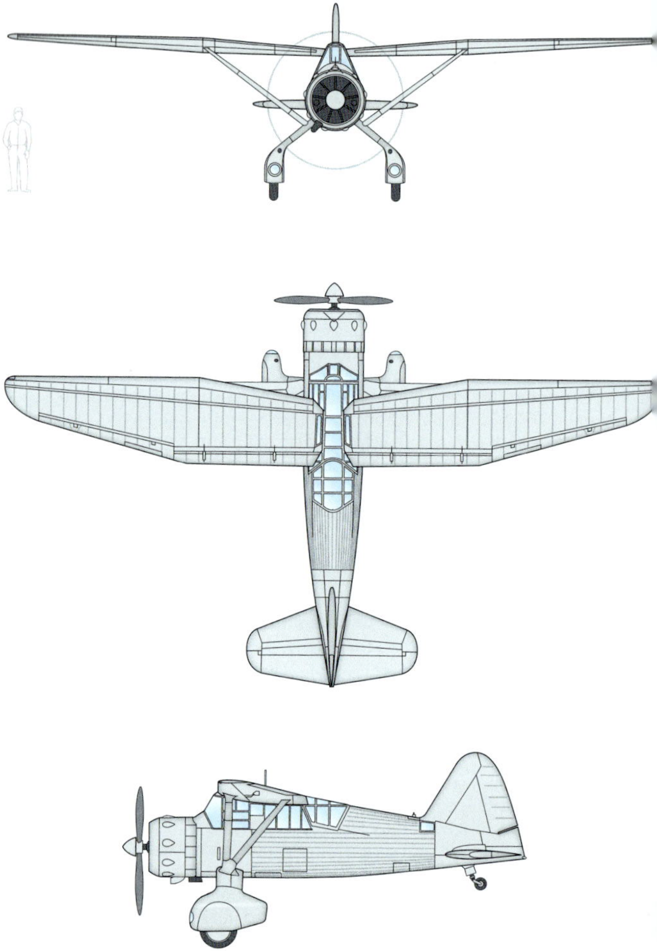

Abmessungen:
Spannweite: 15,24 m
Länge: 9,30 m
Höhe: 4,42 m
Flügelfläche: 24,2 m^2

Westland Lysander Mk. III

Westland Lysander

Ursprungsland: Großbritannien
Kategorie: STOL-Verbindungsflugzeug
Besatzung: 2
Triebwerk: (Mk. III) Ein luftgekühlter 9-Zylinder-Sternmotor Bristol Mercury XX mit 649 kW (882 PS).
Leistungen: (Mk. III) Höchstgeschwindigkeit ca. 340 km/h, Dienstgipfelhöhe 6550 m, Reichweite max. 970 km.
Gewichte: (Mk. III) Leergewicht 1980 kg, max. Abfluggewicht 2865 kg.
Bewaffnung: (Mk. III) Bis zu 4 MGs und 227 kg Bombenlast.
Entwicklung: Als Ersatz für den Doppeldecker Hawker Hector wurde 1934 die Lysander als Verbindungs- und Artilleriebeobachtungsflugzeug entwickelt. Der Prototyp flog im Juni 1936 zum ersten Mal und die Auslieferung der ersten Serienflugzeuge begann im Juni 1938. Nach 131 Mk. I wurde zur Mk. II (433 St.), mit einem stärkeren Bristol Perseus-Motor (905 PS), gewechselt. Die Mk. III, die es in vielseitigen, auch bewaffneten Versionen gab, wurde 804 mal wieder mit dem bewährten Mercury-Motor gebaut. Ein Einzelstück blieb die Lysander mit einem drehbaren MG-Stand am Heck und Doppelleitwerk. Lysanders wurden exportiert nach Kanada (104), Finnland (13), Türkei (36), Portugal (8), USA (25), Indien (22) und Ägypten (20).

Inklusive der 225 kanadischen, wurden 1786 Flugzeuge hergestellt.
Bemerkungen: Als britisches Gegenstück zum deutschen Fieseler Storch kann die „Lizzie“ bezeichnet werden. Beide hatten, dank ihrer Hochauftriebshilfen am Flügel, ausgezeichnete STOL-Eigenschaften. Die Lysander war jedoch wesentlich größer und stärker, so dass sie noch andere Aufgaben übernehmen konnte: Zielschlepper, Seenotrettung, Segelflugzeug-Schlepper. Die 1939 nach Frankreich verlegten, zum Kriegseinsatz eigentlich untauglichen Lysander-Staffeln verloren 118 von 174 Flugzeugen – die langsame Maschine war ein leichtes Ziel für gegnerische Jagdflugzeuge. Berühmt jedoch wurden die oft schwarz gestrichenen Maschinen durch ihre Spezial-Operationen im feindlichen Hinterland des besetzten Europas.

Es sind etliche Exemplare in Museen zu finden. Einzelne restaurierte Exemplare fliegen noch, hauptsächlich in Großbritannien auf Flugshows.

Verzeichnis der Flugzeugtypen

Abkürzungen im Text

AGO	Tarnbezeichnung für eine deutsche Flugzeugfabrik unter dem Namen Apparatebau GmbH Oschersleben
ASJA	AB Svenska Järnvägsverkstädernas Aeroplanavdelning Vorläufer der schwedischen Saab AB
ASR	Air-Sea Rescue
BOAC	British Overseas Airways Corporation
Bramo	Brandenburgische Motorenwerke GmbH, deutscher Flugzeugmotorenhersteller
CANT	Cantieri Aeronautici e Navali Triestini, italienischer Flugzeughersteller
CASA	Construcciones Aeronáuticas S.A., spanischer Flugzeughersteller
DB	Daimler-Benz-Motoren
DFS	Deutschen Forschungsanstalt für Segelflug
EFW	Eidgenössisches Flugzeugwerk
EKW	Eidgenössische Konstruktionswerkstätte
IAR	Întreprinderea Aeronautică Română, Unternehmen der rumänischen Luftfahrtindustrie
Jumo	war die Markenbezeichnung von Junkers Motorenbau
MG	Maschinengewehr
MK	Maschinenkanone
P&W	Pratt & Whitney, amerikanischer Flugzeugmotorenhersteller
PZL	Państwowe Zakłady Lotnicze, polnisches Flugzeugwerk
RAAF	Royal Australian Air Force, australische Luftwaffe
RAF	Royal Air Force, britische Luftwaffe
RLM	Reichsluftfahrtministerium
RR	Rolls Royce
SAR	Search and Rescue
SIPA	Société industrielle pour l'aéronautique, französischer Flugzeughersteller
SNCAN	Société Nationale de Constructions Aéronautiques du Nord, französischer Flugzeughersteller
SNCAC	Société Nationale de Constructions Aéronautiques du Centre, französischer Flugzeughersteller.
SNCASO	Société Nationale de Constructions Aéronautiques du Sud-Ouest, französischer Flugzeughersteller.
STOL	Short Take-Off and Landing, Kurzstart und -landung.
USAF	United States Airforce
USAAF	United States Army Airforce

Bildnachweis

Wir bemühen uns sicherzustellen, dass alle verwendeten Materialien dem Urheberrecht entsprechen. Wir sind uns jedoch bewusst, dass dies möglicherweise nicht immer der Fall ist. In solchen Situationen kontaktieren Sie uns bitte, um den Fall zu klären, das Veröffentlichungsrecht zu erhalten oder das Material zu entfernen.

35: Sa-kuva/Finnish Armed Forces photograph; 47: Archiv www.Luftwaffe-zur-See.de; 49: Archiv www.Luftwaffe-zur-See.de; 59: BAE SYSTEMS; 61: BAE SYSTEMS; 65: Ilmailmuseo/Finnish Aviation Museum; 67: Flygvapenmuseums bildarkiv, Okänd fotograf; 75: Flygvapenmuseum/Swedish Air Force Museum; 79: Ilmailmuseo/Finnish Aviation Museum; 83: Archiv Alexander Lüdeke; 87: Airbus Corporate Heritage; 89: Airbus Corporate Heritage; 91: Airbus Corporate Heritage; 93: Airbus Corporate Heritage; 95: ETH-Bibliothek Zürich, Bildarchiv/Fotograf: Unbekannt/Dia_240-196/CC BY-SA 4.0 ; 111: Flygvapenmuseum/Swedish Air Force Museum; 115: Centro Storico FIAT/Turin; 121: Flygvapenmuseums bildarkiv/Swedish Air Force Museum; 123: Hubschraubermuseum Bückeburg; 125: Flygvapenmuseums bildarkiv, Å Östlund (fotograf F 3); 127: Finnish Armed Forces photograph; 131: Archiv Alexander Lüdeke; 133: Bundesarchiv, Bild 101I-432-0796-07 / Kranz; 135: Sa-kuva/Finnish Armed Forces photograph; 139: Flygvapenmuseum/Swedish Air Force Museum; 151: ETH-Bibliothek Zürich, Bildarchiv / Fotograf: Eidgenössische Konstruktionswerkstätte (Thun) / Ans_05035-250 / Public Domain Mark ; 159: Nico Braas Collection; 165: Bundesarchiv/Bild 101I-647-5211-33/Wilzek/CC-BY-SA 3.0; 167: Archiv www.Luftwaffe-zur-See.de; 185: Flygvapenmuseum, Swedish Air Force Museum; 187: SA-kuva/Finnish Armed Forces photograph; 189: Monica De Guidi, Photographer, Villafranca di Verona, Italy; 193: unknown author; 195: Patrik Scheidegger/Basel/Schweiz; 197: Quelle unbekannt; 199: Archiv Bernd Junkers; 201: Flygvapenmuseums bildarkiv, unbekannter Fotograf; 203: Flygvapenmuseum/Swedish Air Force Museum; 207: Sa-kuva/Finnish Armed Forces photograph; 213: Flygvapenmuseums bildarkiv, unbekannter Fotograf; 215: SA-kuva/Finnish Armed Forces photograph; 227: ETH-Bibliothek Zürich, Bildarchiv/Fotograf: Unbekannt/Ans_05035-107; 245: Hermann Keist/Schweiz; 257: pixabay, Zajcsik; 259: SA-kuva/Finnish Armed Forces photograph; 265: ETH-Bibliothek Zürich, Bildarchiv/Fotograf: Unbekannt/Ans_05035-272 Public Domain; 273: Flygvapenmuseums bildarkiv/Schweden ; 277: Saab AB; 279: Saab AB; 293: Archiv MHMLW/CH; 295: Soviet Airforce/unknown photograph; 303: SA-kuva/Finnish Armed Forces photograph; 307: Chris Pinn

Bildnachweis wikimedia commons:

7: Royal Air Force official photographer, Watkins J R, CH 2166, Collections of the Imperial War Museums.; 9: anonym, Royal Air Force; 11: unknown author; 13: National Library of France; 15: unbekannter Fotograf; 17: U.S. Air Force photo; 19: Arvi A. Karisto, PD-Finland; 21: Royal Air Force official photographer, CH15703, Collections of the Imperial War Museums.; 23: Devon S A, Royal Air Force official photographer, PD-UKGov; 25: Brock F J (Fg Off), Royal Air Force official photographer; 27: author unknown; 29: unknown author, PD-UKGov; 33: SDASM Archives; 37: San Diego Air & Space Museum Archives; 39: San Diego Air & Space Museum Archives (15837310772); 41: unknown author; 43: unknown author; 45: unknown author; 51: B. J. Daventry, Royal Air Force official photographer; 53: unbekannt; 55: Le Pontentiel Aérien Mondial 1936; 57: L'Aerophile magazine; 63: Royal Air Force official photographer; 69: unknown author; 71: anonym; 73: San Diego Air & Space Museum; 77: anonym DH 82A Tiger Moth USAF; 81: anonym; 85: Bundesarchiv_Bild_101I-567-1523-38; 97: photograph A 3532/Collections of the Imperial War Museums; 99: Royal Air Force; 101: Devon S A (F/O), Royal Air Force official photographer; 103: San Diego Air & Space Museum Archives; 105: Lt. S.J. Beadell, Royal Navy official photographer; 107: PD-UKGov; 109: unknown author; 113: Bundesarchiv, Bild 101I-425-0338-16A/Sturm/CC-BY-SA 3.0; 117: unknown author; 119: unknown author; 129: MH4190 Collections of the Imperial War Museums.; 137: unknown author; 141: Royal Air Force Official Photographer; 143: unknown author; 145: unknown author; 147: Royal Air Force official photographer; 149: anonym; 153: Priest, L C (Lt), Royal Navy official photographer; 155: anonym; 157: Clark N S (F/O), Royal Air Force official photographer; 161: unknown author; 163: SDASM; 169: SDASM Archives; 171: U.S. Navy; 173: unknown author; 175: unknown author; 177: Bundesarchiv, Bild 101I-565-1425-11A/Schnitzer/CC-BY-SA 3.0; 179: USAAF; 181: Sorin Tulea; 183: unknown author; 191: jno, Jak-UT-2 b; 205: Bundesarchiv Bild 101I-646-5184-26; 209: Bundesarchiv_Bild_146-1989-039-18A; 211: unknown author; 217: soviet propaganda; 219: anonymous unknown author; 221: Ronidong; 223: USAAF, 920901-F-1234P-073; 225: Regia Aeronautica (Italy); 229: Bundesarchiv, Bild 101I-662-6659-37/Hebenstreit/CC-BY-SA 3.0; 231: Bundesarchiv, Bild 101I-382-0211-011 / Wundshammer, Benno / CC-BY-SA 3.0; 233: Australian armed forces, Me 163 at Melbourne c1950; 235: USAF museum; 237: my father, „Gigant italie 1943"; 241: SDASM Archives, Mig-3 (14443606821); 247: Brock F. J. (Mr), Royal Air Force official photographer; 283: SA-kuva/Sot.virk. Eino Nurmi; 299: San Diego Air & Space Museum Archives